"十二五"职业教育国家规划教材

经全国职业教育教材审定委员会审定

工程地质与土力学

（第二版）

主 编 王启亮

中国水利水电出版社
www.waterpub.com.cn

内 容 提 要

本教材共 11 个单元，从内容上分为工程地质与土力学两部分：第 1～5 单元主要讲述与工程地质有关的内容，包括矿物与岩石、地质构造、水流的地质作用、常见地质灾害、水利工程常见的地质问题；第 6～11 单元主要讲述与土力学有关的内容，包括土的物理性质及工程分类、土的渗透性、土体中的应力、地基变形计算、土的抗剪强度与地基承载力、挡土墙与土压力。书后附有工程地质实验指导书、土工试验指导书、工程地质勘察。

本教材可作为高职高专和高等成人教育水利水电类、土木工程类专业的教材，也可供从事相关工程建设的专业技术人员参考。

本书配有电子课件，读者可以从中国水利水电出版社网站免费下载，网址为 http://www.waterpub.com.cn/softdown/。

图书在版编目（CIP）数据

工程地质与土力学 / 王启亮主编. -- 2版. -- 北京：中国水利水电出版社，2015.1(2021.3重印)
"十二五"职业教育国家规划教材
ISBN 978-7-5170-2930-4

Ⅰ. ①工… Ⅱ. ①王… Ⅲ. ①工程地质－高等职业教育－教材②土力学－高等职业教育－教材 Ⅳ. ①P642 ②TU43

中国版本图书馆CIP数据核字(2015)第025745号

书　　名	"十二五"职业教育国家规划教材 **工程地质与土力学（第二版）**
作　　者	主编　王启亮
出版发行	中国水利水电出版社 （北京市海淀区玉渊潭南路1号D座　100038） 网址：www.waterpub.com.cn E-mail: sales@waterpub.com.cn 电话：（010）68367658（营销中心）
经　　售	北京科水图书销售中心（零售） 电话：（010）88383994、63202643、68545874 全国各地新华书店和相关出版物销售网点
排　　版	中国水利水电出版社微机排版中心
印　　刷	天津嘉恒印务有限公司
规　　格	184mm×260mm　16开本　14.75印张　350千字
版　　次	2007年3月第1版　2007年3月第1次印刷 2015年1月第2版　2021年3月第4次印刷
印　　数	10001—16000册
定　　价	**48.00元**

凡购买我社图书，如有缺页、倒页、脱页的，本社营销中心负责调换
版权所有·侵权必究

第二版前言

"工程地质与土力学"是水利水电类专业一门重要的专业基础课。根据我国高职高专教育的要求：理论适度够用，加强实践教学，在形式上融"教、学、练、做"于一体，我们组织了多位多年来一直从事高职高专教学、具有丰富教学经验和工程实践经历的老师编写了本教材。

本教材在编写过程中，结合高职高专学生的特点，秉承了第一版以实用性为目的、突出应用、理论以够用为度的原则外，重点在以下方面作了改进：

（1）为了使学生在以后的工作中能真正运用课堂所学知识分析解决工程出现的一些具体问题，在编写过程中始终结合行业最新规范，严格按照规范要求，围绕工程中出现的问题对专业知识加以系统梳理。所用的规范主要有：SL 237—1999《土工试验规程》、GB 50007—2011《建筑地基基础设计规范》、GB 50021—2001《岩土工程勘察规范》、GB 50487—2008《水利水电工程地质勘察规范》、GB/T 50123—1999《土工试验方法标准》、DL 5073—2000《水工建筑物抗震设计规范》。

（2）本教材在第一版基础上对部分内容进行了修改和调整，并增加了地质灾害一章和活断层一节。

（3）本教材在形式上也作了一些改动，于每章的开始增加了学习目标和重点、难点的提示，提出了更为具体的学习目标和能力目标，结尾还增加了小结，对所学知识加以总结。

（4）将工程地质勘察一节作为附录增补。除此之外，针对高职高专学生的特点，在课后习题中对原有主要知识的练习还进行了一些扩展，增加了大量的计算题和选择题，使学生在做题过程中强化了专业知识的学习，扩大了知识面，激发学习和探索的热情，以达到强化实操、学以致用的目的。

所有这些改进，在内容和教学方法上更加突出高职高专教育"以就业为导向，以能力为本位"的要求。

本教材由山西水利职业技术学院王启亮教授担任主编，张丹青、严容、刘亚军、侯广贤担任副主编，太原理工大学张泽平教授担任主审。参加编写人员具体分工为：山西水利职业技术学院王启亮编写绪论和第5单元，河南水利与环境职业学院侯广贤编写第1单元和附录1，山西水利职业技术学院张建国编写第2单元，四川水利职业技术学院严容编写第3单元、第11单元，山西水利职业技术学院张丹青编写第4单元、第8单元，湖南水利水电职业技术学院刘亚军编写第6单元和附录2，山西水利职业技术学院张书俭编写第7单元和附录3，福建水利电力职业技术学院吴成扬编写第9单元，安徽水利水电职业技术学院鲁业宏编写第10单元。

在教材编写过程有关行业企业专家们还提出了许多宝贵的意见和帮助，在此一并表示感谢！

由于编者水平有限，错误和不妥之处在所难免，恳请读者批评指正。

2014年2月

第一版前言

本教材是根据"高职高专'十一五'精品规划教材"编审会议精神和水利水电类专业对工程地质与土力学课程的要求,经与有关院校专业课教师多次研讨的基础上编写而成的。

"工程地质与土力学"是水利水电类专业一门重要的专业基础课,为适应高等职业教育培养高技能应用型人才的要求,考虑到高职高专学生的特点,本教材以实用性为目的,突出应用,理论以够用为度,不追求系统性和完整性,尽量使教材文字叙述简洁明了。为加强理论与实践的结合,本教材除采用最新国家勘察设计规范和试验标准外,还附录了工程地质实验指导书和土工试验指导书。

本教材由山西水利职业技术学院王启亮担任第一主编,湖南水利水电职业技术学院刘亚军担任第二主编。参加编写人员的具体分工为:王启亮(绪论,第1章);刘亚军(第5章,第13章);华北水利水电学院水利职业学院侯广贤(第2章,第7章);山西水利职业技术学院仇文俊(第8章,第9章);福建水利电力职业技术学院吴成扬(第3章,第4章);安徽水利水电职业技术学院鲁业宏(第11章,第12章);山西水利职业技术学院杨峰(第6章,附录1);四川水利职业技术学院严容(第10章,附录2)。

由于编者水平有限,时间仓促,教材中的疏漏和不妥之处,敬请使用者批评指正。

编者

2006年12月

目 录

第二版前言

第一版前言

绪论 ··· 1
   0.1 工程地质学与土力学的概念 ·· 1
   0.2 工程地质在工程建设中的重要性 ·· 1
   0.3 土力学在工程建设中的重要性 ··· 2
   0.4 本课程的内容与特点 ··· 2

第1单元 矿物与岩石 ·· 4
   1.1 矿物 ··· 5
   1.2 岩浆岩 ·· 9
   1.3 沉积岩 ·· 14
   1.4 变质岩 ·· 18
   1.5 风化作用 ··· 21
   1.6 岩石的工程地质性质评述 ··· 24
   小结 ··· 26
   练习题 ·· 26

第2单元 地质构造 ·· 29
   2.1 地质作用 ··· 29
   2.2 地质年代 ··· 30
   2.3 岩层产状 ··· 33
   2.4 褶皱构造 ··· 35
   2.5 断裂构造 ··· 38
   2.6 活断层 ·· 45
   小结 ··· 48
   练习题 ·· 48

第3单元 水流的地质作用 ··· 50
   3.1 地表流水的地质作用 ·· 50
   3.2 地下水的主要类型及特征 ·· 55
   3.3 岩溶及岩溶区的工程地质问题 ·· 61
   小结 ··· 63

练习题 ·· 64

第4单元　常见地质灾害 ··· 65
4.1　概述 ·· 65
4.2　地震 ·· 68
4.3　崩塌和滑坡 ··· 71
4.4　泥石流 ··· 81
小结 ·· 87
练习题 ·· 88

第5单元　水利工程常见的地质问题 ··· 90
5.1　水库的工程地质问题 ··· 90
5.2　坝的工程地质问题 ··· 92
5.3　输水建筑物的工程地质问题 ··· 98
小结 ·· 102
练习题 ·· 102

第6单元　土的物理性质及工程分类 ··· 103
6.1　土的三相组成 ··· 103
6.2　土的结构和构造 ··· 109
6.3　土的物理性质指标 ··· 110
6.4　土的物理状态指标 ··· 115
6.5　土的击实性 ··· 117
6.6　土的工程分类 ··· 120
小结 ·· 124
练习题 ·· 124

第7单元　土的渗透性 ··· 127
7.1　达西定律 ··· 127
7.2　渗透系数的测定 ··· 129
7.3　渗透力与渗透变形 ··· 131
小结 ·· 133
练习题 ·· 133

第8单元　土体中的应力 ··· 135
8.1　土的自重应力 ··· 135
8.2　基底压力 ··· 137
8.3　地基中的附加应力 ··· 140
小结 ·· 148
练习题 ·· 148

第 9 单元　地基变形计算 150
9.1　土的压缩性 150
9.2　地基最终沉降量计算 153
9.3　地基变形与时间关系 160
小结 164
练习题 164

第 10 单元　土的抗剪强度与地基承载力 167
10.1　库仑定律 167
10.2　土的极限平衡条件 169
10.3　土的抗剪强度指标的试验方法 171
10.4　地基承载力 173
小结 178
练习题 178

第 11 单元　挡土墙与土压力 181
11.1　三种土压力 181
11.2　朗肯土压力理论 183
11.3　库仑土压力理论 188
11.4　常见挡土结构类型和重力式挡土墙设计 191
小结 195
练习题 196

附录 1　工程地质实验指导书 198
附录 2　土工试验指导书 204
附录 3　工程地质勘察 224

参考文献 227

绪 论

0.1 工程地质学与土力学的概念

随着生产实践的需要和科技的发展，地质学已形成许多独立的分支，工程地质学作为地质学的一个分支，是调查、研究、解决与各种建筑工程活动有关的地质问题的科学。工程地质学的研究目的是查明各类工程建筑场区的地质条件；分析、预测在工程建筑物作用下，地质条件可能出现的变化；对工程建筑地区的各种地质问题进行综合评价，并提出解决不良地质问题的措施，为保证工程建设的规划、设计、施工和正常运行提供可靠的地质依据。

土力学是运用力学的知识和土工试验技术研究土的强度、变形及其规律的一门学科。其研究对象——土与工程建筑有着密切的联系，建筑物在外荷载的作用下，地基必须有足够的强度和稳定性，并且不能产生过大的变形。在工程建设中，若对地基土缺乏了解，会给工程建设带来严重后果。

工程地质学与土力学虽然研究的方向不同，但研究目的是相同的，即都是为保证建筑物地基的岩土体稳定和建筑物的正常使用提供可靠的科学依据。所以这两门学科在工程实践中是互相依存、互相渗透、互相结合的。

0.2 工程地质在工程建设中的重要性

一切水工建筑物，如水库、闸坝、隧洞、水电站厂房等，都是建筑在地壳的表层，在兴建和使用过程中，必然会遇到各种各样的地质问题。实践证明，如果对地质条件事先没有仔细查明或对工程地质问题重视不够，会给工程建设带来严重后果。如西班牙的蒙特哈水库，建成后不能蓄水，库水通过水库周围石灰岩裂隙和溶洞而漏光，使 72m 高的大坝起不到挡水作用，耸立在干枯的河谷上。再如美国的圣·法兰西斯混凝土重力坝，坝高62.6m，建于 1927 年，由于坝基中含石膏黏土质砾层，被水浸后软化溶解，引起坝基漏水，于 1928 年 3 月 12 日失稳破坏。类似的例子还可以举出很多。

新中国成立以来，我国修建了许多水库、水电站和灌溉工程，由于重视工程地质工作，从而解决了许多复杂的工程地质问题，但是，也有极少数工程，由于对工程地质条件研究不够，或对工程地质问题处理不当，造成水库或坝基（肩）漏水、水库淤积、边岸塌滑及隧洞塌方等工程事故。如北京十三陵水库，坝基和库区存在着深厚的渗透性较强的古河道冲积层，建坝时未做好垂直防渗处理，致使水库不能正常蓄水。后来虽然补做了坝基防渗墙，但对库区古河道尚未作处理，水库至今不能满库运行。

由上可见，在水利水电工程建设中，工程地质工作是相当重要的。为解决上述问题，工程地质工作的主要任务是：查明建筑地区的工程地质条件，指出可能出现的工程地质问题，并提出解决这些问题的建议，为工程设计、施工和正常运用提供可靠的地质资料，以保证建筑物修建得经济合理和安全可靠。

0.3　土力学在工程建设中的重要性

工程建设中，土被广泛用作各种建筑物的地基、建筑材料和周围介质。承受建筑物荷载而引起应力变化的那部分地层，称为地基；与地基接触的建筑物下部结构称为基础，如图0.1所示。基础底面下的土层称为持力层，持力层以下的地基范围内的土层称为下卧层。

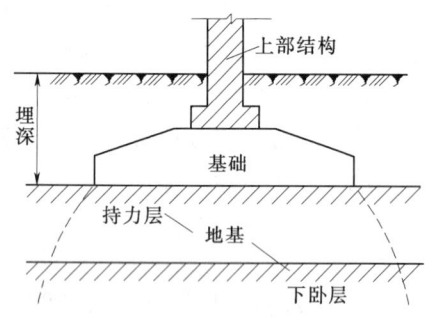

图 0.1　地基与基础示意图

在工程建设中，如果不注意研究土的物理、力学性质和工程性状，有时会产生严重的后果，这方面的教训在世界各国是不乏先例的。如加拿大特朗斯康大谷仓高 31m，平面尺寸为 60m×23m，由于设计时不了解地基下部有软弱土层，致使该谷仓建成后首次装料时，就因地基失去稳定而发生严重倾斜，谷仓一侧陷入土中8.8m，仓身倾斜达 27°，以致完全不能使用。再如巴西某座 11 层大厦，平面尺寸为 29m×12m，支承在 99 根 21m 长的钢筋混凝土桩上，1955 年开始施工，1958 年建成，尚未使用即倒塌。在施工中曾发现地基土有明显变形，但误认为是正常情况未加注意。事后查明，那里的地基是沼泽土，邻近建筑物用的是 26m 长的桩，该大厦的桩长只有 21m，桩未能打入较好土层，仍然是浮于软土层中，因承载力不足而产生如此严重后果。还有山西省文水县文峪河水库，土坝高 60m，长 100 多 m，1958 年开始修建，在 1959 年秋后坝下游发生滑坡，土方量达几十万立方米，正在坝下游施工的民工全被埋在土内，伤亡达几十人。1961 年坝上游处从高 40m 处开始下滑，给国家造成重大损失，严重影响了水库效益的发挥。

由此可见，在工程建设中，对土的物理、力学性质研究得是否深入，直接关系建筑物的质量和安全问题。

0.4　本课程的内容与特点

本课程是水利水电工程建筑、水利工程、给排水、城市水利等专业的一门专业基础课，是学习其他后续专业课的基础，主要内容如下。

（1）与工程建设有关的矿物岩石、地质构造、水流的地质作用、地质灾害等基本知识。

（2）水利工程常见的工程地质问题的分析与评价。

（3）工程地质环境的基本概念及工程地质勘察的基本方法。

(4) 土的物理性质和力学性质的基本知识。

(5) 土体的渗透、变形及强度问题的分析。

本课程实践性较强，在学好基础理论的同时，对工程地质部分应加强实践性教学环节，特别应重视野外地质实习，以巩固和验证所学的理论知识。对于土力学部分要重点掌握理论公式的意义和应用条件，明确理论的假定条件，掌握理论的适用范围。特别是对土工试验技术，尽可能多动手操作，以提高分析解决实际问题的能力。

第1单元 矿物与岩石

【学习目标】 了解几种特殊造岩矿物对水工建筑物的影响；掌握三大类岩石的成因、结构、构造、分类方法，能评述三大类岩石的工程地质特性，并能对常见岩石进行简单的肉眼鉴定；熟悉风化作用的类型及影响风化作用的主要因素。

【重点】 矿物的物理性质，岩石主要成分、结构、构造、成因及产状；岩石的肉眼鉴定方法；风化作用的类型，岩石的工程地质性质评价。

【难点】 用肉眼鉴定方法对岩石进行工程地质分类，岩石的工程地质性质评价。

地球是一个具有圈层结构的旋转椭球体，由表及里可分为外圈和内圈。内圈（固体部分）的平均半径为6371km，根据地震波传播速度的突变，将其分为地壳、地幔和地核；外圈则有水圈、大气圈和生物圈，地球内部结构图如图1.1所示。

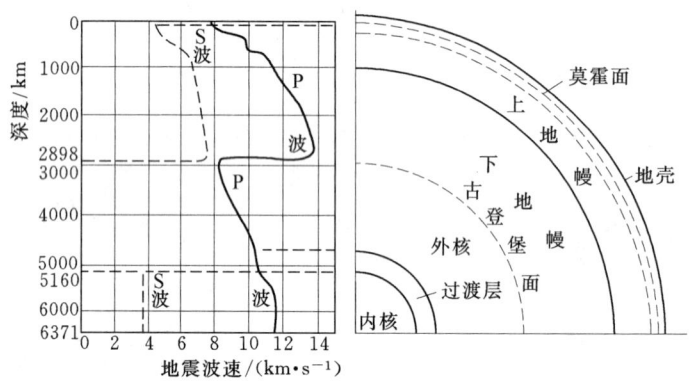

图1.1 地球内部结构图

地核是自古登堡面以下至地心部分，包括内核、过渡层和外核。地幔介于地核和地壳之间，其上部分与地壳的分界面为莫霍面，地幔下部与地核的分界面为古登堡面。

地壳位于莫霍面上部，主要由各种岩石组成，其厚度在各地有很大差异。它可分为大陆型和大洋型两种。大陆型地壳厚度较大，平均为33km；大洋型地壳较薄，平均厚只有6km。整个地壳平均厚度约16km，仅占地球半径的1/400，所以，地壳是地球表层很薄的一层坚硬固体外壳。

组成地壳的化学元素有百余种，其中最主要的有10种，它们占地壳总质量的99.21%（表1.1）。地壳中的化学元素在一定的地质条件下聚集形成矿物，矿物的集合体又构成岩石。矿物的种类不同，组成的岩石就不同，它们对工程建设的影响也是不相同的。所以，必须对组成地壳的主要矿物和常见岩石以及它们的工程地质性质进行研究。

表 1.1 地壳主要元素的平均含量

元 素	氧(O)	硅(Si)	铝(Al)	铁(Fe)	钙(Ca)	钠(Na)	钾(K)	镁(Mg)	氢(H)	钛(Ti)	其他
克拉克值/%	49.52	25.75	7.51	4.70	3.29	2.64	2.40	1.94	0.88	0.58	0.79

1.1 矿 物

1.1.1 矿物的概念

矿物是天然条件下形成的，具有一定化学成分和物理性质的单质和化合物，如金刚石（C）、石英（SiO_2）、方解石（$CaCO_3$）等。地壳中的矿物通常以固态形式存在，只有少数是液态（如石油）和气态（如天然气）。固态矿物根据其内部结构的特点可分为结晶质矿物和非结晶质矿物。前者是指组成矿物内部的原子或离子按一定规则排列，形成稳定的结晶格架构造，如食盐是由钠离子和氯离子按立方体格式排列的，其内部构造如图 1.2 所示。结晶矿物在适宜的条件下，能生成具有一定几何外形的晶体，但自然界中大多数矿物结晶时，由于受到许多条件和因素的控制，往往形成不规则的外形。自然界中的矿物绝大多数是结晶质的。根据结晶矿物的大小，可将其分为显晶质矿物和隐晶质矿物。

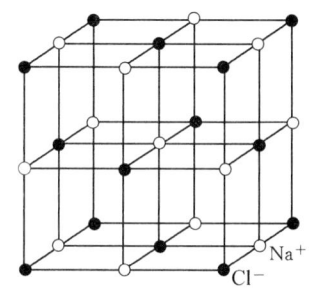

图 1.2 食盐的内部构造

少数非晶质矿物又称玻璃质矿物，是指组成矿物的原子或离子不按一定规则排列，也就不具有规则的几何外形。

1.1.2 矿物的物理性质

不同矿物其内部构造和化学组成不同，因而具有不同的物理特征，这也是肉眼鉴定矿物的重要依据。

1. 形态

形态是指结晶质矿物的晶体外形或集合体形状，常见矿物的形态有：

（1）柱状、针状。如石英、石棉等。

（2）片状、板状、鳞片状。如云母、石膏、绿泥石等。

（3）集合体形态。主要有晶族状［如石英（图 1.3）］、纤维状（如纤维石膏）、钟乳状（如方解石）、鲕状（如赤铁矿）和土状（如高岭土）等。

2. 颜色

颜色是矿物对不同波长可见光的吸收程度。它是矿物最明显、最直观的物理性质。根据成色原因可将矿物颜色分为自色和他色等。自色是矿物本身固有的成分、结构决定的颜

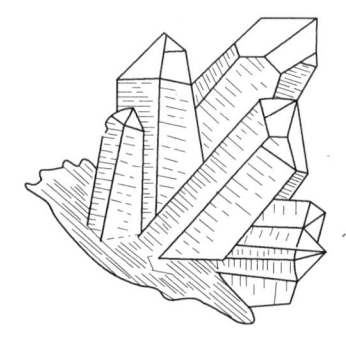

图 1.3 石英晶簇

色，具有鉴定意义，如黄铁矿为浅铜黄色；它色则是矿物混入某些杂质所引起的颜色，如纯净的石英是无色透明的，若混入其他元素微粒，则呈现紫色（紫水晶）、褐色（烟水晶）及黑色（黑晶）等。

3. 条痕

条痕是矿物粉末的颜色，一般是指矿物在白色无釉瓷板（条痕板）上划擦时所留下的痕迹。某些矿物的条痕与其颜色是不同的，如黄铁矿的颜色为浅铜黄色，而条痕为绿黑色。条痕比矿物颜色更为固定，它是鉴定深色矿物的重要依据。

4. 光泽

光泽是矿物表面的反光能力。光泽的强弱程度常分为四个等级：金属光泽，即反光很强，犹如电镀的金属表面那样光亮耀眼；半金属光泽，比金属的光亮弱，似未磨光的铁器表面；金刚光泽及玻璃光泽。此外，由于其他原因，还可形成某些独特的光泽，如丝绢光泽、油脂光泽、蜡状光泽、珍珠光泽、土状光泽等。

5. 透明度

透明度是指矿物透过可见光的能力，即光线透过矿物的程度。根据透明度，可将矿物分为透明矿物、半透明矿物和不透明矿物。肉眼鉴定矿物时，应用矿物的边缘较薄处加以比较确定。

6. 硬度

硬度是指矿物抵抗外力作用的能力。一般用10种矿物分为10个相对等级作为标准，称为莫氏硬度计（表1.2）。肉眼鉴定矿物时，常用一些矿物互相刻划比较来测定其相对硬度。

表 1.2 矿物硬度表

硬度	1	2	3	4	5	6	7	8	9	10
矿物	滑石	石膏	方解石	萤石	磷灰石	长石	石英	黄玉	刚玉	金刚石

7. 解理与断口

矿物受外力作用后，沿一定方向破裂成光滑平面的性质称为解理，破裂面称为解理面。根据解理产生的难易程度，可将其分为极完全解理（如云母）、完全解理（如方解石）、中等解理（如辉石）和不完全解理（如橄榄石）等。根据解理面方向数目，又可分为一组解理（如云母）、二组解理（如长石）和三组解理［如方解石（图1.4）］。如果矿物受外力作用后，无固定方向破裂并呈各种凹凸不平的断面，则称为断口。常见的断口有贝壳状（图1.5）、参差状等。

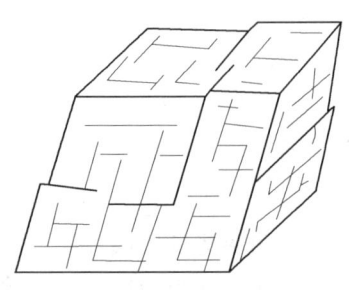

图 1.4　方解石的三组解理

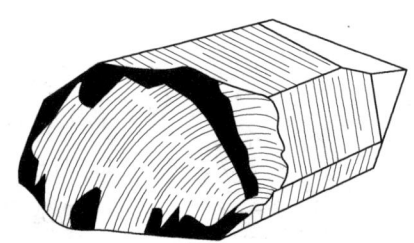

图 1.5　贝壳状断口

8. 其他性质

矿物除上述性质外,还具有一些特殊的性质,这些性质对鉴定矿物是非常重要的。如云母薄片具有弹性,绿泥石薄片具有挠性,磁铁矿具有磁性,滑石具有滑感,岩盐具有咸味,以及方解石滴稀盐酸能剧烈起泡等。

1.1.3 造岩矿物

自然界已发现的矿物有 3000 多种,但组成岩石的主要矿物仅 30 余种。这些组成岩石的主要矿物称为造岩矿物。常见造岩矿物如下。

1. 石英 SiO_2

常见六棱柱晶簇、致密块状或粒状集合体。纯者无色、乳白色,含杂质时可见多种颜色。晶面为玻璃光泽,断口为油脂光泽。无解理、贝壳状断口。相对密度为 2.6。质坚性脆,硬度为 7,抗风化能力强。无色透明的石英晶体称水晶。在地表岩土中广泛分布。

2. 正长石 $K[AlSi_3O_8]$

晶体常为柱状、厚板状。肉红色、浅玫瑰色等浅色调。玻璃光泽。硬度为 6。有两组近于正交的完全解理。比重 2.5~2.6。易风化形成高岭石和绢云母等次生矿物。地表岩土中长石含量小于石英。

3. 斜长石 $Na[AlSi_3O_8]Ca[Al_2Si_2O_8]$

晶体为板状或条板状。常为白色或浅灰色。玻璃光泽。硬度同正长石。比重 2.6~2.8。风化特征、地表分布特征同正长石。

4. 角闪石 $(Ca,Na)(Mg,Fe)_4(Al,Fe)[(Si,Al)_4O_{11}](OH)_2$

晶体常呈长柱状或纤维状集合体。暗绿色或绿黑色。玻璃光泽。硬度 5~6。两组解理平行柱面。晶体横截面为六角菱形。比重 3.1~3.6。易风化后形成黏土矿物。

5. 辉石 $(Na,Ca)(Mg,Fe,Al)[(Si,Al)_2O_6]$

晶体常呈短柱状或粒状集合体。绿黑色或深黑色。玻璃光泽。硬度 5~6。两组解理平行柱面。晶体横截面为正八边形。比重 3.2~3.5。易风化后形成黏土矿物。

6. 橄榄石 $(Mg,Fe)_2[SiO_4]$

晶体常呈粒状集合体。橄榄绿、淡绿色至黑绿色。玻璃光泽。硬度 6.5~7,贝壳状断口。比重 3.2~4.4。性脆,在绿色矿物中硬度较大。易风化,风化后呈暗色。

7. 黑云母 $K(Mg,Fe)_3(OH)_2[Al,Si_3O_{10}]$

晶体为板状或短柱状,多呈片状或鳞片状集合体。黑色、深褐色。硬度 2.5~3。一组极完全解理,解理面具珍珠光泽。比重 2.7~3.1。薄片透明,有弹性。风化后可变为蛭石,薄片失去弹性。在岩浆岩和变质岩中广泛分布。

8. 白云母 $KAl_2(OH)_2[Al,Si_3O_{10}]$

晶体为板状或短柱状,多呈片状或鳞片状集合体。白色、浅黄、浅绿色。硬度 2.5~3。一组极完全解理,解理面具珍珠光泽。比重 2.7~3.1。薄片无色透明具有弹性。主要分布在变质岩中。

9. 方解石　$CaCO_3$

晶体一般为菱面体，集合体有晶簇、粒状，致密块状、钟乳状等。白色，含杂质时可呈多种颜色，玻璃光泽。硬度3。三组完全解理。比重2.6～2.8。遇冷稀盐酸剧烈起泡。无色透明的方解石晶体称为冰洲石。

10. 白云石　$CaMg[CO_3]_2$

晶体为菱面体，通常为粒状、致密块状集合体。白色，有时为淡红色或淡黄色。玻璃光泽。硬度3.5～4。三组完全解理。比重2.8～3.0。粉末与冷稀盐酸起泡微弱，以此与方解石区别。

11. 石膏　$CaSO_4 \cdot 2H_2O$

晶体常为板状、集合体为块状、粒状及纤维状。白色或无色。玻璃光泽，纤维状集合体呈丝绢光泽。硬度2。易沿发育完全的解理面劈成薄片，薄片具挠性。比重2.2～2.4。脱水后变为硬石膏（$CaSO_4$），硬石膏吸水又可变为石膏（$CaSO_4 \cdot 2H_2O$）。

12. 高岭石　$Al_4[Si_4O_{10}](OH)_8$

致密细粒状、土状集合体。白色，含杂质时可呈黄、浅褐色等。蜡状或土状光泽。硬度2～3.5。常具土状断口。比重2.6～2.7。干时易吸水，湿时具可塑性、压缩性。

13. 蒙脱石　$(Al_2Mg_3)[Si_4O_{10}](OH)_2$

常呈隐晶质土状块体，有时为鳞片状集合体。白色、浅灰色、浅粉红色或微带绿色。硬度2～2.5。土状或蜡状光泽。比重2～2.7。亲水性比高岭石更强，吸水后体积可膨胀几倍。

14. 滑石　$Mg_3[Si_4O_{10}](OH)_2$

呈致密块状、片状或鳞片状集合体。白色、淡红色或浅灰色。油脂光泽或珍珠光泽。硬度1。一组极完全解理，块状集合体可见贝壳状断口。比重2.6～2.8。极软，手摸时有滑腻感，薄片可挠曲而无弹性。

15. 绿泥石　$(Mg,Al,Fe)_6[(Si,Al)_4O_{10}](OH)_8$

常呈片状、鳞片状或粒状集合体。浅绿、深绿或黑绿色。玻璃光泽，解理面珍珠光泽。硬度2～2.5。一组极完全解理。比重2.7～3.4。薄片具挠性，在变质岩中分布最多。

16. 蛇纹石　$Mg_6[Si_4O_{10}](OH)_8$

常呈致密块状，有时为纤维状或片状集合体。浅黄绿或深暗绿等色。块状为油脂光泽、蜡状光泽，纤维状为丝绢光泽。硬度2～3。无解理。比重2.6～2.7。常有似蛇皮状青、绿色花纹，可溶于盐酸。

17. 石榴子石　$Fe_3Al_2(SiO_4)_3$

晶体为菱形十二面体，四角三八面体，集合体为粒状或致密块状。深褐或紫红、褐黑等色。玻璃光泽，断口为油脂光泽。硬度6.5～8.5。无解理，不平坦断口。比重3.5～4.3。

18. 黄铁矿　FeS_2

晶体为立方体，五角十二面体，常为致密块状。浅铜黄色，条痕为绿黑色。金属光泽。硬度6～6.5。不规则断口。比重4.9～5.2。易风化，风化后会生成硫酸及褐铁矿。

19. 褐铁矿　$2Fe_2O_3 \cdot 3H_2O$

常呈块状、土状、肾状或钟乳状。黄褐或黑褐色，条痕为黄褐色。半金属或土状光泽。硬度4～5。比重3.3～4.0。为含铁矿物的风化产物，呈铁锈状，易染手。常分布于地壳表层。

20. 赤铁矿　Fe_3O_4

常呈致密块状、土状、鲕状、豆状及肾状集合体。钢灰至铁黑色，条痕为樱桃红色。金属光泽及半金属光泽。硬度5～6。土状断口。比重5～6。为重要的铁矿石，土状者硬度低，可染手。

21. 铝土矿　$Al_2O_3 \cdot nH_2O$

常呈鲕状、土状、致密块状等胶体形态。浅灰、灰褐、砖红等色。土状光泽。硬度3左右。不平坦断口。比重2.5～3.5。粉末略具滑感，常有其他微细矿物颗粒混入，如高岭石、赤铁矿、蛋白石等。

1.1.4　对水工建筑影响较大的几种矿物特征

1. 黑云母与绿泥石

黑云母比白云母容易风化，风化后失去弹性并呈松散状态，降低了原岩强度。所以，当岩石中含黑云母较多且呈定向排列时，建筑物易沿此方向产生滑动，直接影响水工建筑物地基的稳定。绿泥石的特性与黑云母相似，绿泥石薄片具有挠性，抗滑性能很低。

2. 石膏与硬石膏

石膏与硬石膏皆能溶于水，当石膏呈夹层状存在于岩层之间时，就会形成软弱夹层，在流水的作用下，会被溶解带走，这样就使原岩强度显著降低，透水性大大增高；硬石膏遇水作用后会变为石膏（$CaSO_4 + 2H_2O \rightarrow CaSO_4 \cdot 2H_2O$），体积将膨胀60%。所以，含有石膏和硬石膏夹层的岩石要避免作为水工建筑物的地基。

3. 黄铁矿

黄铁矿易风化而析出硫酸（$FeS_2 + O_2 \rightarrow Fe_2O_3 + SO_2 \rightarrow SO_2 + H_2O \rightarrow H_2SO_3$），而硫酸对钢筋和混凝土具有侵蚀作用，故含黄铁矿较多的岩石不宜作建筑物的地基和建筑材料。

4. 黏土矿物

黏土矿物（包括高岭石、蒙脱石和水云母等）硬度小，吸水性强，吸水后体积膨胀，易软化，具可塑性，尤其是蒙脱石吸水后体积可膨胀数倍。所以，黏土矿物具有高压缩性，易于引起建筑物较大的沉降，而且吸水后其强度大为降低。因此，由黏土质岩石构成的斜坡和地基，在水的作用下容易失稳破坏。

1.2　岩　浆　岩

岩石是由一种或多种矿物组成的天然集合体。岩浆岩又称火成岩，是构成地壳最基本的岩石。它的分布极为广泛，约占地壳质量的95%。

1.2.1 岩浆岩的成因

岩浆岩是由岩浆冷凝而形成的岩石。岩浆是一种以硅酸盐为主和一部分金属硫化物、氧化物、水蒸气及其他挥发性物质（CO_2、CO、SO_2、HCl 及 H_2S 等）组成的高温（940～1200℃）高压（10^8Pa）熔融体。岩浆在地下深处与周围环境处于一种平衡状态，当地壳运动出现深大断裂或软弱带后，平衡被破坏，则岩浆向压力小的方向运动，沿着断裂带或软弱带侵入地壳或喷出地表冷凝而成岩浆岩。由岩浆侵入地壳而形成的岩浆岩称侵入岩，它又可分为深成岩和浅成岩，而喷出地表形成的岩浆岩称为喷出岩（又称火山岩）。

1.2.2 岩浆岩的产状

岩浆岩的产状，是指岩浆岩体的大小、形态和围岩的相互关系及其分布特点。由于岩浆岩形成时所处的地质环境不同，岩浆活动也有差异，因而岩浆岩的产状是多种多样的（图 1.6）。

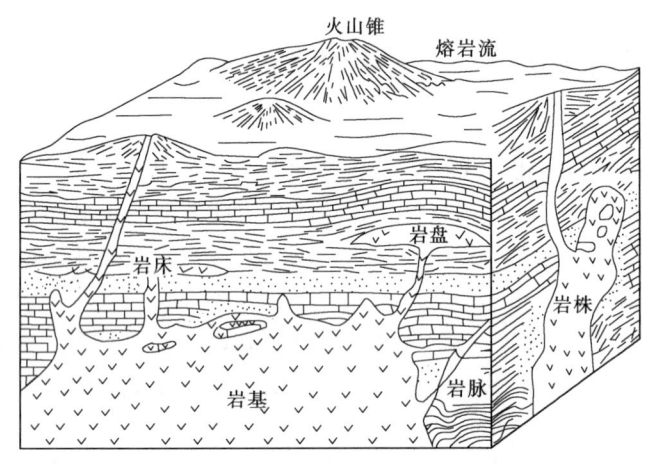

图 1.6 岩浆岩体的产状

1. 岩基

岩基是一种规模巨大的深成侵入岩体，出露面积大于 100km²，形状不规则，表面起伏不平，多由花岗岩等酸性岩石组成，如天山、秦岭等地的岩基。三峡坝址区就是选定在面积约 200km² 岩基的南部。

2. 岩株

岩株是一种规模较岩基小的深成侵入岩体，平面上近于圆形，与围岩接触面比较陡，下部与岩基相连，多由中酸性岩组成。如黄山的花岗岩等。

3. 岩盘和岩盆

上凸下平似面包状的岩体称岩盘（又称岩盖），规模一般不大，直径可达数千米；中央凹下、四周高起的岩体称为岩盆，规模一般较大，直径可达数十至数百千米。

4. 岩床

岩床是岩浆沿岩层层面侵入而形成的板状岩体，其产状与围岩层面一致，厚度小于数十米,但延伸广,主要由基性岩组成。如黄河三门峡坝基就是一处岩床。

5. 岩脉和岩墙

岩脉是岩浆沿裂隙侵入而形成的狭长形岩体,其产状与围岩层面斜交,宽度为数厘米至数十米,长度可达数十千米以上。其中产状近于直立的又称岩墙。

6. 熔岩流

熔岩流是岩浆喷出地表后沿山坡或河谷流动,经冷凝而形成的岩体。

7. 火山锥

火山锥是岩浆沿火山颈喷出地表而形成的圆锥状岩体。

1.2.3 岩浆岩的组成成分

岩浆岩的化学成分以 SiO_2、Al_2O_3、Fe_2O_3、FeO、MgO、CaO、K_2O 和 Na_2O 等为主。其中 SiO_2 的含量最大,SiO_2 的含量在不同岩浆中有多有少,很有规律。

岩浆岩的矿物成分分为两大类:第一类为硅铝矿物(又称浅色矿物),富含硅、铝,如石英、长石、白云母等;第二类为铁镁矿物(又称深色矿物),富含铁、镁,如黑云母、角闪石、辉石等。但是,对某种岩石而言,并不是这些矿物都同时存在,通常仅由两三种主要矿物组成,如花岗岩的主要矿物是石英、长石、黑云母。

1.2.4 岩浆岩的结构

岩浆岩的结构是指岩石中矿物的结晶程度、晶粒大小、晶体形状,以及彼此间相互组合关系等。岩浆岩的结构特征,是岩浆成分和岩浆冷凝时物理环境的综合反映,是区分和鉴定岩浆岩的重要标志之一。常见岩浆岩结构如下:

1. 显晶质结构

岩石中的矿物,凭肉眼观察或借助于放大镜能分辨出矿物结晶颗粒的结构称为显晶质结构。按矿物颗粒大小可分粗粒(粒径>5mm)、中粒(粒径1~5mm)、细粒(粒径<1mm)等结构。显晶质结构为侵入岩所特有的结构[图1.7(a)]。

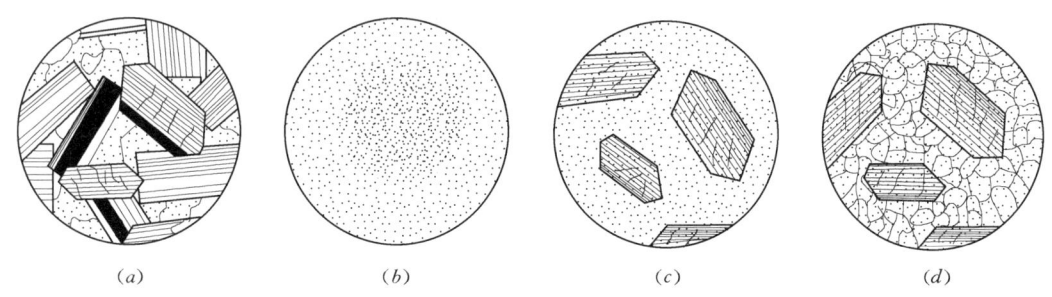

图 1.7 岩浆岩的主要结构类型
(a) 显晶质粒状结构;(b) 隐晶质结构;(c) 斑状结构;(d) 似斑状结构

2. 隐晶质结构

矿物颗粒非常细小,肉眼和放大镜均不能分辨,只有在显微镜下才能看出矿物晶粒特征,称为隐晶质结构,为浅成岩和喷出岩常有的一种结构[图1.7(b)]。

3. 玻璃质结构

岩石几乎全部由玻璃质所组成的结构称为玻璃质结构，多见于喷出岩中，它是岩浆迅速上升至地表时温度骤然下降，来不及结晶所致。

4. 斑状结构

岩石由两组直径相差甚大的矿物颗粒组成，其大晶粒散布在细小晶粒中，大的称为斑晶，细小的称基质，基质为隐晶质及玻璃质的，称为斑状结构［图1.7（c）］基质为显晶质的，则称似斑状结构［图1.7（d）］。斑状结构为浅成岩及部分喷出岩所特有的结构，似斑状结构主要分布于浅成岩和部分深成岩中。

1.2.5 岩浆岩的构造

岩浆岩的构造是指岩石中矿物在空间的排列、配置和充填方式，它反映的是岩石的外貌特征。常见岩浆岩的构造如下。

图1.8 流纹构造

1. 块状构造

块状构造是指岩石中矿物分布比较均匀，岩石结构也均一，它是岩浆岩中最常见的一种构造。

2. 流纹构造

岩石中由不同颜色的粒状矿物、玻璃质和拉长的气孔等，沿熔岩流动方向作平行排列所形成的一种流动构造。它是酸性岩中最常见的一种构造（图1.8）。

3. 气孔构造和杏仁构造

岩石中分布有大小不同的圆形或椭圆形孔洞，称气孔构造。气孔是岩浆快速冷却时，气体逸出所造成的空洞，如果气孔被后来的物质所充填，则称杏仁构造。喷出岩常具有这种构造。

1.2.6 岩浆岩的分类

岩浆岩的分类方法甚多。通常按岩石中 SiO_2 含量的多少分为酸性岩、中性岩、基性岩和超基性岩。其次，根据岩浆岩的形成条件，将岩浆岩分为喷出岩、浅成岩和深成岩。然后，再进一步考虑岩浆岩的产状、结构、构造等因素，见表1.3。

表1.3 主要岩浆岩分类表

岩 石 类 型		酸性岩	中性岩	基性岩	超基性岩
SiO_2 含量/%		>65	65～52	52～45	<45
颜色		浅色（浅红、浅灰、浅绿等）		深色（深灰、黑色、暗绿等）	
矿物成分	主要矿物	正长石 石英	正长石	斜长石 角闪石	斜长石 辉石	辉石 橄榄石
	次要矿物	黑云母 角闪石	角闪石 黑云母	辉石 黑云母	角闪石 橄榄石	角闪石

续表

岩石类型			酸性岩	中性岩		基性岩	超基性岩
岩石的成因及结构和构造	喷出岩	流纹构造、气孔构造、杏仁构造及块状构造	玻璃质结构	火山岩（浮岩、黑曜岩等）			
			隐晶质、细粒结构或斑状结构	流纹岩	粗面岩	安山岩	玄武岩	少见
	浅成岩	块状构造，少数可见气孔构造	斑状、显晶质细粒或隐晶质细粒结构	花岗斑岩	正长斑岩	闪长玢岩	辉绿岩	少见
	深成岩	块状构造	全晶质、等粒状结构或似斑状结构	花岗岩	正长岩	闪长岩	辉长岩	辉岩 橄榄岩

1.2.7 常见岩浆岩特征

1. 花岗岩

分布最广的一种酸性深成岩。多呈肉红色、浅灰色。其主要矿物为石英、正长石、斜长石，次要矿物为黑云母、角闪石等。显晶质结构，块状构造。花岗岩质地坚硬，性质均一，可作为良好的建筑地基及天然建筑材料。

2. 正长岩

浅肉红、浅灰红等色。主要矿物为正长石，次要矿物有角闪石、黑云母等。显晶质结构，块状构造，其物理力学性质与花岗岩相似，但不如花岗岩坚硬，且易风化。极少单独产出，主要与花岗岩等共生。

3. 闪长岩

浅灰至深灰色。主要矿物为斜长石、角闪石，其次为黑云母、辉石等。块状构造。分布广泛，多与辉长岩或花岗岩共生，常为小型侵入岩产出。岩石坚硬，不易风化，可作为各种建筑地基和建筑材料。

4. 辉长岩

基性深成岩。呈黑色或灰黑色。主要矿物为斜长石和辉石，含少量角闪石、橄榄石等。显晶质结构，块状构造。岩石坚硬，抗风化能力强，是很好的建筑地基和建筑材料。

5. 花岗斑岩

酸性浅成岩。肉红或灰色。矿物成分与花岗岩相同。斑状或似斑状结构，斑晶和基质均主要由正长石和石英组成，块状构造。

6. 闪长玢岩

中性浅成岩。矿物成分与闪长岩相同。斑状结构，斑晶以斜长石为主，基质为细粒隐晶质。块状构造。

7. 辉绿岩

基性浅成岩。暗绿或黑色。矿物成分与辉长岩相同。隐晶质致密结构，杏仁或块状构造。常节理发育，较易风化。多呈岩床或岩脉产出。

8. 流纹岩

酸性喷出岩，呈岩流状产出。颜色一般较浅，常呈浅灰至浅红、浅黄褐等色。矿物成分为石英、正长石和斜长石。斑状结构，流纹构造。

9. 粗面岩

中性喷出岩。呈浅灰、浅褐、肉红等色。矿物成分与正长岩相当。斑状结构，斑晶常为正长石，块状或气孔构造。表面常有粗糙感。

10. 安山岩

分布较广的一种中性喷出岩。呈深灰、黄绿、紫红等色。矿物成分与闪长岩相当。斑状结构，斑晶以斜长石和角闪石为主，基质为隐晶质或玻璃质。块状或气孔构造。常呈岩流产出。

11. 玄武岩

分布较广的基性喷出岩。呈黑、灰绿及暗紫等色。主要矿物成分与辉长岩相同。多呈细粒至隐晶质结构，气孔及杏仁构造。柱状节理发育。岩石致密坚硬、性脆，是良好的地基和建筑材料。

12. 火山碎屑岩

它是由火山喷发的碎屑物而形成的火山集块岩、火山角砾岩、火山凝灰岩等岩石。其中由火山灰形成的凝灰岩分布广泛，性质软弱，强度低，易风化。

1.3 沉 积 岩

沉积岩是地壳表面分布最广的一种岩石，占陆地面积的75%。所以，对沉积岩特征的研究具有重要意义。

1.3.1 沉积岩的形成

沉积岩的形成可分为以下四个阶段。

1. 风化阶段

地表或接近地表的岩石受温度变化，水、氧气和生物等因素作用，使原来坚硬完整的岩石逐渐破碎成松散的碎屑或形成新的风化产物。

2. 搬运阶段

原岩风化产物除少部分残留在原地外，大部分被流水、风、冰川、海水和重力等搬运带走，其中起主要作用的是流水搬运。搬运方式主要有机械搬运和化学搬运两种。

3. 沉积阶段

当搬运能力减弱或物理化学环境变化，被搬运的物质便逐渐沉积下来。一般可分为机械沉积、化学沉积和生物化学沉积等作用。沉积下来的物质最初是松散状态，故称为松散沉积物。

4. 硬结成岩阶段

早期沉积的松散物质被后来的沉积物不断覆盖，在上覆物质压力和一些胶结物质的作用下，逐渐使原物质压密、孔隙减小、脱水固结或重结晶而形成致密坚硬的岩石。

1.3.2 沉积物的矿物组成

组成沉积岩的矿物，按成因可分为以下四类。

1. 碎屑矿物（继承矿物）

碎屑矿物是原岩风化后残留下来的抗风化能力较强，耐磨损的矿物碎屑，如石英、长石、白云母等。

2. 黏土矿物

黏土矿物是原岩经风化分解后产生的次生矿物，如高岭石、蒙脱石、水云母等。

3. 化学沉积矿物

化学沉积矿物是经化学作用和生物化学作用，从水溶液中析出或结晶而形成的新矿物，如方解石、白云石、石膏、岩盐、铁和锰的氧化物等。

4. 有机物质

有机物质是由生物作用或生物遗骸，经有机化学变化而形成的物质，如石油、泥炭、贝壳等。

1.3.3 沉积岩的结构

沉积岩的结构是指组成岩石矿物的颗粒大小、形状及结晶程度。常见的有下列几种。

1. 碎屑结构

碎屑结构是由直径大于 0.005mm 的碎屑物质被胶结而形成的一种结构。按颗粒大小可分为砾状结构（粒径＞2mm）、砂状结构（粒径 2～0.05mm）、粉砂状结构（粒径 0.05～0.005mm）；按颗粒形状可分为棱角状结构、次棱角状结构、圆状结构和次圆状结构；按胶结类型可分为基底胶结、孔隙胶结和接触胶结（图 1.9）；按胶结物的成分又可分为硅质、钙质、铁质、泥质等。

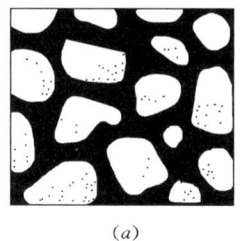
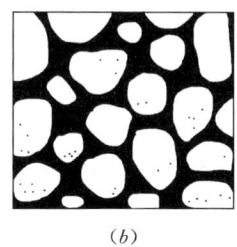
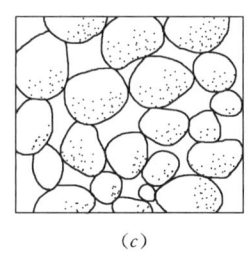

(a) (b) (c)

图 1.9 沉积岩的胶结类型
(a) 基底胶结；(b) 孔隙胶结；(c) 接触胶结

2. 泥质结构

泥质结构是由粒径小于 0.005mm 的黏土矿物和细小矿物碎屑所组成的结构。它是黏土岩的主要特征。

3. 结晶结构

结晶结构是由溶液中的沉淀物，经结晶作用和重结晶作用而形成的一种结构。它是化学岩或生物化学岩所特有的结构。

4. 生物结构

生物结构是几乎全由生物遗体或碎片所组成的结构。如贝壳状结构、生物碎屑结构等。

1.3.4 沉积岩的构造

沉积岩的构造是指沉积岩各个组成部分的空间分布和排列方式。

1. 层理构造

层理是沉积岩在形成过程中，由于沉积环境的改变，使先后沉积的物质在颗粒大小、形状、颜色和成分在垂直方向上发生变化而显示出来的成层现象。层理构造是沉积岩最重要的一种构造特征，是沉积岩区别于岩浆岩和变质岩的最主要标志。

根据层理的形态，可将层理分为下列几种类型（图1.10）：

(1) 水平层理。层理面与层面相互平行，主要见于细粒岩石（黏土岩、粉细砂岩等）中。它是在比较稳定的水动水条件下形成的，如闭塞海湾、海和湖的深水带沉积物中。

(2) 单斜层理。层理面向一个方向与层面斜交，这种斜交层理在河流及滨海三角洲沉积物中均可见到，主要是由单向水流所造成的。

(3) 交错层理。由多组不同方向的斜层理互相交错重叠而成，它是由于水流的运动方向频繁变化造成的，多见于河流沉积层中。

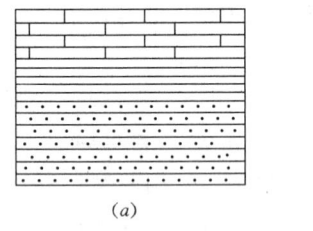 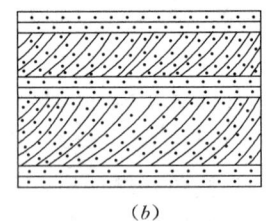 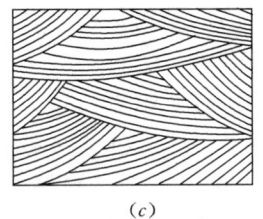

图1.10 层理类型

(a) 水平层理；(b) 单斜层理；(c) 交错层理

层与层之间的界面称为层面，上下层面之间的垂直距离称为岩层厚度。岩层按其厚薄可分为块状层（>1m）、厚层（1~0.5m）、中厚层（0.5~0.1m）和薄层（<0.1m）。

2. 层面构造

层面构造指沉积岩层面上由于水流、风、生物活动、阳光曝晒等作用留下的痕迹，如波痕（图1.11）、泥裂（图1.12）、雨痕等。

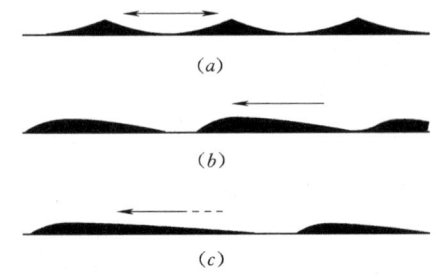 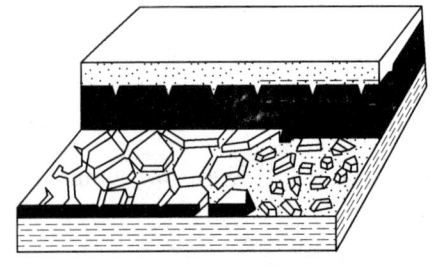

图1.11 波痕

(a) 浪成波痕（波形对称）；(b) 流水波痕（波形不对称）；(c) 风成波痕（波形极不对称）

图1.12 泥裂的示意立体图

(据 R. R. Shrock, 1948)

3. 化石

保存在岩石中被石化了的古代生物遗骸、遗迹统称为化石。化石可以确定岩石形成的环境和地质年代,也是沉积岩独有的构造特征(图1.13)。

4. 结核

结核指沉积岩中含有与周围沉积物质在成分、颜色、结构、大小等方面不同的物质围块。如石灰岩中常见的燧石结核、黄土中的钙质结核等。

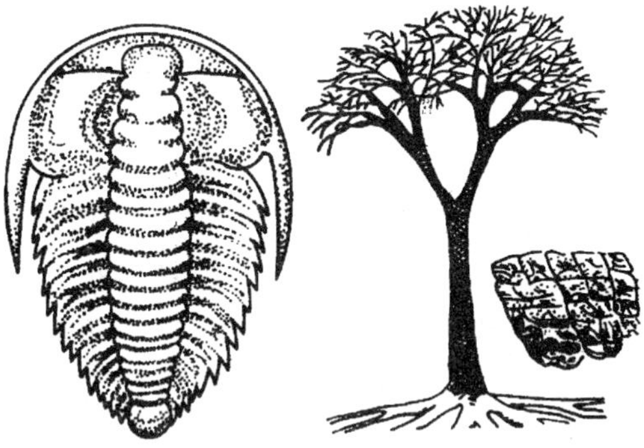

图1.13 两种典型化石
(a)雷氏三叶虫;(b)鳞木

1.3.5 沉积岩的分类

根据沉积岩的组成物质、结构和形成条件,可将沉积岩分为碎屑岩、黏土岩、化学岩及生物化学岩类(表1.4)。

表1.4 主要沉积岩分类表

岩类	结构		主要矿物成分	主要岩石	
				松散的	胶结的
碎屑岩	砾状结构>2mm		岩石碎屑或岩块	角砾、碎石、块石	角砾岩
				卵石、砾石	砾岩
	砂质结构 2~0.05mm		石英、长石、云母、角闪石、辉石、磁铁矿等	砂土	石英砂岩 长石砂岩
	砂质结构 0.05~0.005mm		石英、长石、黏土矿物、碳酸盐矿物	粉砂土	粉砂岩
黏土岩	泥质结构<0.005mm		黏土矿物为主,含少量石英、云母等	黏土	泥岩 页岩
化学岩及生物化学岩	化学结构及生物结构	致密状 粒状 鲕状	方解石为主,白云石		泥灰岩 石灰岩
			白云石、方解石		白云质灰岩 白云岩
		结核状 鲕状 块状 纤维状 致密状	石英、蛋白石、硅胶	硅藻土	燧石岩 硅藻岩
			钾、钠、镁的硫酸盐及氧化物		石膏 岩盐、钾盐
			碳、碳氢化合物,有机质	泥炭	煤、油页岩

1.3.6 常见的沉积岩

1. 砾岩及角砾岩

砾岩及角砾岩是由50%以上大于2mm的碎屑颗粒胶结而成。由磨圆度较好的砾石胶结而成的称为砾岩；由带棱角的角砾胶结而成的称为角砾岩。胶结物的成分与胶结类型对砾岩的强度有很大影响。如硅质基底胶结的石英砾岩，非常坚硬、难以风化，而泥质胶结的砾岩则相反。

2. 砂岩

砂岩由50%以上2～0.05mm的砂粒组成。按颗粒大小可分为粗砂岩、中砂岩和细砂岩；按碎屑成分又可分为石英砂岩（含石英>90%）、长石砂岩（含长石>25%、石英<75%）和岩屑砂岩（含岩屑>25%、石英<75%、长石<10%）。砂岩也随胶结物成分和胶结类型的不同，其强度也不相同。如硅质基底胶结的砂岩质地坚硬，而泥质接触胶结的砂岩松散易碎。

3. 粉砂岩

粉砂岩由50%以上粒径为0.05～0.005mm的粉砂组成。成分以石英为主，长石次之。胶结物常为黏土、钙质和铁质。颜色多为棕红色或褐色，常显水平层理。

4. 泥岩

泥岩由黏土经脱水固结而成，矿物成分主要为高岭石、蒙脱石和水云母等。其特点是：固结不紧密、不牢固、强度较低；层理不发育，常呈厚层状、块状；遇水易泥化，其强度显著降低。

5. 页岩

页岩的成因与泥岩相同，但具明显薄层理（又称页理），能沿层理面分成薄片，岩性致密均一、不透水。根据混入物的成分或岩石的颜色可分为钙质页岩、硅质页岩、黑色页岩或碳质页岩等。除硅质页岩强度稍高外，其余的易风化，性质软弱，浸水后强度显著降低。

6. 石灰岩

石灰岩又名灰岩，常呈浅灰至深灰等色。矿物成分以方解石为主，其次含少量的白云石和黏土矿物等。结构致密、质地坚硬，强度较高，遇冷稀盐酸剧烈起泡。可溶蚀成各种岩溶形态。按成因和结构不同，还有生物碎屑灰岩、竹叶状灰岩、鲕状灰岩等类型。

7. 白云岩

白云岩多为浅灰、淡黄色。矿物成分主要为白云石，其次含有少量的方解石。白云岩的外观与石灰岩相似，但滴上冷稀盐酸基本不起泡。硬度较灰岩略大。岩石风化面上常有刀砍状溶蚀沟纹（刀砍纹）。

8. 泥灰岩

石灰岩中黏土矿物含量达25%～50%时，称为泥灰岩。颜色有灰色、黄色、褐色等。强度低，易风化。

1.4 变 质 岩

地壳中已成岩石，由于构造运动和岩浆活动等所造成的物理化学环境的改变，使原来岩石在成分、结构和构造上发生一系列变化而形成的新岩石称为变质岩。这种改变岩石的作用称为变质作用。

1.4.1 变质作用的类型

促使岩石变质的因素主要是温度、压力及化学性质活泼的气体和液体，它们主要来源于地壳运动和岩浆活动。根据各种变质因素所起的主导作用不同，可将变质作用分为以下几种类型（图 1.14）。

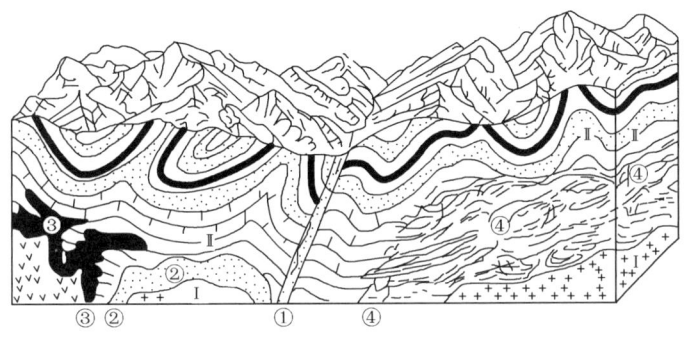

图 1.14 变质作用的类型示意图
①—动力变质作用带；②—热接触变质作用带；③—接触交代变质作用带；
④—区域变质作用带；Ⅰ—岩浆岩；Ⅱ—沉积岩

1. 接触变质作用

岩浆上升侵入围岩时，围岩受到岩浆高温或岩浆分导出来的挥发组分及热液的影响，从而使接触带附近的围岩发生变质的作用，称为接触变质作用。其中主要变质因素是温度的变质作用，称为热接触变质作用；变质因素除温度以外，主要是从岩浆中分异出来的挥发物质所产生的交代作用，称为接触交代变质作用。接触变质带的岩石一般较破碎、裂隙发育、透水性大、强度较低。

2. 区域变质作用

在广大范围内发生，并由温度、压力等多种因素引起的变质作用，称为区域变质作用。变质作用方式以重结晶、重组合为主，如黏土质岩石可变为片岩和片麻岩。

3. 动力变质作用

地壳运动产生的强烈定向压力，使岩石发生的变质作用，称为动力变质作用，也称碎裂变质作用。其特征是常与较大的断层伴生，原岩挤压破碎、变形并有重结晶现象。

1.4.2 变质岩的矿物成分

组成变质岩的矿物，一部分是与原岩所共有的，如石英、长石、云母、角闪石、辉石、方解石等；另一部分是变质作用后产生的特有变质矿物，如红柱石、蓝晶石、硅灰石、绿泥石、绿帘石、绢云母、滑石、叶蜡石、蛇纹石、石榴子石等。这些矿物可作为鉴别变质岩的重要标志。

1.4.3 变质岩的结构

1. 变余结构

原岩在变质过程中，由于重结晶、变质结晶作用不完全，使原岩的结构特征被部分保留下来的一种结构,称为变余结构。这种结构在低级变质岩中较常见。

2. 变晶结构

原岩在固体状态下发生重结晶、重组合等变质作用过程中所形成的结构,称为变晶结构。这是变质岩中最常见的结构。

3. 碎裂结构

原岩在定向压力作用下,岩石发生破裂、弯曲,形成碎块状甚至粉末状后又被黏结在一起的结构。它是动力变质岩中常见的一种结构。

1.4.4 变质岩的构造

1. 片理构造

片理构造系指岩石中含有大量片状、板状和柱状矿物,在定向压力作用下平行排列而形成的一种构造。岩石极易沿此方向劈开,劈开面为片理面。一般片理面平整光亮,延伸不远。它又可分为以下几种构造:

(1) 片麻状构造。指石英、长石等浅色粒状矿物和云母、角闪石等暗色片状、柱状矿物相间定向排列所形成的断续条带状构造。

(2) 片状构造。指岩石中片状、柱状、纤维状矿物定向排列所形成的薄层状构造。具有沿片理面可劈成不平整薄板的特征。

(3) 千枚状构造。指由细小片状变晶矿物定向排列所形成的一种构造。片理面上具有丝绢光泽。

(4) 板状构造。指岩石结构致密,矿物颗粒细小,沿片理面易裂开成厚度近于一致的薄板状构造。它是岩石受较轻的定向压力作用而形成的。

2. 块状构造

块状构造岩石中矿物均匀分布、结构均一、无定向排列。它是大理岩、石英岩等常有的构造。

1.4.5 变质岩的分类

变质岩的种类很多,通常是按其构造特征来划分岩石类型的,见表1.5。

表1.5 主要变质岩分类表

类 别	构 造	岩石名称	主要亚类或矿物成分
片理状岩类	片麻状	片麻岩	花岗片麻岩、黑云母片麻岩、斜长石片麻岩、角闪石片麻岩
	片状	片岩	云母片岩、绿泥石片岩、滑石片岩、角闪石片岩
	千枚状	千枚岩	以绢云母为主,其次有石英、绿泥石等
	板状	板岩	黏土矿物、绢云母、石英、绿泥石、黑云母、白云母等
块状岩类	块状	大理岩	以方解石为主,其次有白云石等
		石英岩	以石英为主,有时含有绢云母、白云母等
		碎裂岩	主要由较小的岩石碎屑和矿物碎屑组成
		糜棱岩	主要由石英、长石及少量绢云母、绿泥石等组成

1.4.6 常见的变质岩

1. 片麻岩

颜色深浅不一。变晶结构，典型的片麻状构造。主要矿物为长石、石英、黑云母、角闪石等，有时出现红柱石、石榴子石等。根据成分又进一步分为花岗片麻岩、角闪斜长片麻岩、黑云母片麻岩等。一般较坚硬，强度较高，但若云母含量增多且富集在一起时，则强度大为降低，并较易风化。

2. 片岩

颜色深浅不一，视矿物成分而定。变晶结构，片状构造。片状矿物含量大，粒状矿物以石英为主。根据矿物成分不同，又可分为云母片岩、绿泥石片岩、滑石片岩、角闪石片岩等。片岩强度较低，且易风化，由于片理发育，易于沿片理裂开。

3. 千枚岩

多为黄绿、红、灰等色。岩石细密，具千枚状构造。矿物成分主要有绢云母、绿泥石、石英等。片理面具强丝绢光泽。性质较软弱，易风化破碎。

千枚岩与片岩相似，但千枚岩的颗粒很细，即重结晶程度较差。千枚岩与板岩也相似，但千枚岩的丝绢光泽明显，并具千枚构造，而无明显的板状构造。

4. 板岩

常为深灰、灰绿、紫红等色。变余结构，具明显的板状构造，易裂开成薄板。矿物颗粒细小，主要成分为泥质和硅质。岩性均匀致密，敲之发声清脆。板岩与页岩相似，但页岩较软，没有板状构造，没有光泽。板岩常用做建筑材料。

5. 石英岩

常呈白色，含杂质时，又显黄褐、褐红等色。由石英砂岩和硅质岩经变质而成。矿物成分以石英为主，其次为云母等。变晶结构，块状构造。岩石坚硬，抗风化能力强，可作良好的建筑物地基。

6. 大理岩

由石灰岩或白云岩经重结晶作用变质而成。主要矿物成分为方解石、白云石。变晶结构，块状构造。洁白的细粒大理岩（汉白玉）和带有各种花纹的大理岩，常用作建筑材料和装饰材料等。硬度较小，与盐酸作用起泡，具有可溶性。

7. 碎裂岩

由原岩经强烈挤压破碎而形成的动力变质岩。由大小不一的各种棱角状碎屑聚集而成。具碎裂结构。分布常与断裂和褶皱作用有关。如断层角砾岩、压碎岩等。

1.5 风 化 作 用

地表或接近地表的岩石在太阳辐射、水和生物活动等因素的影响下，使岩石遭受物理的和化学的变化，称为风化。引起岩石这种变化的作用，称风化作用。风化作用能使岩石成分发生变化，能把坚硬岩石变成松散的碎屑或土层，降低岩石的力学强度；风化作用又能使岩石产生裂隙，破坏岩石的完整性，影响斜坡和地基的稳定。

1.5.1 风化作用的类型

1. 物理风化作用

由于温度的变化，岩石孔隙、裂隙中水的冻融以及盐类物质的结晶膨胀等作用，使岩石发生机械破碎的作用，称为物理风化作用。

（1）热力风化。岩石在白天受到阳光照射时，表层首先受热发生膨胀，而内部还未受热，仍然保持着原来的体积。在夜间，外层首先冷却收缩，而内部余热未散，仍保持着受热状态时的体积。这样，岩石由于长期处于表里胀缩不一，便逐渐产生了纵横交错的裂隙以致破裂，岩体便由表及里一层一层地遭受破坏。同时又因大多数岩石是由多种矿物组成的，而不同矿物的膨胀系数不同，当温度变化时矿物胀缩也不一致，天长日久，也能使岩体崩裂破碎。

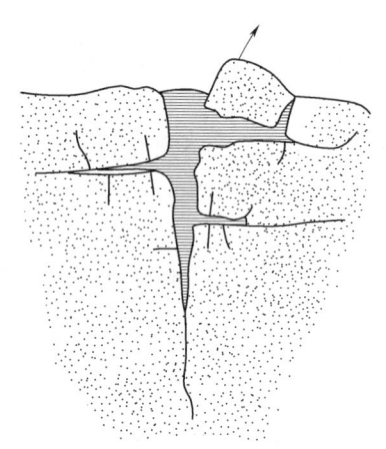

图 1.15 冰劈作用

（2）冻融风化。在高寒地区，当气温降到 0℃ 或 0℃ 以下时，岩石裂隙中的水由液态变成固态，体积膨胀，产生了很大压力，使岩石裂隙扩大；当冰融化后，水沿着扩大了的裂隙向深部渗入，如此一冻一融反复进行，就像冰楔子一样直到把岩体劈开破裂，称为冰劈作用（图 1.15）。

此外，当水中溶解有盐类物质时，水分蒸发后盐类便在裂隙中结晶，对岩石产生了撑胀作用，也会使岩石裂隙扩大，导致岩石崩解。

2. 化学风化作用

化学风化作用是指岩石在水、水溶液和空气中的氧与二氧化碳等作用下所引起的破坏作用。这种作用不仅使岩石破碎，更重要的是使岩石成分发生变化，形成新矿物。化学风化作用的方式主要有以下几种。

（1）水化作用。水和某种矿物结合形成新矿物。例如：

$$\underset{(硬石膏)}{CaSO_4} + 2H_2O \longrightarrow \underset{(石膏)}{CaSO_4 \cdot 2H_2O}$$

水化作用可使岩石因体积膨胀而致破坏。

（2）氧化作用。是氧和水的联合作用，对氧化亚铁、硫化物、碳酸盐类矿物表现比较突出。例如：黄铁矿氧化后生成的硫酸对岩石和混凝土具有强烈的侵蚀破坏作用。

$$\underset{(黄铁矿)}{2FeS_2} + 7O_2 + 2H_2O \longrightarrow \underset{(硫酸亚铁)}{2FeSO_4} + 2H_2SO_4$$

（3）水解作用。是指矿物与水发生化学作用形成新的化合物。例如：水解作用会使岩石成分发生改变，结构破坏，从而降低岩石的强度。

（4）溶解作用。是指水直接溶解岩石矿物的作用。例如：

$$\underset{(碳酸钙)}{CaCO_3} + H_2O + CO_2 \longrightarrow \underset{(重碳酸钙)}{Ca(HCO_3)_2}$$

$$4\underset{(正长石)}{K(AlSi_3O_8)} + 6H_2O \longrightarrow 4KOH + \underset{(高岭石)}{Al_4(Si_4O_{10})(OH)_8} + 8\underset{(硅胶)}{SiO_2}$$

溶解作用促使岩石孔隙率增加,裂隙加大,使岩石遭受破坏。

3. 生物风化作用

生物风化作用是指岩石由生物活动所引起的破坏作用。这种破坏作用包括机械的(如植物根系在岩石裂隙中生长)和化学的(如生物的新陈代谢中析出的有机酸对岩石产生的腐蚀、溶解)。此外,人类的工程活动也对岩石风化产生一定的影响。

在自然界中,上述三种风化作用是彼此并存、互相影响的。在不同地区,它们作用的强弱有主次之分。例如:在干寒和高山地区以物理风化为主,而在湿热多雨地区则以化学风化为主。

1.5.2 岩体的风化程度分级

岩石风化后产生的碎屑物质,残留在原地的称残积物(层)。残积物与其下伏的风化岩石构成了地表的风化层。由于受原岩岩性、地质构造、地形、气候等因素的影响,风化层的厚度各处不一。

不同规模、不同类型的水工建筑物,对地基强度等的要求和工程处理措施是不同的。对大多数建筑物来说,并不是将风化岩石全部开挖,基础置于新鲜岩石之上,而是在保证建筑物安全稳定、经济合理的前提下,只对那些风化较严重、工程地质性质不能满足设计要求的岩体,加以开挖或进行工程处理,而对那些风化轻微,稍加处理后就能满足要求的岩体,就不必开挖。所以为了说明岩体的风化程度及其变化规律,正确评价风化岩石对水利工程建设的影响,就必须对岩体按风化程度进行分级(垂直分带)。GB 50487—2008《水利水电工程地质勘察规范》将岩石按风化程度分为全风化、强风化、弱风化、微风化和新鲜岩石五个等级(表1.6)。

表1.6 岩体的风化程度分级表

风化带	主要地质特征	风化岩纵波速与新鲜岩纵波速之比
全风化	全部变色,光泽消失; 岩石的组织结构完全破坏,已崩解和分解成松散的土状或砂状,有很大的体积变化,但未移动,仍残留有原始结构痕迹; 除石英颗粒外,其余矿物大部分风化蚀变为次生矿物; 锤击有松软感,出现凹坑,矿物手可捏碎,用锹可以挖动	<0.4
强风化	大部分变色,只有局部岩块保持原有颜色; 岩石的组织结构大部分已破坏,小部分岩石已分解或崩解成土,大部分岩石呈不连续的骨架或心样,风化裂隙发育,有时含大量次生夹泥; 除石英外,长石、云母和铁镁矿物已风化蚀变; 锤击哑声,岩石大部分变酥,易碎,用镐撬可以挖动,坚硬部分需爆破	0.4~0.6
中等风化 (弱风化)	岩石表面或裂隙面大部分变色,但断口仍保持新鲜岩石色泽; 岩石原始组织结构清楚完整,但风化裂隙发育,裂隙壁风化剧烈; 沿裂隙铁镁矿物氧化锈蚀,长石变得浑浊、模糊不清; 锤击哑声,开挖需用爆破	0.6~0.8

续表

风化带	主 要 地 质 特 征	风化岩纵波速与新鲜岩纵波速之比
微风化	岩石表面或裂隙面有轻微褪色； 岩石组织结构无变化，保持原始完整结构； 大部分裂隙闭合或为钙质薄膜充填，仅沿大裂隙有风化蚀变现象，或有锈膜浸染； 锤击发音清脆，开挖需用爆破	>0.8～1.0
新鲜	保持新鲜色泽，仅大的裂隙面偶见褪色； 裂隙面紧密，完整或焊接状充填，仅个别裂隙面有锈膜浸染或轻微蚀变； 锤击发音清脆，开挖需用爆破	>1.0

注：通常在一个区域或一个剖面里从全风化带到新鲜岩石均有发育，但也常有缺失个别风化带或仅有一两个风化带的情况。

1.5.3 防治岩石风化的主要方法

1. 挖除法

挖除法适用于风化层较薄的情况，当厚度较大时通常只将严重影响建筑物稳定的部分剥除。

2. 抹面法

抹面法是用水和空气不能透过的材料（如沥青、水泥、黏土层等）覆盖岩层。

3. 胶结灌浆法

胶结灌浆法是用水泥、黏土等浆液灌入岩层或裂隙中，以加强岩层的强度，降低其透水性。

4. 排水法

为了减少具有侵蚀性的地表水和地下水对岩石中可溶性矿物的溶解，适当做一些排水工程。

1.6 岩石的工程地质性质评述

不同岩石具有不同的工程地质性质，同一岩石由于外部条件不一，其工程地质性质也不一样。岩石的工程地质性质主要受其矿物成分、结构、构造、成因、水和风化作用等因素的影响。

1.6.1 岩浆岩的工程地质性质

1. 深成岩

深成岩常形成岩基等大型侵入体，岩性较均一，致密坚硬，孔隙率小，透水性弱，抗水性强，常被选为理想的建筑物地基。但深成岩抗风化能力差，特别是含铁镁矿物较多时,更易风化破碎,风化层厚度较大。此外,深成岩经过多期地壳变动影响,一般裂隙比较发育,强度和抗水性都减弱,但可储存地下水。

2. 浅成岩

浅成岩的岩体规模一般较小,有时相互穿插,岩性较复杂,颗粒大小不均一,较易风化,特别是与围岩接触部位,岩性不均,节理裂隙发育,岩石破碎,风化变质严重,透水性增大。当浅成岩很致密时,岩石透水性小,强度高,是良好的隔水层。岩体体积较大时,也是良好的建筑地基。

3. 喷出岩

喷出岩一般原生孔隙和节理发育,产状不规则,厚度变化大,岩性很不均一,因此强度低,透水性强,抗风化能力差。但对玄武岩和安山岩等岩石,如果孔隙、节理不发育,颗粒细小或是致密的玻璃质时,则强度高、抗风化能力强,也是良好的建筑地基和建筑石材。但需注意喷出岩呈岩流产出时,与下伏岩层或多次喷发之间存在的松散软弱土层或风化层会对建筑地基的稳定产生影响。

1.6.2 沉积岩的工程地质性质

沉积岩的重要特征是具层理构造,因而它具有明显的各向异性。

1. 胶结的碎屑岩

胶结的碎屑岩主要取决于胶结物的成分、胶结类型。如硅质胶结的岩石强度高、抗水性强;钙质、石膏质和泥质胶结的岩石强度低,抗水性弱;基底胶结的岩石,则较坚硬、强度高,透水性弱;接触胶结的岩石强度较低,透水性强;孔隙胶结的岩石强度和透水性介于两者之间。此外,碎屑岩的成分等对岩石的工程地质性质也有一定影响,如石英质砂岩和砾岩就较长石质的砂岩和砾岩强度高。

2. 黏土岩

黏土岩主要有泥岩和页岩。质地软弱,强度低,容易风化,受力后压缩变形量大,遇水后易软化和泥化。若含高岭石、蒙脱石成分时,还具有较大的膨胀性和崩解性。因此,不宜作大型水工建筑物的地基。作为岸坡岩石,也易发生滑动破坏。但其透水性小,可作为隔水层和防渗层。

3. 化学岩

化学岩最常见的是石灰岩和白云岩。一般岩性致密,强度高。但抗水性弱,具有可溶性,在水流作用下易形成溶隙、溶洞、地下暗河等岩溶现象。所以,在这类岩石地区进行水工建筑时,渗漏及塌陷是主要的工程地质问题。此外,当石灰岩中夹有薄层泥灰岩时,可能会沿此层产生滑动。

1.6.3 变质岩的工程地质性质

变质岩的工程地质性质与原岩及变质作用特点密切相关。一般情况下,由于原岩矿物成分在高温高压下重结晶作用的结果,岩石的力学性质、抗水性等较变质前相对提高。但如果在变质过程中形成滑石、绿泥石、绢云母等软弱变质矿物时,则其力学强度降低,抗风化能力减弱。动力变质作用和接触变质作用形成的岩石，构造破碎、裂隙发育、透水性强、强度较低。但断层破碎带可储存地下水。

变质岩的片理构造会使岩石具有各向异性特征，沿片理方向抗剪强度低，易产生滑动，一般不利于坝基和边坡稳定。

通常而言，板岩、千枚岩、云母片岩、滑石片岩及绿泥石片岩等岩石的工程地质性质较差；而片麻岩、石英岩及大理岩等岩石致密坚硬、岩性较均一、强度高，是建筑物的良好地基，但裂隙发育时，可使其工程地质性质降低。

小 结

矿物和岩石是人类从事工程建设的物质基础。通过掌握常见矿物和岩石特征，达到识别它们和评价其工程地质性质之目的。

地壳由岩石组成，岩石由矿物组成，矿物由化学元素组成，而组成地壳的化学元素主要有10种。肉眼鉴定矿物的依据是矿物的物理性质。三大类岩石的区别表现在成因、矿物组成、结构构造等方面。不同岩石的工程地质性质主要表现在强度、溶水性、透水性、风化性以及对建筑物的影响等方面。

练 习 题

一、思考题

1. 什么是工程地质学与土力学？
2. 什么是矿物、造岩矿物？矿物的主要特征有哪些？
3. 什么是岩石？元素、矿物及岩石之间的关系是什么？
4. 黑云母、绿泥石、石膏、黄铁矿和黏土矿物的存在对岩石的工程地质性质有何影响？
5. 对比下列矿物，指出它们之间的异同点：
  A. 正长石—斜长石—石英　　　B. 角闪石—辉石—黑云母
  C. 方解石—白云石—石膏
6. 何为岩石的结构与构造？
7. 变质作用的类型有哪些？
8. 试比较下列岩石间的异同点。
  A. 花岗岩—辉长岩　　B. 流纹岩—玄武岩　　C. 闪长岩—安山岩
9. 下列岩石之间有何区别及关系？
  A. 花岗岩与花岗片麻岩　　B. 页岩与板岩
  C. 石英砂岩与石英岩　　　D. 石灰岩与大理岩
10. 试述解理、层理、片理之间的主要区别。
11. 试比较岩浆岩、沉积岩、变质岩在成因、产状、矿物成分、结构构造等方面的差别。

12. 风化作用的类型有哪几种？风化作用对岩石的工程地质性质有何影响？
13. 试述三大岩的工程地质性质。

二、选择题
1. 地表原岩经风化、剥蚀作用形成的碎屑，经流水、冰川的搬运作用沉积、胶结、硬化而成（　　）。
   A. 岩浆岩　　　B. 沉积岩　　　C. 变质岩　　　D. 火山岩
2. 沉积岩在构造上区别于岩浆岩的重要特征是（　　）。
   A. 沉积岩的层理构造，层面特征和含有化石
   B. 沉积岩的页层构造，层面特征和含有化石
   C. 沉积岩的层状构造，层面特征和含有化石
   D. 沉积岩的层理构造，层面特征
3. 下列属于沉积岩中的生物化学岩类的是（　　）。
   A. 大理岩　　　B. 石灰岩　　　C. 花岗岩　　　D. 石英岩
4. 莫氏硬度反映的是（　　）。
   A. 矿物相对硬度的顺序　　　B. 矿物相对硬度的等级
   C. 矿物绝对硬度的顺序　　　D. 矿物绝对硬度的等级
5. 花岗岩是（　　）。
   A. 酸性深成岩　　B. 侵入岩　　C. 浅成岩　　D. 基性深成岩
6. 岩浆岩中对岩石的矿物影响最大的是 SiO_2，根据 SiO_2 的含量岩浆岩可分为酸性岩类、中性岩类、基性岩类、超基性岩类，分类正确的是（　　）。
   A. 酸性岩类 SiO_2 含量>65%，中性岩类 SiO_2 含量 65%~52%，基性岩类 SiO_2 含量 52%~45%，超基性岩类 SiO_2 含量<45%
   B. 酸性岩类 SiO_2 含量<45%，中性岩类 SiO_2 含量 52%~45%，基性岩类 SiO_2 含量 65%~52%，超基性岩类 SiO_2 含量>65%
   C. 酸性岩类 SiO_2 含量>65%，中性岩类 SiO_2 含量 65%~52%，基性岩类 SiO_2 含量 52%~45%，超基性岩类 SiO_2 含量<45%
   D. 酸性岩类 SiO_2 含量<45%，中性岩类 SiO_2 含量 65%~52%，基性岩类 SiO_2 含量 52%~45%，超基性岩类 SiO_2 含量>65%
7. 下列岩石中属于变质岩的是（　　）。
   A. 大理岩　　　B. 石灰岩　　　C. 泥灰岩　　　D. 白云岩
8. 下列岩石中属于全晶质的有（　　）。
   A. 花岗岩　　　B. 花岗斑岩　　　C. 流纹岩
9. 按照组成岩石矿物的结晶程度，岩浆岩的结构可分为（　　）。
   A. 全晶质结构　　B. 半晶质结构　　C. 粒状结构
   D. 非晶质结构　　E. 斑状结构
10. 下列结构中，属于沉积岩的结构是（　　）。
    A. 泥质结构　　B. 化学结构　　C. 碎屑结构　　D. 生物结构
11. 根据物质组成的特点，沉积岩一般分为（　　）。

A. 碎屑岩类　　　B. 生物岩类　　　C. 黏土岩类　　　D. 生物化学岩类

12. 按岩石的结构、构造及其成因产状等将岩浆岩分为（　　）。

A. 酸性岩　　　　B. 中性岩　　　　C. 深成岩

D. 浅成岩　　　　E. 喷出岩

第 2 单元 地 质 构 造

【学习目标】 熟悉地质年代表及确定地层年代的方法；掌握岩层产状三要素的测定方法，了解主要地质构造的类型、特征，及野外识别的方法；了解节理玫瑰花图和活断层，分析断裂、褶皱、活断层对工程建筑的影响；通过阅读地质图，能对工程的地质条件进行初步分析。

【重点】 断裂、褶皱主要地质构造的特征及对工程建筑的影响。

【难点】 断裂、褶皱对工程建筑的影响及地质图的阅读和分析。

2.1 地 质 作 用

在地球漫长的演变历史中，地壳的内部结构、物质成分和表面形态不断地发生着变化。一些变化速度快，易被人们感觉到，如地震和火山爆发等；另一些变化则进行得很慢，不易被人们发现，如地壳的缓慢上升、下降以及地块的水平移动等。这种由于自然动力所引起，促使地壳物质成分、结构及地表形态发生变化的作用称为地质作用。根据地质作用的动力来源，可将其分为外力地质作用和内力地质作用。

2.1.1 外力地质作用

外力地质作用主要由地球以外的能源（如太阳辐射能、日月引力能和陨石碰撞等）引起。其中太阳辐射起着最主要的作用，它造成地面温度的变化，产生空气对流、大气环流及各种水流和冰川等。外力地质作用的表现形式有风化作用、剥蚀作用、搬运作用和沉积作用等。外力地质作用往往带来地壳物质成分、内部结构、地表形态的缓慢变化，称为地球的"渐变说"，但经过漫长的地质年代，可导致地球面貌的巨大变化。

2.1.2 内力地质作用

内力地质作用由地球内部的能源（如旋转能、重力能、放射性元素衰变产生的热能以及化学能、结晶能等）引起，根据其动力来源和作用方式可分为构造运动、岩浆活动、变质作用和地震等。内力地质作用往往带来地壳物质成分、内部结构、地表形态的突然变化，称为地球演变的"灾变说"。

构造运动又称地壳运动，是内力地质作用所引起的地壳岩石发生变形、变位（如弯曲、断裂等）的运动。残留在岩层中的这些变形、变位现象称为地质构造。构造运动在内力地质作用中常起主导作用，它可分为水平运动和垂直运动。

1. 水平运动

水平运动主要表现为地壳岩层的水平位移，结果使岩层相互挤压、弯曲或错开等。它使岩层褶皱、断裂（图2.1），形成裂谷、盆地及褶皱山系，如非洲大陆和美洲大陆的分离以及我国的横断山脉、喜马拉雅山脉、天山山脉等褶皱山系。

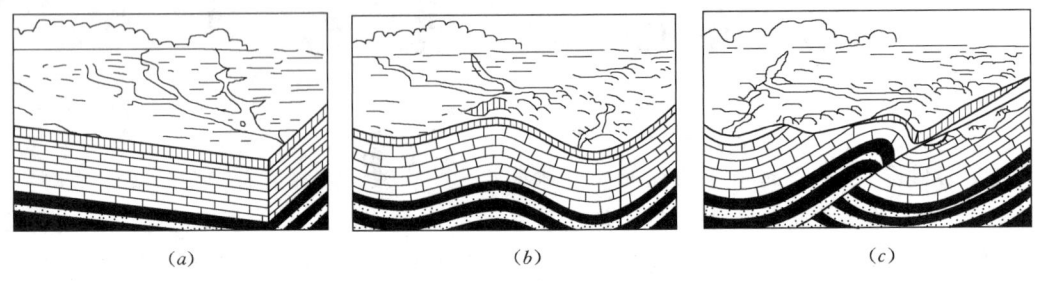

图2.1 褶皱构造与断裂构造形成示意图
(a) 岩层的原始状态；(b) 岩层弯曲产生褶皱构造；(c) 褶皱进一步发展成断裂构造

2. 垂直运动

垂直运动主要表现为地壳大面积整体缓慢上升或下降。上升形成山岳、高原，下降则形成湖海、盆地。如喜马拉雅山上的大量新生代早期海洋生物化石的存在，反映了五六千万年前，这里曾是汪洋大海，可见垂直运动幅度之大。目前，我国西部总体相对上升，而东部相对下降。

同一地区构造运动的方向随着时间的推移不断变化。某一时期以水平运动为主，另一时期则以垂直运动为主，且水平运动的方向和垂直运动的方向也会发生更替。不同地区的构造运动常有因果关系，一个地区块体的水平挤压可引起另一地区的上升或下降，反之亦然。

内力地质作用与外力地质作用相互关联，相互矛盾。内力地质作用在地壳演化中起着主导作用，它使地表产生大陆、海洋、山脉、平原等巨型地形起伏。而外力地质作用则进一步加工塑造，起着削高补低的作用，即所谓的"平原化"过程。总之，在内力和外力地质作用下，地壳不断向前发展和变化着。

2.2 地 质 年 代

地球形成至今已有46亿年，对整个地质历史时期而言，地球的发展演化及地质事件的记录和描述需要一套相应的时间概念，即地质年代。地质学上以绝对地质年代和相对地质年代两种方法来描述时间。表示地质事件发生距今的实际年数称为绝对年代（实际年龄），而表示地质事件发生的先后顺序称为相对年代。

2.2.1 绝对地质年代的确定

绝对地质年代主要是根据保存在岩层中的放射性元素衰变的速度特征产物来确定的。

2.2.2 相对地质年代的确定

1. 地层层序法

地层是指在一定地质时期内所形成的层状岩石的总称。未经构造运动改变的岩层

2.2 地质年代

大都是水平岩层，且按照下老上新的规律排列[图2.1（a）]；若后期构造运动使某些岩层发生变动（倾斜、直立或倒转），可利用沉积物中的某些构造特征（如斜层理、泥裂、波痕等）来恢复岩层顶、底面后，进一步判断岩层之间的相对新老关系[图2.1（b）]。

2. 古生物化石法

自然界中的生物是从无到有，由简单到复杂，由低级到高级不断发展、变化着，而且这种演化是不可逆转的。不同地质时期形成的地层中会保存不同的古生物化石，这样就可以根据岩层中化石的复杂与繁简程度来推断地层的相对新老关系。

3. 地层接触关系法

不同时期形成的岩层，其分界面特征即互相接触关系可以反映各种构造运动和古地理环境等在空间和时间上的演变过程，因此，它是确定和划分地层年代的重要依据。岩层接触关系有以下几种类型（图2.2）：

（1）整合接触。指上、下两套岩层产状一致，互相平行，连续沉积形成。反映岩层形成期间地壳比较稳定，没有强烈的构造运动，地层自下而上依次由老到新。

（2）平行不整合。它又称假整合，是指上、下两套地层的产状彼此平行一致，但其间缺失某些地质年代的岩层。上、下两套岩层之间的接触面往往起伏不平，常分布一层砾岩（俗称底砾岩），据此可以判断上、下两套岩层的新老关系。

（3）角度不整合。是指上、下两套地层产状不同，彼此呈角度接触，其间缺失某些时代的地层，接触面多起伏不平，也常有底砾岩和风化壳。不整合面的存在标志着地壳曾发生过强烈的地壳运动。与平行不整合相同，据此也可以判断地层之间的新老关系。

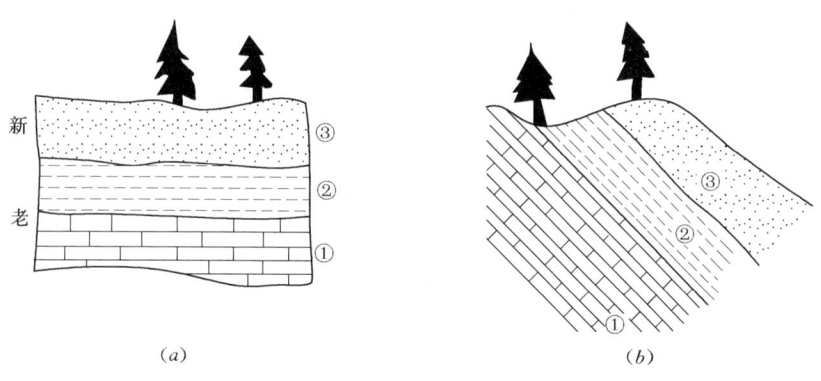

图 2.2 地层层序法（岩层层序正常时）
(a) 岩层水平；(b) 岩层倾斜
（注：①、②、③依次由老到新）

上述三种接触类型是沉积岩之间或少量变质岩之间的接触关系。此外，利用岩浆岩和其他围岩之间的接触关系，也可以来判断岩层之间的相对新老关系（图2.3）。不同时代的岩层常被岩浆侵入穿插，侵入者年代新，被侵入者年代老；切割者年代新，被切割者年代老。

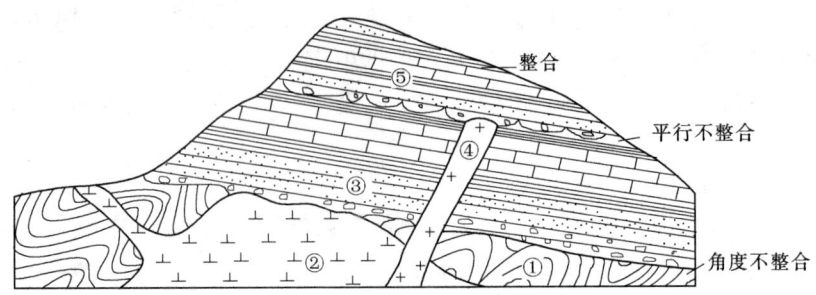

图 2.3 岩层接触关系示意图
①、②、③、④、⑤—依次由老到新

2.2.3 地质年代表

通过对全球各个地区地层划分和对比，以及对相关岩石的实际年龄测定，按年代先后顺序进行科学系统性的编年，建立起国际上通用的地层及地质年代表（表 2.1），据《工程地质手册（第四版）》。

表 2.1 地 质 年 代 表

地 质 年 代				国际代号		距今年龄（百万年）	生物界		主要地壳运动
宙（宇）	代（界）	纪（系）	世（统）				植物	动物	
显生宙	新生代（K$_z$）	第四纪	全新世 更新世	Q	Q$_4$ Q$_{1-3}$	0.01～3	被子植物	人类	喜马拉雅运动
		第三纪	晚第三纪	上新世 中新世	N	N$_2$ N$_1$	25		哺乳动物	
			早第三纪	渐新世 始新世 古新世	E	E$_3$ E$_2$ E$_1$	40 60 80			
	中生代（M$_z$）	白垩纪	晚白垩世 早白垩世	K	K$_2$ K$_1$	140	裸子植物	爬行动物	燕山运动
		侏罗纪	晚侏罗世 中侏罗世 早侏罗世	J	J$_3$ J$_2$ J$_1$	195			
		三叠纪	晚三叠世 中三叠世 早三叠世	T	T$_3$ T$_2$ T$_1$	230			印支运动
	古生代	晚古生代（P$_z$）	二叠纪	晚二叠世 早二叠世	P	P$_2$ P$_1$	280	蕨类植物	两栖类动物	海西运动
			石炭纪	晚石炭世 中石炭世 早石炭世	C	C$_3$ C$_2$ C$_1$	350			
			泥盆纪	晚泥盆世 中泥盆世 早泥盆世	D	D$_3$ D$_2$ D$_1$	410		鱼类	

续表

地质年代				国际代号		距今年龄(百万年)	生物界		主要地壳运动
宙(宇)	代(界)	纪(系)	世(统)				植物	动物	
显生宙	古生代(P_z)	早古生代	志留纪	晚志留世 中志留世 早志留世	S	S_3 S_2 S_1	440	孢子植物 高级藻类	海生无脊椎动物	加里东运动
			奥陶纪	晚奥陶世 中奥陶世 早奥陶世	O	O_3 O_2 O_1	500			
			寒武纪	晚寒武世 中寒武世 早寒武世	∈	$∈_3$ $∈_2$ $∈_1$	600			
隐生宙	远古代(P_t)	晚	震旦纪		Z		800	真核生物 (绿藻)		吕梁运动
		中					1900			
		早					2500			
	太古代(A_r)						4000	原核生物 (菌藻类)		五台运动
	地球初期发展阶段						4600	无生物		

地质年代表中使用了不同级别的地质年代单位和地层单位。地质年代单位根据时间的长短依次划分为宙、代、纪、世，与此相对应的地层单位是宇、界、系、统。如太古代形成的地层称太古界，石炭纪形成的地层称为石炭系等。

此外，还有按照岩性特征来划分的地层单位，称为地方性地层单位，常用群、组、段表示。

2.3 岩 层 产 状

2.3.1 岩层产状要素

岩层产状是指岩层在空间的位置。用走向、倾向和倾角表示，地质学上称为岩层产状三要素。

1. 走向

岩层面与水平面的交线称走向线（图 2.4 中的 AOB 线），走向线两端所指的方向即岩层的走向。走向有两个方位角数值，且相差 $180°$，如 $350°$（或 NW10°）和 $170°$（或 SE10°）。岩层的走向表示岩层的延伸方向。

2. 倾向

岩层面上与走向线垂直并沿倾斜面向下所引的直线称倾斜线（图 2.4 中的 OD 线），倾斜

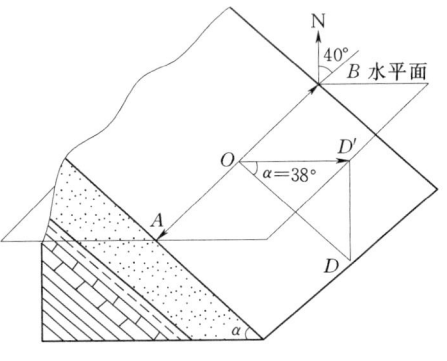

图 2.4 岩层产状要素图

AOB—走向线；OD—倾向线；OD'—倾斜线在水平面上的投影，箭头方向为倾向；$α$—倾角

线在水平面上投影（图 2.4 中的 OD' 线）所指的方向就是岩层的倾向。对于同一岩层面，倾向与走向垂直，且只有一个方向。岩层的倾向表示岩层的倾斜方向。

3. 倾角

倾角是岩层面和水平面所夹的最大锐角（或二面角）（图 2.4 中的 α 角）。

除岩层面外，岩体中其他面（如节理面、断层面等）的空间位置也可以用岩层产状三要素来表示。

2.3.2 岩层产状要素的测量

岩层产状要素需用地质罗盘（图 2.5）测量。测量方法如图 2.6 所示。

图 2.5　地质罗盘仪

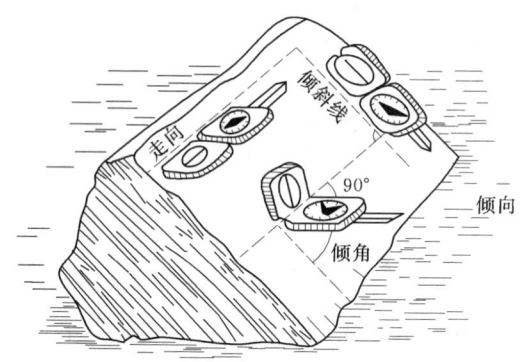

图 2.6　岩层产状要素测量

1. 测走向

将罗盘的长边与岩层面贴触，如罗盘无长边，则取与南北方向平行的边与层面贴触，并使罗盘放水平（水准气泡居中），此时罗盘长边（或 NS 边）与岩层的交线即为走向线，磁针（无论南针或北针）所指的度数即为所求的走向。

2. 测倾向

把罗盘的 N 极指向岩层层面的倾斜方向，同时使罗盘的短边（或与东西方向平行的边）与层面贴触，罗盘放水平，气泡居中，此时北针所指的度数即为所求的倾向。

3. 测倾角

将罗盘侧立，以其长边（即 NS 边）紧贴层面，并与走向线垂直，然后转动罗盘背面的旋钮，使下刻度盘的活动水准气泡居中，倾角指针所指的度数即为倾角大小。若是长方形罗盘，此时桃形指针在倾角刻度盘上所指的度数，即为所测的倾角大小。

4. 岩层产状要素的表示方法

在野外记录或报告中，图 2.4 中岩层的走向、倾向、倾角可写成 NE40°、SE、∠38°。在地质图上，岩层的产状用符号"⊥35°"表示，长线表示走向，短线表示倾向，数字表示倾角。长短线必须按实际方位画在图上。

2.3.3　水平构造、倾斜构造和直立构造

1. 水平构造

岩层产状呈水平（倾角 $\alpha=0°$）或近似水平（$\alpha<5°$），如图 2.2（a）和图 2.7 所示。

岩层呈水平构造，表明该地区地壳相对稳定。

图 2.7 水平岩层

图 2.8 倾斜岩层

2. 倾斜构造（单斜构造）

岩层产状的倾角 $0°<\alpha<90°$，岩层呈倾斜状［图 2.2（b）和图 2.8］。

岩层呈倾斜构造，说明该地区地壳不均匀抬升或受到岩浆作用的影响。

3. 直立构造

岩层产状的倾角 $\alpha\approx90°$，岩层呈直立状（图 2.9）。岩层呈直立构造，说明岩层受到强有力的挤压。

图 2.9 直立岩层

2.4 褶 皱 构 造

岩层受构造应力作用后产生的连续弯曲变形称为褶皱构造。绝大多数褶皱构造是岩层在水平挤压力作用下形成的，如图 2.10 所示。褶皱构造是岩层在地壳中广泛发育的地质构造之一，它在层状岩石中最为明显，在块状岩体中则很难见到。褶皱构造的每一单个向上或向下的弯曲称为褶曲。褶皱构造的规模大小不一，大者可达几十至几百千米，小者手标本上可见。

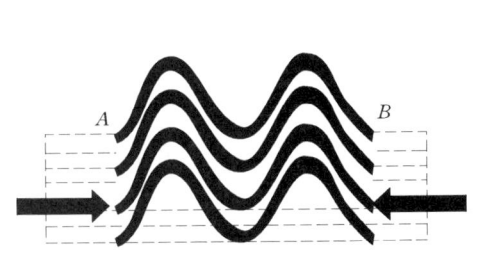
图 2.10 褶皱构造

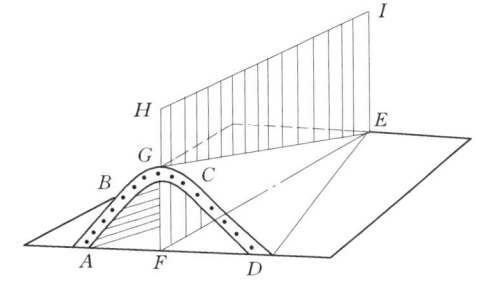
图 2.11 褶皱要素示意图
AB—翼；被 ABGCD 包围的内部岩层—核；BGC—转折端；EFHI—轴面；EF—轴线；EG—枢纽

2.4.1 褶皱要素

褶皱构造的各个组成部分称为褶皱要素（图 2.11）。

1. 核部

褶曲中心部位的岩层。当风化剥蚀后，常把出露在地表最中心的岩层称为核部。

2. 翼部

核部两侧的岩层。一个褶曲有两个翼。

3. 翼角

翼部岩层的倾角。

4. 轴面

对称平分两翼的假想面。轴面可以是平面，也可以是曲面。轴面与水平面的交线称为轴线；轴面与岩层面的交线称为枢纽。

5. 转折端

从一翼转到另一翼的弯曲部分。在横剖面上，转折端常呈圆弧形。

2.4.2 褶皱的基本形态和特征

褶皱的基本形态是背斜和向斜（图 2.12）。

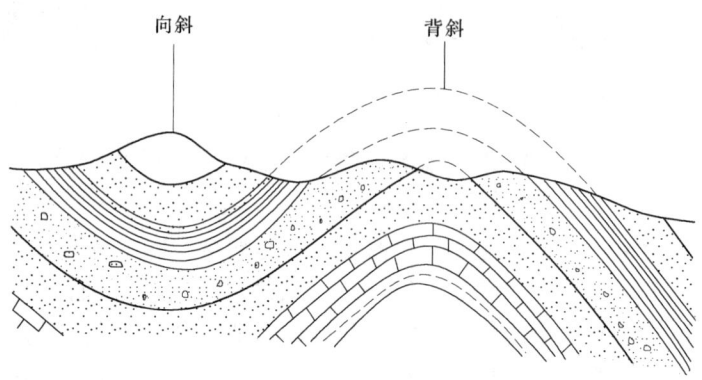

图 2.12 背斜和向斜

1. 背斜

背斜通常岩层向上弯曲，两翼岩层相背倾斜，核部岩层时代较老，两翼岩层依次变新并呈对称分布。

2. 向斜

向斜通常岩层向下弯曲，两翼岩层相向倾斜，核部岩层时代较新，两翼岩层依次变老并呈对称分布。

2.4.3 褶皱的类型

根据轴面产状和两翼岩层的特点，将褶皱分为以下五种。

1. 直立褶皱

轴面直立，两翼岩层倾向相反，且倾角大小近似相等的褶皱，称为直立褶皱，如图 2.13（a）所示。

2. 倾斜褶皱

轴面倾斜，两翼岩层倾向相反，倾角大小不等的褶皱，称为倾斜褶皱，如图 2.13（b）所示。

3. 倒转褶皱

轴面倾斜，两翼岩层向同一方向倾斜，倾角大小不等，其中一翼倒转，老岩层位于新岩层之上，另一翼层序正常的褶皱，称为倒转褶皱，如图 2.13（c）所示。

4. 平卧褶皱

轴面产状近于水平，一翼岩层层序正常，另一翼则倒转的褶皱，称为平卧褶皱，如图 2.13（d）所示。

5. 翻卷褶皱

轴面弯曲的平卧褶皱称为翻卷褶皱，如图 2.13（e）所示。

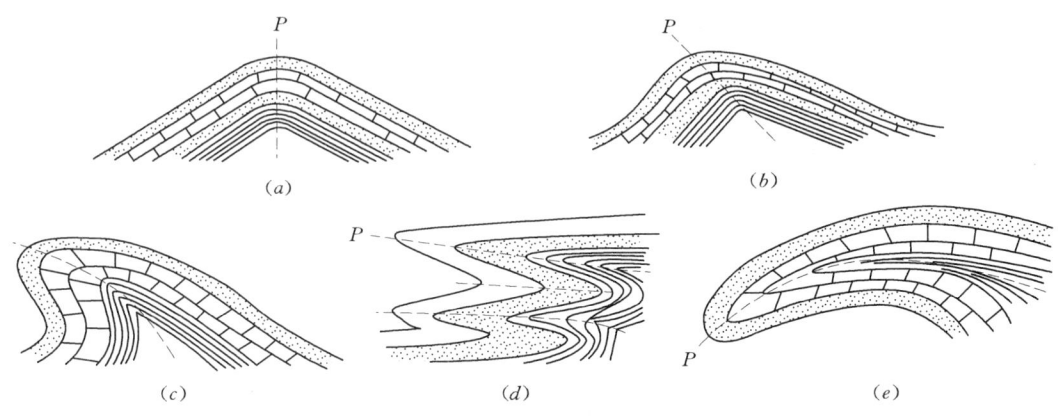

图 2.13 根据轴面产状褶皱的分类

(a) 直立褶皱；(b) 倾斜褶皱；(c) 倒转褶皱；(d) 平卧褶皱；(e) 翻卷褶皱

2.4.4 褶皱构造的野外识别

首先判断褶皱是否存在并区别背斜和向斜，然后再确定其形态特征。

在少数情况下，沿河谷或公路两侧，岩层的弯曲常直接暴露，背斜或向斜易于识别。而多数情况下，由于岩层遭受风化剥蚀，出露情况不好，无法看到它的完整形态。这时需按下列方法进行分析：

（1）垂直于岩层走向观察，若岩层对称重复出现，便可肯定有褶皱构造；否则，没有褶皱构造（图 2.14）。

（2）分析岩层的新老组合关系。若中间是老岩层，两侧是新岩层，则为背斜；若中间是新岩层，两侧是老岩层，则为向斜。

（3）根据两翼岩层产状和轴面产状，对褶皱进行分类和命名。

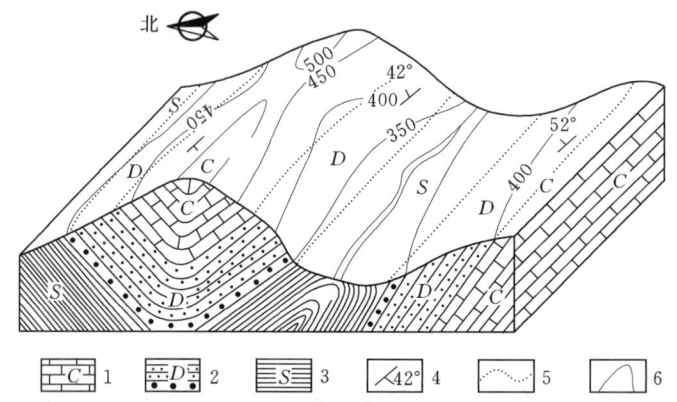

图 2.14 褶皱构造立体图
1—石炭系；2—泥盆系；3—老留系；4—岩层产状；5—岩层界线；6—地形等高线

2.4.5 褶皱构造对工程的影响

1. 褶皱核部

褶皱核部岩层由于受水平挤压作用，节理发育、岩石破碎、易于风化、岩石强度低、渗透性强，在石灰岩地区还往往使岩溶较为发育，所以在核部布置各种建筑工程时，必须注意岩层的塌落、漏水即涌水问题。

2. 褶皱翼部

褶皱翼部布置建筑工程时，如果开挖边坡的走向近于平行岩层走向，且边坡倾向与岩层倾向一致，边坡坡角大于岩层倾角，则容易造成顺层滑动现象。如果边坡与岩层走向的夹角在40°以上；或者两者走向一致，而边坡倾向与岩层倾向相反或者两者倾向相同，但岩层倾角更大，则对开挖边坡的稳定较有利。

2.5 断 裂 构 造

岩层受力后产生变形，当作用力超过岩石强度时，岩石的连续性和完整性遭到破坏而发生破裂，形成断裂构造。断裂构造在地壳中广泛存在。毫无疑问，断裂构造的发生，必将对岩体的稳定性、透水性及其工程性质产生较大影响。

根据断裂之后的岩层有无明显位移，将断裂构造分为节理和断层两种形式。

2.5.1 节理

没有明显位移的断裂称为节理（或裂隙）。节理在岩层中广泛分布，且往往成组、成群出现，规模大小不一，可从几厘米到几百米。

节理按成因分为三种类型：第一种为原生节理，指岩石在成岩过程中形成的节理，如地表的岩浆冷凝收缩产生的裂缝；第二种为次生节理，指风化、爆破等原因形成的裂隙，这种节理产状无序，一般局限于地表，规模不大，分布也不规则，通常只称为裂隙而不称为节理；第三种为构造节理，指由构造应力所形成的节理。

上述三种节理中，构造节理分布最广，几乎所有的大型水利水电工程都会遇到，以下重点介绍构造节理。

1. 构造节理的分类

构造节理按照形成的力学性质分为张节理和剪节理。

(1) 张节理。由张应力作用产生的节理，多发育在褶皱的轴部。其主要特征为：节理面粗糙不平，无擦痕，节理多开口，一般被其他物质充填；在砾岩或砂岩中的张节理常常绕过砾石或砂粒；张节理一般较稀疏、间距大，而且延伸不远；张节理有时沿先期形成的剪节理发育而成，被称为追踪张节理。

(2) 剪节理。由剪应力作用产生的节理。其主要特征为：节理面平直光滑，有时可见擦痕，节理一般是闭合的，没有充填物；在砾岩或砂岩中的剪节理常常切穿砾石或砂粒；剪节理产状较稳定，间距小、延伸较远；发育完整的剪节理呈 X 形。若 X 形节理发育良好，则可将岩石切割成棋盘状（图 2.15）。

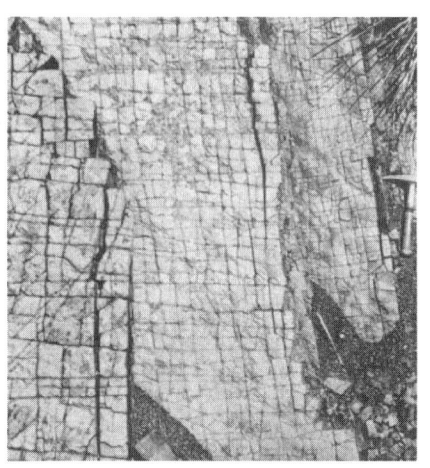

图 2.15 X 形剪节理

2. 节理的统计

节理在岩层中广泛分布，对水利工程的不良影响主要是水库的渗漏和岩体的稳定两方面，但其影响程度取决于节理的成因、产状、数量、大小、连通以及充填等因素。因而，在工程地质勘察中首先要查明这些特征，然后对其分析统计整理，以评价其对工程造成的影响。

首先进行资料整理，将测点上所测的节理走向都换成北东和北西象限的角度，按走向方向大小，以 10° 为一组统计各组节理条数，见表 2.2。其次，确定作图比例尺，以等长

表 2.2 某坝址节理统计表

走向/(°)	条 数	走向/(°)	条 数	走向/(°)	条 数	走向/(°)	条 数
0～10	0	51～60	19	271～280	0	321～330	50
11～20	0	61～70	10	281～290	0	331～340	22
21～30	20	71～80	20	291～300	14	341～350	30
31～40	25	81～90	0	301～310	10	351～360	0
41～50	35			311～320	30		

或稍长于按线条比例尺表示最多那一组节理条数的线段长度为半径，画一个上半圆，通过圆心标出东、北、西三个方向，并标出10°倍数的方向角度量值。然后将表示各组节理条数的点标在相应走向方位角中间的半径上（图 2.16）。如走向北东41°～45°的节理有 35 条，按比例点在北东45°的半径上。连接相邻组各点即成节理走向玫瑰图。为表示最发育组节理的倾向和倾角，将该组节理走向沿半径延伸出半圆以外，沿径向按比例划分出 9 个刻度（0°，10°，…，90°）代表倾角，切线方向代表倾向，并按比例取一定长度代表条

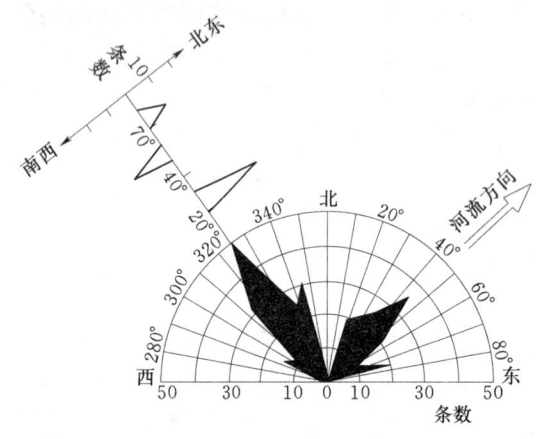

图 2.16 某坝址节理走向玫瑰图

数，如图 2.16 所示。图中最发育的一组节理的走向区间为 321°～330°，倾向北东的有两组，它们的倾角和条数分别为 21°～30°、25 条和 71°～80°、10 条。倾向南西的只有一组，其倾角为 51°～60°，条数为 15 条。

2.5.2 断层

有明显位移的断裂称为断层。断层在岩层中也比较常见，其规模大小不一，可从几厘米到几千米，甚至达上百千米。

1. 断层要素

断层的基本组成部分称为断层要素（图 2.17），它包括断层面、断层线、断层带、断盘及断距。

（1）断层面。岩层断裂后，发生相对位移的破裂面。它的空间位置仍由走向、倾向和倾角表示，它可以是平面，也可以是曲面。

（2）断层线。断层面与地面的交线。其方向表示断层的延伸方向。

（3）断层带。包括断层破碎带和影响带。破碎带是指被断层错动搓碎的部分，常由岩块碎屑、粉末、角砾及黏土颗粒组成，其两侧被断层面所限制，如图 2.17 中之 e。影响带是指靠近破碎带两侧的岩层受断层影响，裂隙发育或发生牵引弯曲的部分，如图 2.17 中之 f。

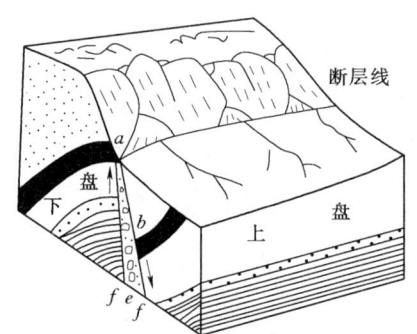

图 2.17 断层要素图
ab—断距；e—断层破碎带；f—断层影响带

（4）断盘。断层面两侧相对位移的岩块称为断盘。其中，断层面之上的称为上盘，断层面之下的称为下盘。

（5）断距。断层两盘沿断层面相对移动的距离。

2. 断层的基本类型

按照断层两盘相对位移的方向，可将断层分为以下三种类型。

(1) 正断层。上盘相对下降，下盘相对上升的断层［图 2.18（a）］。正断层的断层线一般较为平直，破碎带较宽，断层面的倾角多大于 45°。

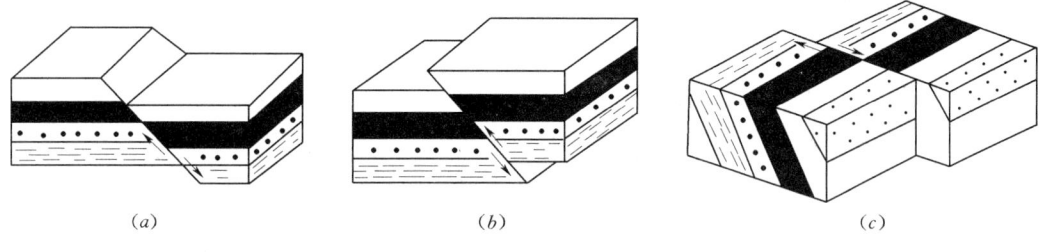

图 2.18　断层类型示意图
(a) 正断层；(b) 逆断层；(c) 平移断层

(2) 逆断层。上盘相对上升，下盘相对下降的断层［图 2.18（b）］。逆断层的规模一般较大，断层破碎带宽度较小，断层面较为弯曲或波状起伏，常有上、下方向的擦痕。逆断层在构造运动强烈的地区出现较多。按断层面倾角大小又将逆断层分以下几种：

1）冲断层。断层面倾角大于 45°。
2）逆掩断层。断层面倾角为 45°～25°。
3）辗掩断层。断层面倾角小于 25°。

(3) 平移断层。两盘沿断层面作相对水平位移的断层［图 2.18（c）］。平移断层的断层面较陡、甚至直立，且平直光滑。

3. 断层的组合形式

在自然界中，有时断层不是单独存在的，而是呈组合形式存在（图 2.19），常见的组合形式有以下四种。

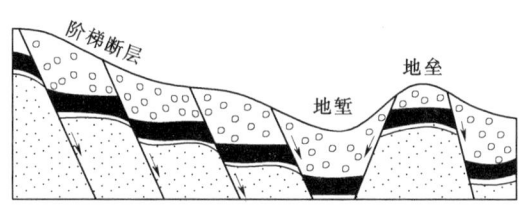

图 2.19　阶梯状断层、地堑及地垒

图 2.20　叠瓦式断层

(1) 阶梯状断层。由多个断层面倾向相同（或相近）而又相互平行的正断层组合而成，在剖面上各个断层的上盘依次下降呈阶梯状。

(2) 地堑。由两条以上正断层组合而成，两边岩层沿断层面相对上升，中间岩层相对下降。

(3) 地垒。由两条以上正断层组合而成，与地堑相反，断层面之间的岩层相对上升，两边岩层相对下降。

(4) 叠瓦式构造。由一系列产状平行的冲断层或逆掩断层组合而成（图 2.20）。各断层的上盘依次逆冲形成像瓦片般的叠覆。

4. 断层的野外识别

断层的发生，必然会在地貌、地层及构造等方面得到反映，这就形成了所谓的断层标志，也是识别断层的主要依据。

(1) 地貌标志。也是最直观的标志之一。

1) 断层崖。由于断层两盘的相对运动，常使断层的上升盘形成陡崖，称为断层崖。如东非大裂谷形成的断层崖（图2.21）；太行山前断裂带使太行山拔地而起，成为华北平原的西部屏障等。

图2.21 东非大裂谷形成的断层崖

2) 断层三角面。断层崖受到与崖面垂直方向的水流侵蚀切割，便可形成沿断层走向分布的一系列三角形陡崖，称为断层三角面（图2.22）。

图2.22 断层三角面

3) 错断的山脊。错断的山脊往往是断层两盘相对平移等运动的结果。

4) 串珠状湖泊洼地。这种洼地往往是大断层存在的标志。这些湖泊洼地主要是由断层引起的断陷或破碎带形成的。

5) 泉水的带状分布。泉水呈带状分布往往也是断层存在的标志。因为断层破碎带是地下水的良好通道。

(2) 地层标志。它是识别断层的可靠证据之一。

1) 岩层沿走向突然中断，而和另一岩层相接触，则说明有断层发生（图2.23）。

2) 垂直岩层走向，若发现地层出现不对称的重复或缺失，则可判定有断层发生（图2.24）。

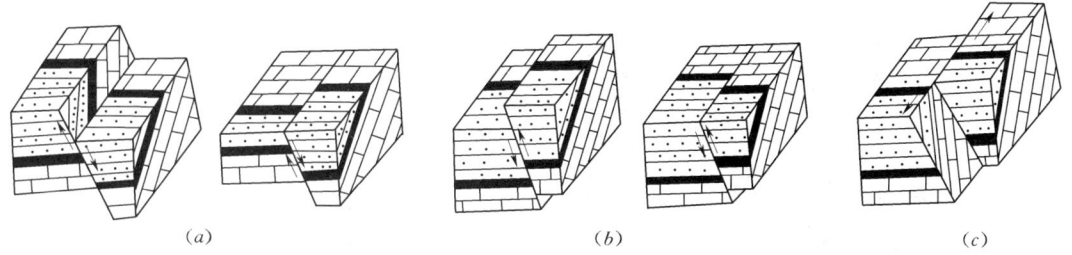

图 2.23 断层造成岩层中断
(a) 正断层；(b) 逆断层；(c) 平移断层

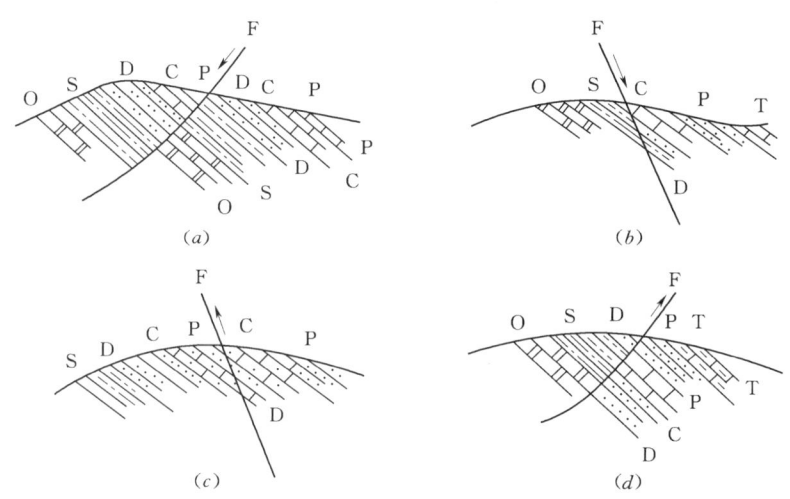

图 2.24 断层造成的地层重复和缺失

(3) 构造标志。由于构造应力的作用，沿断层面或断层破碎带及其两侧，常常出现一些伴生的构造变动现象。这些现象是识别和确定断层性质的又一重要标志。常见的这些现象有擦痕、阶步、牵引褶皱及构造岩等。

1) 擦痕和阶步。断层两盘相互错动时，在断层面上留下的摩擦痕迹称为擦痕。有时在断层面上存在有垂直于擦痕方向的小台阶，称为阶步（图 2.25）。

2) 牵引褶皱。断层两盘相对错动时，断层附近的岩层因受摩擦力的作用而发生弧形弯曲形成的拖拽现象，称为断层的牵引褶皱（图 2.26）。

3) 构造岩。构造岩是指断层发生时，由于构造应力的作用，使断层带中岩石的矿物成分、结构、构造等发生强烈变化，甚至变质形成新的岩石，主要有断层角砾岩、断层泥、糜棱岩等。

这里需要说明的是，并非每一条断层都具有上述特征，而且有些特征也并非断层独有的。所以在野外认识断层时，应多方面综合考察，才能得出可靠的结论。

(4) 断层性质的判断。在判断出断层存在的前提下，需要根据两盘相对运动的方向来判断断层的性质。其方法如下：

1) 根据擦痕判断。擦痕表现为一端粗而深，一端细而浅。由粗而深端向细而浅端指

 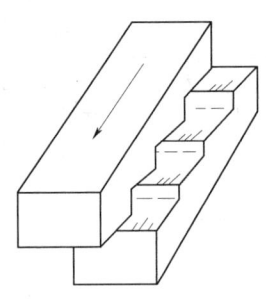

图 2.25 擦痕和阶步

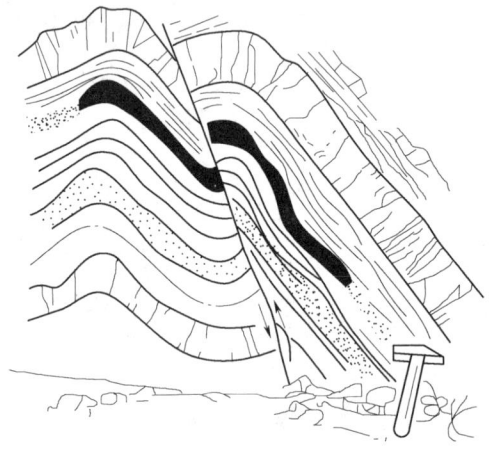 

图 2.26 牵引褶皱

示另一盘的运动方向。另外，用手指顺擦痕轻轻抚摸，常常可以感觉顺一个方向比较光滑，而相反方向比较粗糙，感觉光滑的方向表示另一盘的运动方向。

2) 根据阶步判断。阶步的陡坎面指向另一盘的运动方向（图 2.25）。

3) 根据牵引褶皱判断。牵引褶皱弧形弯曲突出的方向指示本盘的运动方向（图 2.26）。

2.5.3 断裂构造对工程的影响

断裂构造的存在，破坏了岩体的完整性，降低了岩体强度，增大了岩体的透水性，加速了风化作用、地下水的活动及岩溶的发育，可能对工程建筑产生影响。

(1) 断层破碎带力学强度低、压缩性大，建于其上的建筑物地基易产生较大的沉陷，还会使水工建筑物产生集中渗漏。

(2) 跨越断裂构造带的建筑物，由于断裂带及其两侧上、下盘的岩体均可能不同，易产生不均匀沉降，从而使建筑物造成断裂和倾斜。

(3) 断裂构造带在新的地壳运动影响下，可能发生新的移动，从而进一步影响建筑物的稳定。

2.6 活 断 层

2.6.1 活断层概述

活断层是指目前正在活动着的断层或近期有过活动且不久的将来可能会重新发生活动的断层（即潜在活断层）。有人将之限于全新世（即最近 1.1 万年以内），有人则限于最近 3.5 万年（以 ^{14}C 确定绝对年龄的可靠上限）之内，更有人限于晚更新世（最近 10 万年或 50 万年）之内，或者根据近期地质历史时期（例如第四纪期间）有无重复活动来判定。目前关于活断层有如下规定：

美国原子能委员会（USNRC）：①在 3.5 万年内有过一次或多次活动的断层；②与其他活动断层有联系的断层；③沿该断裂发生过蠕动或微震活动。

《岩土工程勘察规范》：全新世（10000 年）内有过活动或近期正在活动，在将来（100 年）可能继续活动的断裂。

《水利水电工程地质勘察规范》：最后一次错动距今 10 万~15 万年（晚更新世）的断层。

活断层具有很强的危害性和破坏性，直接威胁人民生命财产安全，具体表现为：活断层的地面错断直接危害跨越该断层的建筑物，如宁夏石嘴山市红果子沟—明长城错断；伴有地震发生的活断层，强烈的地面振动对较大范围内的建筑物造成损害，如美国 1906 年旧金山地震中，圣•安德烈斯断裂的错动直接导致圣•安德烈斯坝溃坝；产生地震裂缝，如我国唐山大地震时有一条长 8km，走向 N30°E 的地表断层（图 2.27），正好由市区通过，最大水平错距 3m，垂直断距 0.7~1m。该断层穿过的道路、房屋、围墙等一切建筑物全被错开。又如图 2.28 所示风火山隧道北部断裂切割。

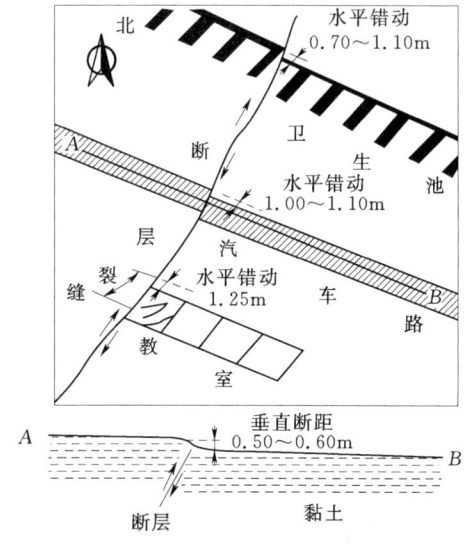

图 2.27 唐山大地震地表断层错动

图 2.28 风火山隧道北部断裂切割表层第四系和公路的裂缝延伸特征

2.6.2 活断层的类型

按构造应力状态及两盘相对位移的性质，可将活断层划分为三种类型。

1. 正断型活断层

正断型活断层［图 2.29（a）］下降盘分支断层多见，形成地堑式的正断层组合。最大主应力近于垂直，最小主应力近于水平。走向垂直于最小主应力且与最大主应力呈锐角的断层面与水平面夹角大于 45°，一般为 60°～80°。在错动过程中，垂直断面走向的水平方向有所伸长。伴随这类断层活动的变形（下沉）和分支断层错动，主要集中于下降盘。与河谷平行断面倾斜的正断层，可以使拦河坝产生比其他形式断层运动更宽的初始裂缝。一般说来，这类断层的可识别程度介于走滑断层和逆断层之间，其影响带宽度和对工程的危害程度也介于两者之间。

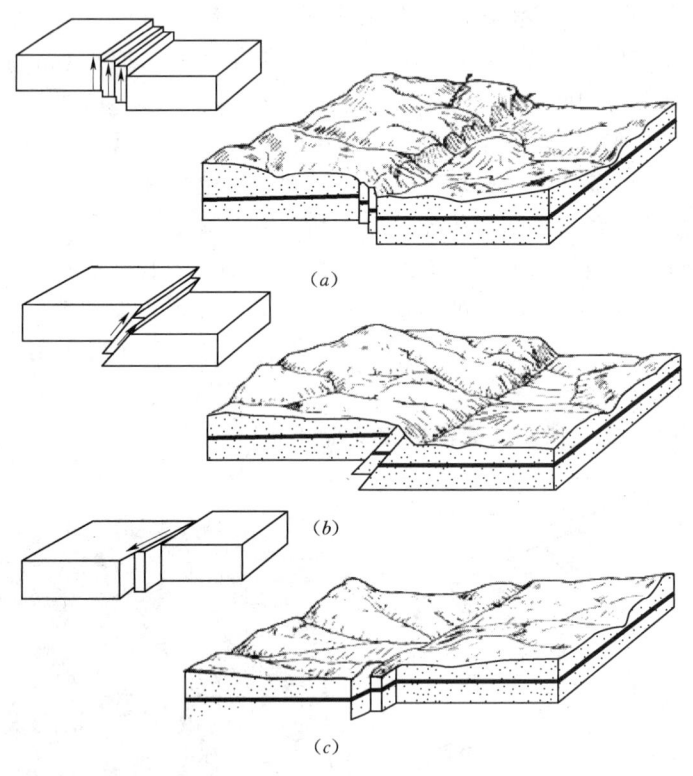

图 2.29 活断层的类型示意图
(a) 正断型活断层；(b) 逆断型活断层；(c) 走滑型活断层

2. 逆断型活断层

逆断型活断层［图 2.29（b）］多分布于板块碰撞挤压带。上盘变形带大，出现多分支断层。最大主应力近于水平，最小主应力近于垂直。走向垂直于最大主应力的断层面与水平面夹角一般小于 45°，往往为 20°～40°，且由于位移是水平挤压形成的，断层面两侧的点之间的距离总是由于位移而缩短。上盘除上升外还产生地面变形，往往伴以多个分支或次级断层的错动。

3. 走滑型活断层

走滑型活断层[图 2.29（c）]常分布于大陆内部的地块之间的接触部位，水平错动量大，断层带宽度不大，很少分支断裂。最大最小主应力近于水平，所以两者之间的最大剪应力面，亦即此类断层的断层面，近于直立，因此其地表出露线也就最为平直，常表现为极窄的直线形断崖。主要是断层面两侧相对的水平运动，相对的垂直升降很小。河流最易于沿这种断层发育，水工建筑物也就最易于受到这种活断层的威胁。如断层与坝轴线小角度斜交，由于断层错动而造成的心墙拉开宽度可以相当大。我国的活断层也以走滑型为最多，特别是西南和西北，有些走滑型活断层规模非常巨大，例如塔里木断块南的阿尔金山断裂，青藏断块内部的鲜水河断裂，川滇断块西界的红河断裂，都是我国西部长达数百到数千千米走滑型活断层，尤以对水系的错动改造最为明显。

2.6.3 活断层的识别

1. 活断层识别的方法

活断层可以通过以下几个方面进行识别。如地质方面，首先，只要是见到第四系中、晚期的沉积物被错断，均视断层为活断层。其次，活动断层因其形成时间较晚，一般表现为构造带物质欠固结欠胶结状态，较为松散。另外，表现出脉体变形被切断，构造岩片理化、透镜化，断面新鲜无风化，第四系物质牵引弯折等。断层矿物的显微变形出现显微组构（如不等颗粒拉长，光轴微定向等）。再次，对伴有地震现象的活断层，地表出现断层陡坎和地裂缝。在地貌方面，活断层表现为山脊、山谷、阶地和洪积扇错开；近期断块的差异升降运动，可使同一级夷平面分离解体，高程相差较大；不良地质现象呈线形密集分布等。活断层在水文地质方面常表现为地层导水性和透水性较强，泉水常沿断裂带呈线状分布，植被发育等。除此之外，还可以通过查阅历史资料和地形变形监测等手段识别活断层。

2. 活断层识别的标志

判别活断层时以直接标志作为判别依据，间接标志只起辅助作用。

（1）直接标志。

1）错断晚更新世（Q_3）以来的地层。

2）断裂带中的构造岩或被错动的脉体。

3）根据仪器观测，沿断层有大于 0.1mm/a 的位移。

4）沿断层有历史和现代中、强震震中分布，或有晚更新世以来的古地震遗迹，或有密集而频繁的近期微震活动。

5）在地质构造上证实与已知活动断层有共生或同生关系的断层。

（2）间接标志。

1）沿断层晚更新世以来同级阶地发生错位，在跨越断层处，水系有明显的与断层同步转折现象，或断层两侧晚更新世以来的沉积层厚度有明显差异。

2）沿断层地貌突然发生大范围的变化，如山区突然转为平原，且有平直新鲜的断层陡崖、断层三角面，山前常有大规模的崩塌、滑坡。

3）沿断层线有串珠状的泉水、沼泽分布，有地热、水化学异常带，或水温、水量、水质有异常变化。

4）古建筑、古陵墓等被断层错断。

5）沿断层带有重力或磁力异常现象。

2.6.4 活断层区的建筑原则

（1）建筑物场址一般应避开活动断裂带。

（2）线路工程必须跨越活断层时，尽量使其大角度相交，并尽量避开主断层，同时要对几个相互比较的场址进行断层相对活动性评价。

（3）必须在活断层地区兴建的建筑物，应尽可能地选择相对稳定地块，即"安全岛"，尽量将重大建筑物布置在断层的下盘。

（4）在活断层区兴建工程，应采用适当的抗震结构和建筑型式。

小 结

地壳运动是由内力地质作用引起的，它能形成各种构造形态，所以又称构造运动。最常见最重要的地质构造是褶皱构造和断裂构造。

地层接触关系是研究地壳运动的发展和地质构造形成历史的一个重要依据。地质年代表反映了地球演化的序列。地质构造是最重要的工程地质条件之一，其对工程的影响很大，不同的构造形态和不同的构造部位对工程建设的影响是截然不同的，而要研究地质构造就必须掌握地质年代和岩层产状。

褶皱、断裂及活断层对工程活动的影响和作用不容忽视，要重点加以关注。

练 习 题

一、思考题

1. 什么是地质作用？地质作用的基本类型有哪些？
2. 简述地层相对年代的确定方法。
3. 何为岩层产状要素？怎样测定？
4. 背斜和向斜的主要区别是什么？在野外如何识别褶皱？
5. 张节理和剪节理有何特征？
6. 断层的基本类型有哪些？各有何特征？野外如何识别断层？
7. 简述褶皱构造与断裂构造对工程的影响。
8. 如何识别活断层？活断层的识别标志是什么？

二、选择题

1. 地壳运动促使组成地壳的物质变位，从而产生地质构造，所以地壳运动也称为（　　）。

   A. 构造运动　　　　B. 造山运动　　　　C. 造陆运动　　　　D. 造海运动

2. 两侧岩层向外相背倾斜，中心部分岩层时代较老，两侧岩层依次变新，并且两边对称出现的是（　　）。

　　A. 向斜　　　　　B. 节理　　　　　C. 背斜　　　　　D. 断层

3. 侵入岩先形成，其上沉积了较新的沉积岩层，则岩浆岩与沉积岩之间为（　　）。

　　A. 沉积接触　　　B. 整合接触　　　C. 侵入接触　　　D. 不整合接触

4. 下列节理不属于按节理成因分类的是（　　）。

　　A. 构造节理　　　B. 原生节理　　　C. 风化节理　　　D. 剪节理

5. 上盘相对下移，下盘相对上移的断层是（　　）。

　　A. 正断层　　　　B. 平移断层　　　C. 走向断层　　　D. 逆断层

6. 地壳运动的基本形式有（　　）。

　　A. 垂直运动　　　B. 水平运动　　　C. 扭转运动　　　D. 翻转运动

7. 活断层区的建筑原则有（　　）。

　　A. 建筑物场址一般应避开活动断裂带

　　B. 线路工程必须跨越活断层时，尽量使其大角度相交，并尽量避开主断层，同时要对几个相互比较的场址进行断层相对活动性评价

　　C. 必须在活断层地区兴建的建筑物，应尽可能地选择相对稳定地块——"安全岛"，尽量将重大建筑物布置在断层的下盘

　　D. 在活断层区兴建工程，应采用适当的抗震结构和建筑型式

第3单元 水流的地质作用

【学习目标】 了解地表流水的地质作用、河流地貌及岩溶的形成条件和分布规律；熟悉地下水的分类及特征，掌握主要水文地质图的识读方法；并对泉的形成有所了解。

【重点】 河流的地质作用、地下水的分类和特征及岩溶区的主要工程地质问题。

【难点】 水文地质图的识读及地表流水和地下流水地质作用与工程之间的联系。

地球是一个名副其实的水球，在山川河流、江海湖泊与地下以及大气圈中，甚至熔融的岩浆中，水在地球几乎无处不在。在工程地质实践中，地表流水地质作用和地下流水地质作用对工程的影响和开发有着极其密切的联系。

3.1 地表流水的地质作用

地面流水按其流动方式可分为坡流、洪流和河流三种。其中前两种都出现在降水或降水后很短一段时间内，故称暂时性流水，而后者（河流）多为经常性流水。

3.1.1 坡流的地质作用

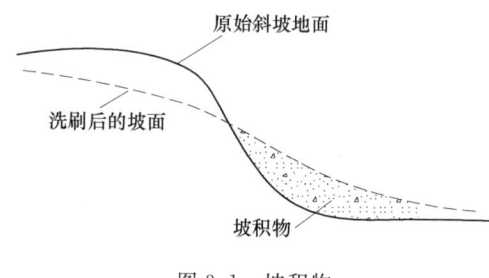

图 3.1 坡积物

降落在斜坡上的雨水和冰雪融水，呈片状或网状沿坡面漫流，称为坡流。坡流沿着斜坡坡面作散状流动，将地表的碎屑物质（岩石风化产物）顺斜坡向下搬动或移动，其结果是使地形逐渐变得平缓，造成水土流失。坡流将它们所携带的碎屑物质搬至坡度较平缓的山坡或山麓处逐渐堆积下来，形成坡积物（层）（图 3.1）。

坡积物结构松散，孔隙率高，压缩性大，抗剪强度低，在水中易崩解。当黏土质成分含量较高时，透水性较弱；含粗碎屑石块较多时，则透水性强。当坡积物下伏基岩表面倾角较大，坡积层与基岩接触处为黏性土而又有地下水沿基岩面渗流时，则易发生滑坡。

在山区的河谷谷坡和山坡上，坡积物广泛分布，这对基坑开挖、开渠、修路等危害很大。在坡积物上修建建筑物时，还应注意地基的不均匀沉降问题。

3.1.2 洪流的地质作用

1. 洪流与冲沟

洪流是暴雨或骤然大量的融雪水沿沟槽作快速流动的暂时性水流。洪流由于雨量大、流速快,并挟有大量泥沙石块,对流经的地面产生强烈冲刷,这种作用称为洪流的冲刷作用。冲刷作用的结果是使沟槽不断加长、加宽、加深形成冲沟(图3.2)。

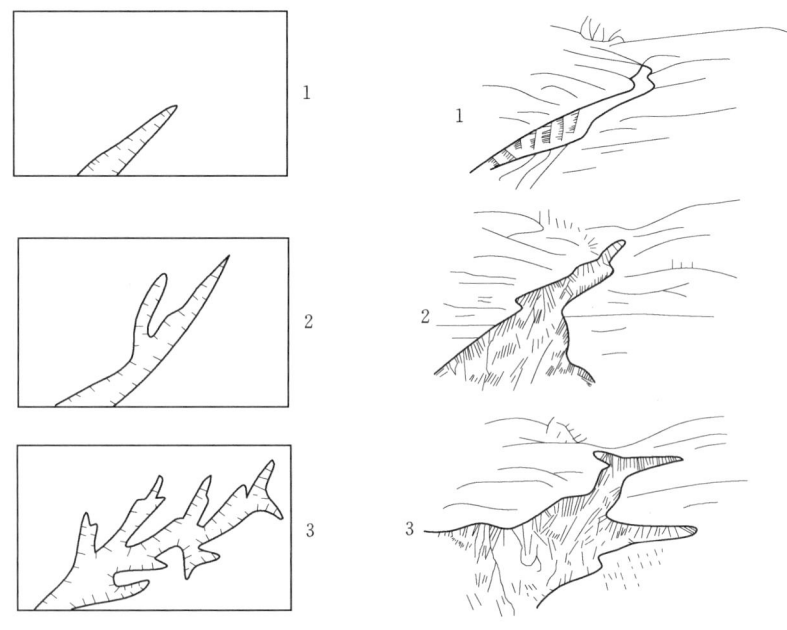

图 3.2 冲沟发育示意图

[1、2、3表示过程(随时间的变化过程)]

冲沟的形成和发育主要受沟底坡度、岩性、气候以及植被等因素控制。如我国西北黄土高原地区,植被稀少,土质疏松,降雨集中,所以冲沟发展很快,造成大面积水土流失。洪流所挟带的大量泥沙还会带入河流,使水库淤积。冲沟的发展还会强烈切割地面,给渠道、铁路和公路的修建和使用带来极大的威胁。

冲沟的防治一般采用水土保持措施,如在荒坡陡壁上种草植树,保水固土。在山坡地上垒土换土,蓄水改田,在山间河谷中修筑水库、谷坊,拦蓄山洪和泥沙等。

2. 泥石流

泥石流是发生在山区的一种含有水和大量泥沙石块的特殊洪流。泥石流可分为稀性泥石流和黏性泥石流。这里讨论的是前者,而黏性泥石流将在常见地质灾害一章中详细讨论。稀性泥石流的形成条件是:山坡及沟谷坡度陡,汇水面积大,汇水区内有厚层岩石风化碎屑覆盖,且山坡植物覆盖率低,降水强度大或短期内冰雪迅速消融。值得注意的是,人为的滥伐森林、陡坡开荒等,可使水土流失加剧,为泥石流活动创造条件。

由于泥石流的发生极为迅速,它又是一种水、泥、石的混合物,而且来势突然、凶猛,冲刷力和摧毁力强,有着掩埋和破坏工程的威胁及危及人们生命的危险,故对泥石流应予以防治。

3. 洪积物(层)

洪流出沟口后,由于地势开阔,水流分散,坡度变缓,流速降低,大量碎屑物质在沟口堆积,形成洪积物(层)。堆积的形状似"扇子",故又称为洪积扇(图3.3)。若相邻沟谷的洪积扇相连,形成山前倾斜平原。

洪积物的厚度由沟口向四周逐渐减小，且有一定的分选性。在洪积扇后缘，堆积物颗粒较粗、孔隙大、透水性强、承载力高，为良好的天然地基，对水工建筑物来说，要注意渗漏问题。洪积扇前缘，堆积物则以细小的黏性土为主，一般孔隙率高、孔隙小、压缩性大而透水性较弱，不宜做大型建筑物地基。

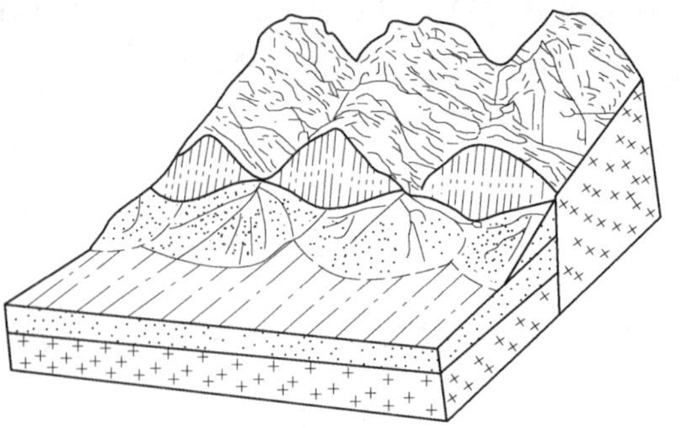

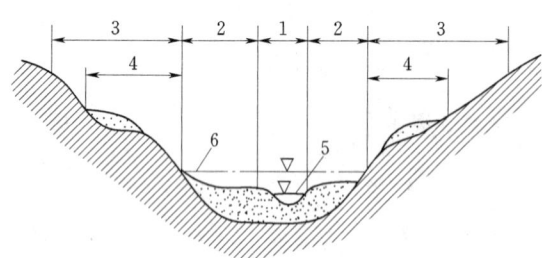

图3.3 洪积扇示意图

3.1.3 河流的地质作用

河流是在河谷中流动的经常性流水。河谷包括谷坡和谷底，谷坡上有河流阶地，谷底可分为河床和河漫滩（图3.4）。

图3.4 河谷的组成
1—河床；2—河漫滩；3—谷坡；4—阶地；
5—平水位；6—洪水位

河流的地质作用可分为侵蚀作用、搬运作用和沉积作用。

1. 河流的侵蚀作用

河流侵蚀作用是指河水冲刷河床，使河床岩石发生破坏的作用。破坏的方式主要是机械破坏（冲蚀和磨蚀）和化学溶蚀，河流以这两种方式不断刷深河床和拓宽河谷。按河流侵蚀作用方向，又可分垂直侵蚀作用和侧向侵蚀作用两种。

（1）垂直侵蚀作用。河流的垂直侵蚀作用是指河水冲刷河底，加深河床的下切作用。其侵蚀强度取决于河水具有的能量大小和河底的地质条件。

河流上游，由于河床的纵向坡度较陡，流速较大，河流的垂直侵蚀作用强烈，常形成V形深切峡谷。我国长江、黄河等河流的上游，就有很多峡谷出现，如三峡、龙羊峡、刘家峡等。

（2）侧向侵蚀作用。河流的侧向侵蚀作用是指河流冲刷两岸，加宽河床的作用，主要发生在河流的中下游地区。侧向侵蚀作用的结果是使河谷越来越宽，河床越来越弯曲（图3.5），形成河曲。河曲发展到一定程度时，可使同一河床上、下游非常靠近，在洪水时易

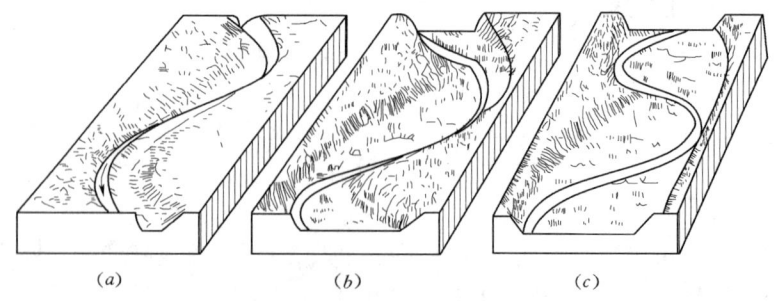

图3.5 侧向侵蚀作用使河谷不断加宽

被冲开，河床便截弯取直。被废弃的弯曲河道便形成牛轭湖（图3.6）。

2. 河流的搬运作用

河流将其携带的物质向下游方向运移的过程，称为河流的搬运作用。河水搬运物质的能力，主要取决于河水的流量和流速。河流搬运物质的方式有推运、悬运和溶运三种。

3. 河流的沉积作用

在河床坡降平缓地带及河口附近，由于河水的动能减小、流速变缓，水流所搬运的物质在重力作用下便逐渐沉积下来，此沉积过程称为河流的沉积作用，所沉积的物质称冲积物（层）。

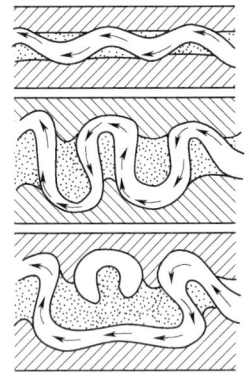

图3.6 河曲发展形成牛轭湖

河流搬运物质的颗粒大小和重量，严格受流速控制。当流速逐渐减缓时被搬运的物质就按颗粒大小和比重，依次从大到小、从重到轻沉积下来，因此，冲积层的物质具有明显的分选性。上游及中游沉积物质多为大块石、卵石、砾石及粗砂等，下游沉积物多为中、细砂、黏土等。河流在搬运过程中，碎屑物质相互碰撞摩擦，棱角磨损，形状变圆，所以冲积层颗粒磨圆度较好，且多具层理，并时有尖灭、透镜体等产状。

由于河流沉积作用的影响，其结果能形成下列几种常见的地貌。

（1）冲积扇。由冲积物形成的扇形碎屑堆积，若为冲积、洪积物堆积则称为冲积洪积扇。

（2）三角洲。在河流入海处形成的堆积，如珠江三角洲、长江三角洲。

（3）冲积平原。由冲积物所形成的平原，如华北平原、江汉平原。

（4）沙洲（心滩与江心洲）。沙洲是在河身宽阔处，水流流速减小，由泥、砂、砾石等碎屑物沉积而成，如南京附近的江心洲。沙洲沉积多不稳定。

4. 河流阶地

河谷两岸由流水作用所形成的狭长而平坦的阶梯平台，称河流阶地。它是河流侵蚀、沉积和地壳升降等作用的共同产物。当地壳处于相对稳定时期，河流的侧向侵蚀和沉积作用显著，塑造了宽阔的河床和河漫滩。然后地壳上升，河流垂直侵蚀作用加强，使河床下切，将原先的河漫滩抬高，形成阶地。若上述作用反复交替进行，则老的河漫滩位置不断抬高，新的阶地和河漫滩相继形成。因此，多次地壳运动将出现多级阶地。河流阶地主要可分为三种类型。

（1）侵蚀阶地。侵蚀阶地的特点是阶地面由裸露基岩组成，有时阶地面上可见很薄的沉积物［图3.7（a）］。侵蚀阶地只分布在山区河谷，它作为厂房地基或者桥梁和水坝接头是有利的。

（2）基座阶地。基座阶地由两层不同物质组成，冲积物组成覆盖层，基岩为其底座［图3.7（b）］，它的形成反映了河流垂直侵蚀作用的深度已超过原来谷底冲积层厚度，已经切入基岩。基座阶地在河流中比较常见。

（3）堆积阶地。堆积阶地的特点是沉积物很厚，基岩不出露，主要分布在河流的中下游地区。它的形成反映了河流下蚀深度均未超过原来谷底的冲积层。根据下蚀深度不同，堆积阶地又可分为上叠阶地和内叠阶地［图3.7（c）、（d）］。上叠阶地的形成是由于河流下蚀深度和侧蚀宽度逐次减小，堆积作用规模也逐次减小，说明每一次地壳运动规模在逐渐减小，河流下蚀均未到达基岩。内叠阶地的特点是每次下蚀深度与前次相同，将后期阶地套置在先成阶地内，说明每次地壳运动规模大致相等。

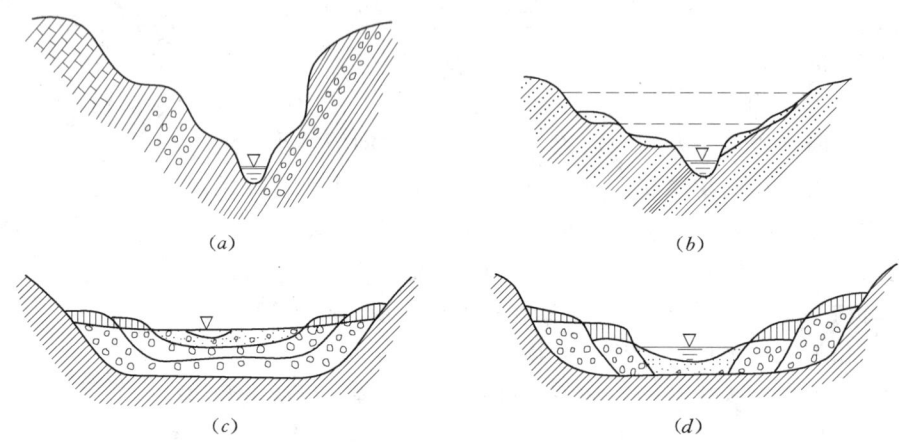

图 3.7　河流阶地类型示意图
(a) 侵蚀阶地；(b) 基座阶地；(c) 上叠阶地；(d) 内叠阶地

巨大河流的中下游，河谷非常开阔，河流堆积作用十分强烈，当阶地非常大时，形成一片平缓的广阔平原，称为冲积平原。

阶地分布于顺河方向的河床两侧，地形较开阔平坦，土地肥沃，是农业生产、工程建设和人类居住的重要场所，渠道、公路、铁路常沿阶地选线。在水工建筑物中，常利用阶地作为库房、加工厂和工人住宅的场所。堆积阶地一般具二元结构，应注意下层砂砾石的透水问题。此外，还应注意阶地内斜坡的稳定性，防止崩塌、滑坡等不良地质现象的发生。

5．河流侵蚀、淤积作用的防治

对于河流侧向侵蚀及因河道局部冲刷而造成的塌岸等灾害，一般采用护岸工程或使主流线偏离被冲刷地段等防治措施。

（1）护岸工程。

1）直接加固岸坡。常在岸坡或浅滩地段植树、种草。

2）护岸。有抛石护岸和砌石护岸两种。即在岸坡砌筑石块（或抛石），以削减水流能量，保护岸坡不受水流直接冲刷。石块的大小，应以不致被河水冲走为原则。抛石体的水下边坡一般不宜超过1∶1，当流速较大时，可放缓至1∶3。石块应选择未风化、耐磨、遇水不崩解的岩石。抛石层下应有垫层。

（2）约束水流。

1）顺坝和丁坝。顺坝又称导流坝，丁坝又称半堤横坝。常将顺坝和丁坝布置在凹岸以约束水流，使主流线偏离受冲刷的凹岸。丁坝常斜向下游，夹角为60°～70°，它可使水流冲刷强度降低10%～15%（图3.8）。

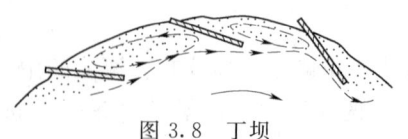

图 3.8　丁坝

2）约束水流、防止淤积。束窄河道、封闭支流、截直河道、减少河道的输砂率等均可起到防止淤积的作用。也常采用顺坝、丁坝或两者组合使河道增加比降和冲刷力,达到防止淤积的目的。

3.2 地下水的主要类型及特征

地下水是指埋藏运动于地表以下的岩土空隙(孔隙、裂隙、空洞等)中各种状态的水,它是地球上水体的重要组成部分,与大气水、地表水是相互联系的统一体。

地下水分布极其广泛,与人类的关系也极为密切。一方面,地下水是人们经济生活中的主要水源;另一方面,地下水往往给工程建设带来一定的困难与危害。为了合理利用地下水与防止其危害,就必须对地下水加以研究。

地下水的分类方法很多,归纳起来可分两大类(表3.1):一类是按埋藏条件分类;另一类是按含水层空隙性质分类。

3.2.1 地下水按埋藏条件分类及特征

地下水按埋藏条件可分为上层滞水、潜水和承压水三类(表3.1)。

表3.1 地 下 水 分 类 表

含水层空隙性质 埋藏条件	孔隙水 (松散沉积物孔隙中的水)	裂隙水 (坚硬基岩裂隙中的水)	岩溶水 (可溶岩石溶隙中的水)
上层滞水	局部隔水层以上的饱和水	出露于地表的裂隙岩石中季节性存在的水	垂直渗入带中的水
潜水	各种松散堆积物浅部的水	基岩上部裂隙中的水、沉积岩层间裂隙水	裸露岩溶化岩层中的水
承压水	松散堆积物构成的承压盆地和承压斜地中的水	构造盆地、向斜及单斜岩层中的层状裂隙水 断裂破碎带中深部水	构造盆地、向斜及单斜岩溶化岩层中的水

1. 上层滞水

上层滞水是存在于包气带中,局部隔水层之上的重力水(图3.9)。上层滞水一般分布不广,埋藏接近地表,接受大气降水的补给,补给区与分布区一致,以蒸发形式或向隔

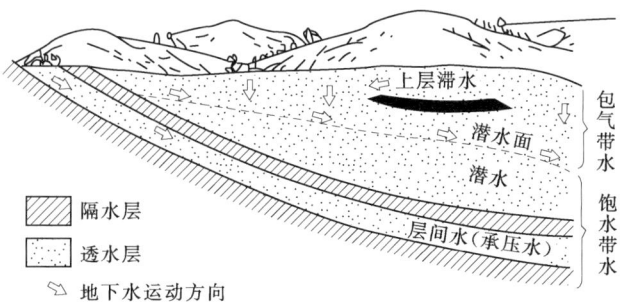

图3.9 地下水的类型

水底板边缘排泄。雨季时获得补给,赋存一定的水量,旱季时水量逐渐消失,其动态变化很不稳定。上层滞水对建筑物的施工有一定的影响,应考虑排水的措施。

2. 潜水

(1) 潜水的概念及特征。潜水是指埋藏在地表以下、第一个稳定隔水层以上,具有自由水面的重力水(图3.9)。潜水的自由水面,称为潜水面。潜水面用高程表示潜水位,自地面至潜水面的距离,称潜水埋藏深度。由潜水面往下至隔水层顶板之间,充满重力水的岩层,称潜水含水层,两者之间的距离称含水层厚度。根据潜水的埋藏条件,潜水具有以下特征:

1) 潜水面是自由水面,无水压力,只能在重力作用下由潜水位高处向较低处流动。潜水面的形状受地形、地质等因素控制,基本上地形一致,但比地形平缓。

2) 潜水面以上无稳定的隔水层,存留于大气中的降水和地表水可通过包气带直接渗入补给而成为潜水的主要补给来源。因此,潜水的补给区与分布(径流)区是一致的。如果潜水埋藏很浅,潜水的排泄主要是靠蒸发,此外潜水还以泉的形式排泄。

3) 潜水的水位、水量、水质随季节不同而有明显的变化。在雨季,潜水补给充沛,潜水位上升,含水层厚度增大,埋藏深度变小;而在枯水季节正好相反。

4) 由于潜水面上无盖层(隔水层),故易受污染。

(2) 潜水等水位线图。潜水面上标高相等各点的连线图称潜水等水位线图。绘制时按研究区内潜水的露头(钻孔、水井、泉、沼泽、河流等)的水位,在大致相同的时间内测定,点绘在地形图上,连接水位等高的各点,即为潜水等水位线图(图3.10)。由于水位有季节性变化,图上必须注明测定水位的日期。一般应有最低水位和最高水位时期的等水位线图。根据等水位线图可以确定以下问题:

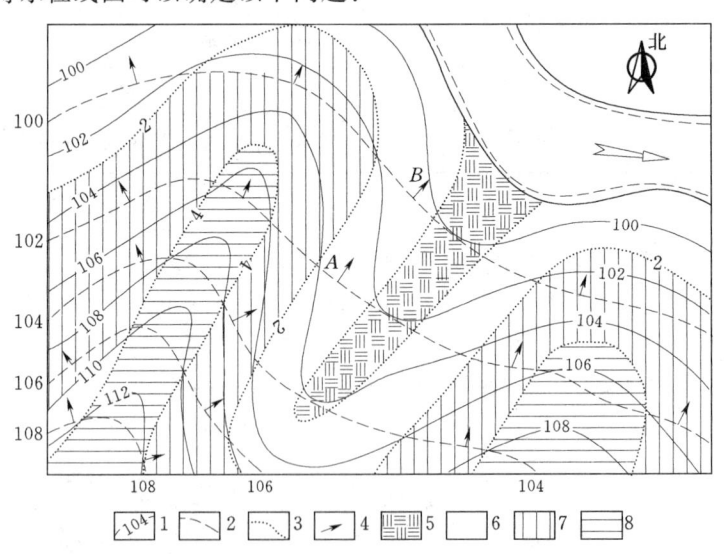

图3.10 潜水等水位线图及埋藏深度图

1—地形等高线;2—等水位线;3—等埋深线;4—潜水流向;5—潜水埋藏深度为零区(沼泽区);6—埋深0~2m区;7—埋深2~4m区;8—埋深大于4m区

1) 确定潜水流向。潜水由高水位流向低水位，所以，垂直于等水位线的直线方向，即是潜水的流向（通常用箭头表示）。

2) 确定潜水的水力坡度。在潜水的流向上，相邻两等水位线的高程与水平距离之比，即为该距离段内潜水的水力梯度。

3) 确定潜水的埋藏深度。任一点的潜水埋藏深度是该点地形等高线的标高与该点等水位线标高之差。

4) 确定潜水与地表水的补给关系。潜水与河水的补给关系一般有三种不同情况：潜水补给河水［图3.11（a）］、河水补给潜水［图3.11（b）］和河水-潜水相互补给［图3.11（c）］。

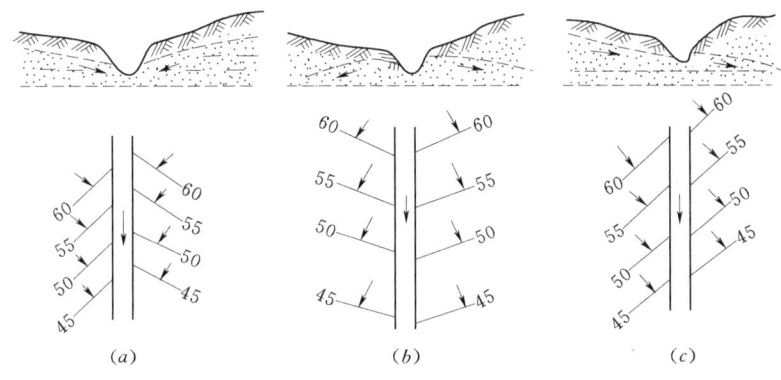

图 3.11 潜水与河水不同补给关系的等水位线图
(a) 潜水补给河水；(b) 河水补给潜水；(c) 河水-潜水相互补给

5) 推断含水层岩性或厚度变化。在地形坡度变化不大的情况下，若等水位线由密变疏，表明含水层透水性变好，含水层变厚。相反，则说明含水层透水性变差或厚度变薄。

6) 选择给（排）水建筑物位置。一般应平行等水位线（垂直于流向）和地下水汇流处开挖截水沟或打井。

3. 承压水

(1) 承压水的概念与特征。承压水是指充满于两个隔水层之间的含水层中，具有承压性质的地下水。承压水有上下两个稳定的隔水层，上面的称隔水层顶板，下面的称隔水层底板，两板之间的距离称为含水层厚度。

当钻孔打穿隔水层顶板至含水层时，地下水在静水压力下就会上升到含水层顶板以上一定高度（图3.12）。若此高度超过地面，就会形成自流井。若水头低于顶板高程，则称层间无承压水。

由于承压含水层上下都有稳定的隔水层存在，所以承压水与地表大气隔绝，其补给区与分布区不一致，可以明显地分为补给区、承压区和排泄区。水量、水位、水温都较稳定。受气候、水文因素的直接影响较小，不易受污染。

(2) 等水压线图。等水压线图反映了承压水面的起伏形状。它与潜水面不同，潜水面是一实际存在的面，承压水面是一个势面。承压水面与承压水的埋藏深度不一致，与地形高低也不吻合。只有在钻孔揭露含水层时才能测到。因此，在等水压线图中还要附以含水

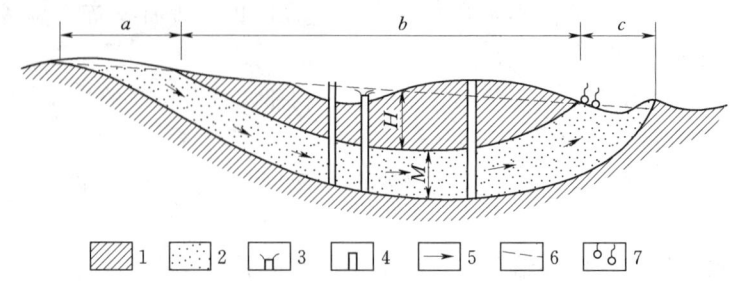

图 3.12 承压水分布示意图

1—隔水层；2—含水层；3—喷水钻孔；4—不自喷钻孔；5—地下水流向；
6—测压水位；7—泉；H—承压水位；M—含水层厚度

层顶板的等高线。根据等水压线图可以确定含水层的许多数据，如承压水的水力梯度、埋藏深度和承压水头等。

3.2.2 地下水按空隙性分类及特征

1. 孔隙水

孔隙水广泛分布于第四纪松散沉积物中和坚硬基岩的风化壳。孔隙水的基本特征是：分布均匀连续，多呈层状，具有统一水力联系的含水层。一般情况下，颗粒大而均匀，则含水层孔隙也大、透水性好，地下水水量大、运动快、水质好；反之，则含水层孔隙小、透水性差、地下水运动慢、水质差、水量也小。不同种类孔隙水其特征不同。

（1）洪积扇中的孔隙水。它可分为三个水文地质带：埋藏带、溢出带和垂直交替带（图 3.13）。埋藏带又称径流带，位于沟口。岩性一般为粗大砂砾石堆积，具有良好的渗透性能和径流条件。能够大量吸收大气降水和来自山区的地表水及地下径流，故含有丰富的潜水。溢出带位于洪积扇中部，岩性过渡为中细砂或亚黏土等，透水性变弱、径流受

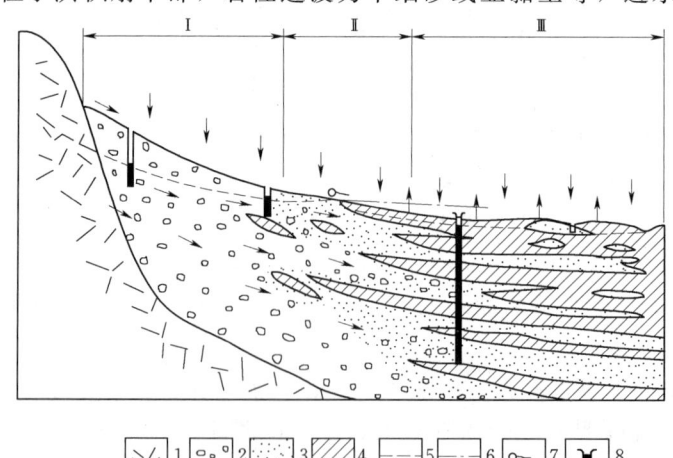

图 3.13 洪积扇中地下水分布带示意图

Ⅰ—埋藏带（径流带）；Ⅱ—溢出带；Ⅲ—垂直交替带

1—基岩；2—砾石；3—砂；4—黏性土；5—潜水位；6—深层承压水的承压水位；7—泉水；8—水井

阻、水位升高、埋深变浅，常以泉或沼泽等形式出露于地表。垂直交替带位于洪积扇边缘，主要由黏土和粉砂的夹层组成，此带地形平坦、透水性弱、径流缓慢、蒸发作用强烈，水以垂直交替为主，矿化度高。

（2）冲积物（层）的孔隙水。冲积物在河流的不同区段、不同部位，岩性不同、厚度不同，所以孔隙水的特征各异。山区河流中上游，由砂砾石组成的河漫滩和阶地中的地下水（潜水），受沉积物厚度、分选性、集水面积等因素影响较大。河流阶地多具二元结构，上部为细粒弱透水层，下部为粗粒强透水层，其中的潜水具有承压性能。河流下游，冲积物形成冲积平原或三角洲平原，其中河床沉积的砂层（包括古河道）透水性强，补给条件好，地下潜水较丰富，是较为理想的供水层。然而，许多沿河阶地和滨海平原地区，因地下水埋藏较浅，反而不利于工程建设。

（3）黄土中的孔隙水。黄土分布区特定的地质和地理条件，加之黄土结构疏散，无连续隔水层，总的来说比较缺水。黄土塬宽阔平坦，补给面积较大，有相对隔水层蓄积潜水，地下水较丰富，而黄土梁、峁地形不利于地下水的富集。

2. 裂隙水

裂隙水的发育程度受许多因素的影响，表现为空间分布的不均匀性，因而埋藏和运动于其中的地下水也是不均匀的。裂隙连通性和张开性好的岩体，其中的地下水水力联系就好，能形成一个统一的含水体系。当张开的、分布稀疏且不均匀的裂隙切割岩体时，则可能构成若干独立的含水体系，赋存于其中的地下水，缺乏相互水力联系，不能构成统一水位。有时相距几米至十几米，含水量却很悬殊（图3.14）。裂隙水根据裂隙类型不同，可分为以下三种裂隙水。

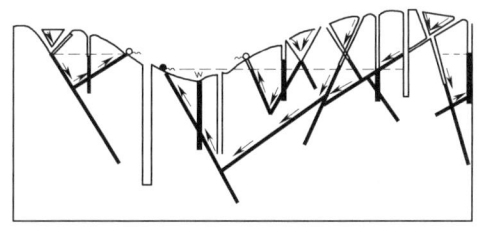

图 3.14 脉状裂隙水示意图
1—不含水的开启裂隙；2—含水的开启裂隙；3—包气带水流方向；4—饱水带水流方向；5—地下水位；6—水井；7—自喷孔；8—干井；9—季节性泉；10—常年性泉

（1）风化裂隙水。赋存于风化裂隙中的水为风化裂隙。风化裂隙广泛分布于出露基岩的表面，延伸短，无一定方向，构成彼此连通的裂隙体系，发育密集而均匀，一般深度为几十米，少数可达百米以上。风化裂隙水绝大部分为潜水，多分布于出露基岩的表层，其下新鲜的基岩为含水层的下限，埋藏较浅，其补给为大气降水，所以受气候及地形因素的影响很大。气候潮湿、多雨和地形平缓地区，风化隙裂水比较丰富。

（2）成岩裂隙水。成岩裂隙是岩石在形成过程中，由于降温、固结、脱水等作用而产生的原生裂隙，一般见于地下岩浆岩中。成岩裂隙发育均匀，呈层状分布，裂隙水多形成潜水。当成岩裂隙水上覆不透水层时，可形成承压水，如脉状裂隙发育的玄武岩中，由于裂隙密集、连通性好，故赋存的地下水水量大、水质好，是良好的供水水源。但要注意成岩裂隙水对工程建设的影响。

（3）构造裂隙水。构造裂隙是岩石在构造应力作用下形成的，存在其中的地下水为构造裂隙水。构造裂隙水较复杂，一般可分为层状裂隙水和脉状裂隙水。层状裂隙水埋藏于沉积岩、变质岩的节理中，常形成潜水含水层，有时也可形成裂隙承压水。脉状裂隙水往往存于断层破碎带中,通常为承压水性质,在地形低洼处,常沿断层带以泉的形式排泄。规模较大的张性断层,两旁又是坚硬脆性岩石时,则裂隙张开性好,富水性就强,而压性断层富水性差。含水断层带常对地下工程建设危害较大,必须给予高度重视。

3. 岩溶水

埋藏运移岩溶中的重力水为岩溶水。它可以是潜水,也可以是承压水。岩溶的发育特点也决定了岩溶水在垂直方向和水平方向上分布的不均匀性。岩溶水的补给是大气降水和地面水,其运动特征是层流与紊流、有压流与无压流、明流与暗流、网状流与管道流并存;岩溶水动态变幅大,对降水反应灵敏。岩溶水富水部位为厚层质纯灰岩区、构造破碎部位、可溶岩与非可溶岩交界附近、地形低洼处、地下水面附近。

岩溶水水量丰富、水质好,可作大型供水水源。岩溶水分布地区易发生地面塌陷以及施工中突然涌水事故,应予注意。

3.2.3 泉

地下水在地表的天然出露头称为泉,它是地下水的主要排泄方式之一。泉多出露在山麓、河谷、冲沟等地面切割强烈的地方,平原地区极少见到泉。泉的类型很多,可以从不同角度进行分类。

1. 按泉水的补给来源分

(1) 上升泉。由承压水补给,水流受压溢出或喷出地表,其动态变化较小。

(2) 下降泉。由潜水或上层滞水补给,水量随季节变化较大。

2. 按出露原因分

(1) 侵蚀泉。河谷切割到潜水含水层时,潜水即出露为侵蚀下降泉[图3.15(a)];若切穿承压含水层的隔水顶板,承压水便喷涌成泉,称为侵蚀上升泉[图3.15(b)]。

(2) 接触泉。透水性不同的岩层相接触,地下水流受阻,沿接触面出露,称为接触泉[图3.15(c)]。

(3) 断层泉。断层使承压含水层被隔水层阻挡,当断层导水时,地下水沿断层上升,在地面标高低于承压水位处出露成泉,称为断层泉。沿断层线可看出呈串珠状分布的断层泉[图3.15(d)]。

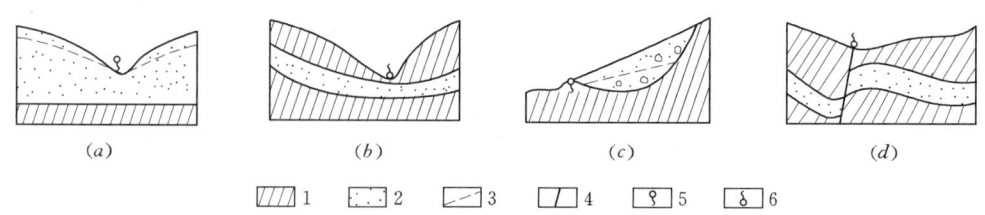

图3.15 不同类型的泉
(a) 侵蚀下降泉;(b) 侵蚀上升泉;(c) 接触泉;(d) 断层泉
1—隔水层;2—透水岩层;3—地下水位;4—导水断层;5—下降泉;6—上升泉

3. 按泉水的温度分

(1) 冷泉。泉水温度大致相当或略低于当地年平均气温的泉称为冷泉。这种冷泉大多由潜水补给。

（2）温泉。泉水温度高于当地年平均气温的泉称为温泉。如陕西临潼华清池温泉水温50℃。温泉的起源有二：一为受地下岩浆的影响；二为地下深处地热的影响。

3.3 岩溶及岩溶区的工程地质问题

岩溶是指在可溶性岩石（主要是石灰岩、白云岩及其他可溶性盐类岩石）分布地区，岩石长期受水的淋漓、冲刷、溶蚀等地质作用而形成的一些独特的地貌景观，如溶洞、落水洞、溶沟、石林、石笋、钟乳石、暗河等（图3.16、图3.17）。岩溶现象主要发育在碳酸盐类岩石分布地区，尤以前南斯拉夫北部的喀斯特高原地区发育比较典型，也最早引起人们的注意，因而国际上称之为喀斯特。

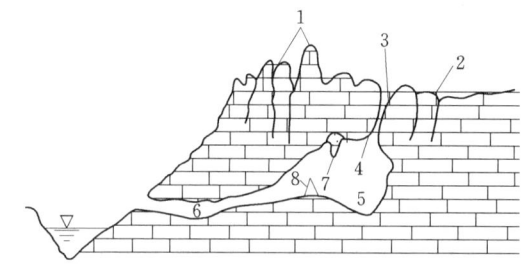

图3.16 岩溶形态示意图
1—石林；2—溶沟；3—漏斗；4—落水洞；
5—溶洞；6—暗河；7—钟乳石；8—石笋

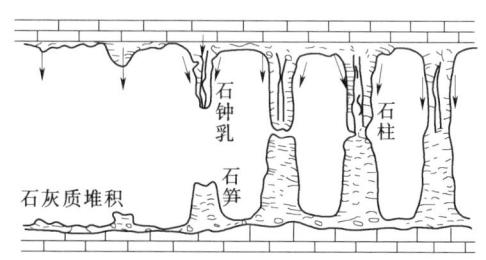

图3.17 石钟乳、石笋和石柱生成示意图

3.3.1 岩溶的形成条件

岩溶的发生与发展，受多种因素的影响。总的来说，岩溶发育的基本条件有：岩石的可溶性和透水性，水的溶蚀性和流动性。前者是产生岩溶的内在因素，后者是岩溶产生的外部动力。

1. 岩石的可溶性

岩溶的发育必须有可溶性岩石的存在。由岩石的溶解度可知，能造成岩溶的岩石可分三大组：碳酸盐类岩石，如石灰岩、白云岩和泥灰岩；硫酸岩类岩石，如石膏和硬石膏；卤素岩石，如岩盐。这三组中以卤素岩石溶解度最大，碳酸盐类岩石溶解度最小，但碳酸盐类岩石分布最广，在漫长的地质年代中，所形成的溶蚀现象能够保存下来。因而一般所谓的岩溶，大都是指在碳酸盐类岩石中已形成的各种地质地貌现象。

2. 岩石的透水性

岩溶要发育，岩石就必须具有透水性。一般在断层破碎带、裂隙密集带和褶皱轴部附近，岩石裂隙发育且连通性好，有利于地下水的运动，从而促进了岩溶的发育，并且往往沿此方向发育着溶洞、地下河等。另外，在地表附近，由于风化裂隙增多，所以岩溶一般比深部发育。

3. 水的溶蚀性

水对碳酸盐类岩石的溶解能力,主要取决于水中侵蚀性 CO_2 的含量。水中侵蚀性 CO_2 的含量越高,水的溶蚀能力也越强。

4. 水的流动性

水的流动性反映了水在可溶性岩石中的循环交替程度。只有水循环交替条件好,水的流动速度快,才能将溶解物质带走,同时又促使含有大量 CO_2 的水源源不断地得到补充,则岩溶发育就快;反之,岩溶发育就慢,甚至处于停滞状态。

3.3.2 岩溶的分布规律

1. 岩溶发育的垂直分带性

在岩溶地区,地下水流动具有垂直分带现象,因而所形成的岩溶也带有垂直分带的特征(图 3.18)。

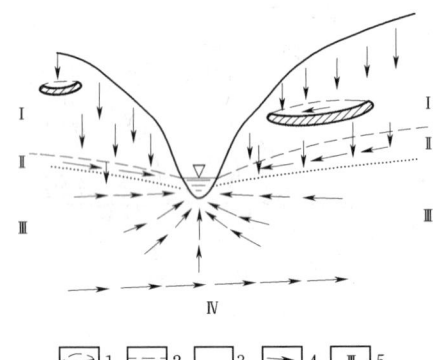

图 3.18 岩溶的垂直分带示意图
Ⅰ—垂直循环带;Ⅱ—季节循环带;
Ⅲ—水平循环带;Ⅳ—深部循环带;
1—上层滞水;2—地下水高水位;
3—地下水低水位;4—地下水流
向;5—地下水分水带

(1) 垂直循环带,或称包气带。该带位于地表以下,地下水位以上。降水时地面水沿岩石裂隙向下渗流,因此该带形成竖向发育的岩溶形态,如漏斗、落水洞等。

(2) 季节循环带,或称过渡带。该带位于地下水最低水位和最高水位之间,本带受季节性影响。在干旱季节,地下水位较低,渗透水流成垂直下流;而在雨季,地下水位升为最高水位,该带则为全部地下水所饱和,渗透水流成水平流动。因此,在该带形成的岩溶通道是水平方向与垂直方向的交替。

(3) 水平循环带,或称饱水带。该带位于地下最低水位之下,地下水常年作水平流动或向河谷排泄。因而该带形成水平的岩溶通道,称为溶洞,若溶洞中有水流,则称为地下河。但是由河谷底向上排泄的岩溶水,具有承压性质,因而岩溶通道也常常呈放射状分布。

(4) 深部循环带。该带地下水埋藏的流动方向取决于地质构造和深部循环水。由于地下水埋藏很深,它不是向河底流动而是排泄到远处。这一带水的交替强度极小,岩溶发育速度与程度也很小,但在很长的地质时期中,可以缓慢形成一些蜂窝状小溶孔等岩溶现象。

2. 岩溶分布的成层性

在地壳运动相对稳定时期,岩溶地区在垂直剖面上形成了上述岩溶发育的四个带,之后若地壳上升,地表河流下切,地下水位随之下降,原来处于季节循环带的部位就变为了垂直循环带,原来的水平循环带相应变为季节循环带,并依此类推。当地壳再处于稳定时期时,原来的季节循环带所形成的岩溶洞层位置已抬高,在其下部新的季节循环带将会形成新的岩溶洞层，因而使岩溶的发育呈现出成层性。

3. 岩溶分布的不均匀性

一方面，岩溶发育受岩性控制。一般情况下，质纯、层厚的石灰岩中，岩溶最为发育，形态齐全，规模较大，而含泥质或其他杂质的岩层，岩溶发育较弱。

另一方面，岩溶发育受地质构造条件控制。岩溶常沿着区域构造线方向（如裂隙、断层走向及褶皱轴部）呈带状分布，多形成溶蚀洼地、落水洞、较大的溶洞及地下河等。

3.3.3 岩溶区的主要工程地质问题

碳酸盐类岩石在我国分布广泛，仅地表出露的面积就有 120 万 km^2，约占全国面积的 12.5%，尤其在广西、贵州、滇东、湘西、鄂西、川东等地较为集中。

由于岩溶的发育致使建筑物场地和地基的工程地质条件大为恶化，因此在岩溶地区修建各类建筑物时必须对岩溶进行工程地质研究，以预测和解决因岩溶而引起的各种工程地质问题。归纳起来，岩溶区的工程地质问题主要有以下两类。

1. 渗漏和突水问题

由于岩溶地区的岩体中有许多溶隙、溶洞、漏斗等，水库、坝址选择不当或未能采取可靠的防渗措施，轻则降低水库效益，成为病险库，遗留后患；重则水库不能蓄水，或工程处理费用过高，在经济上造成不合理。在基坑开挖和隧洞施工中，岩溶水可能突然大量涌出，给施工带来困难。

在岩溶地区，库区应选在地势低洼，四周地下水位较高，上游有大泉出露而下游无大泉出露，上下游流量没有显著差异的河段上，要避免邻区有深谷大河。如果发现库底有渗漏，可采用堵（堵落水洞）、铺（铺盖黏土）、围（在落水洞四周建围墙）、引（引入库内或导出库外）等方法进行处理。

对岩溶突水的处理，原则上以疏导为主。

2. 地基稳定性及塌陷问题

坝基或其他建筑物地基中若有岩溶洞穴，将大大降低地基岩体的承载力，容易引起洞穴顶塌陷，使建筑物遭受破坏。同时，岩溶地区的土层特点是厚度变化大，孔隙比高，因此，地基很容易产生不均匀沉降，从而导致建筑物倾斜甚至破坏。

在岩溶地区工程设计前，必须充分细致地进行工程地质勘察工作，弄清建筑地区岩溶的分布和发育规律，正确评价它对工程的影响和危害。

小　结

河流是地表最活跃的外营力，它的侵蚀和淤积作用不仅使地表形态发生改变，而且对工程建设造成各种危害。岩溶区的主要工程地质问题是渗漏、塌陷、突水以及地基稳定性差等。

地下水是宝贵的自然资源，也是地下岩石遭受侵蚀的重要动力。在了解和掌握地下水的主要类型、特征及水文地质图应用的同时，还要掌握潜水、承压水、岩溶水的动态变化，及其与工程建设相互作用的关系。

● 练 习 题 ●

一、思考题

1. 坡流、洪流有什么特点？研究它们有何意义？
2. 河流的地质作用有哪些？各有何不同特点？
3. 河流阶地是怎样形成的？它有几种类型？研究它有什么意义？
4. 河谷由哪些部分组成？试绘制河谷横剖面图。
5. 岩溶的形成条件有哪些？
6. 根据岩溶发育的特点，试述岩溶区的主要工程地质问题。
7. 什么是地下水？研究地下水有何意义？
8. 试述潜水等水位线图的作用。
9. 地下水的动力条件如何？过量开采地下水有何危害？

二、选择题

1. 洪积成因的洪积土，一般是（　　）。
   A. 分选性差的粗碎屑物质　　　　B. 具有一定分选作用的碎屑物质
   C. 分选性好的砂土和黏性土物质　D. 具有离山远近而粗细不同的分选性现象
2. 河流堆积作用的地貌单元为（　　）。
   A. 冲积平原，冲积扇　　　　　　B. 冲积平原，河口三角洲
   C. 河漫滩，河口三角洲　　　　　D. 沼泽地，河间地块
3. 牛轭湖地区的堆积物主要是（　　）。
   A. 泥炭，淤泥　　B. 泥沙，泥炭　　C. 黏土，淤泥　　D. 泥沙，淤泥
4. 洪积扇的沉积物一般分为上部、中部和下部三部分，对它们的工程地质特征说法不正确的是（　　）。
   A. 上部为粗碎屑沉积地段，强度高、压缩性小，透水性强，地基承载力高
   B. 下部为细碎屑沉积地段，多为黏性土
   C. 中部为粗细过渡带，其地基承载能力比下部好
   D. 以上说法都不对
5. 阶地级数越高，则其形成时代一般（　　）。
   A. 越早　　　　　　B. 越晚　　　　　　C. 无法确定

第 4 单元　常见地质灾害

【学习目标】 了解常见地质灾害的类型、成因及判别方法；掌握崩塌、滑坡、泥石流的形成条件、类型、工程危害，能对常见地质灾害产生的工程地质问题及危险性迅速作出评价并能提出预防和防治措施；了解地震的一些常识及在工程设计及防震中的应用。

【重点】 崩塌、滑坡、泥石流的形成条件、类型及工程危害。

【难点】 常见地质灾害产生的工程地质问题的分析及提出合理可行的应对及防治措施。

4.1　概　　述

4.1.1　地质灾害的概念

地质灾害是指由自然地质作用和人类活动造成的恶化地质环境，降低环境质量，直接或间接危害人类安全，并给社会和经济建设造成损失的地质事件。地质灾害的种类很多，就其成因而论，分为自然地质灾害和人为地质灾害。自然地质灾害指由自然地质作用引起的灾害，如由降雨、融雪、地震等自然变异导致的地质灾害；人为地质灾害是由于人类工程活动使周围地质环境发生恶化而诱发的地质灾害，如由工程开挖、堆载、爆破、弃土等人为作用引发的地质灾害。

常见的地质灾害主要有山体崩塌、滑坡、泥石流、地面塌陷、地裂缝、地面沉降、地震等。

4.1.2　地质灾害规模与分类

按危害程度和规模大小分为特大型、大型、中型、小型地质灾害险情和地质灾害灾情四级：

特大型地质灾害险情：受灾害威胁，需搬迁转移人数在 1000 人以上，或潜在可能造成的经济损失 1 亿元以上的地质灾害险情。特大型地质灾害灾情：因灾死亡 30 人以上，或因灾造成直接经济损失 1000 万元以上的地质灾害灾情。

大型地质灾害险情：受灾害威胁，需搬迁转移人数在 500 人以上、1000 人以下，或潜在经济损失 5000 万元以上、1 亿元以下的地质灾害险情。大型地质灾害灾情：因灾死亡 10 人以上、30 人以下，或因灾造成直接经济损失 500 万元以上、1000 万元以下的地质灾害灾情。

中型地质灾害险情：受灾害威胁，需搬迁转移人数在 100 人以上、500 人以下，或潜在经济损失 500 万元以上、5000 万元以下的地质灾害险情。中型地质灾害灾情：因灾死亡 3 人以上、10 人以下，或因灾造成直接经济损失 100 万元以上、500 万元以下的地质灾害灾情。

小型地质灾害险情：受灾害威胁，需搬迁转移人数在 100 人以下，或潜在经济损失 500 万元以下的地质灾害险情。小型地质灾害灾情：因灾死亡 3 人以下，或因灾造成直接经济损失 100 万元以下的地质灾害灾情。

4.1.3 地质灾害危险性评估

地质灾害危险性评估又称地质灾害灾情评估，是对地质灾害活动程度及破坏损失情况进行评定估算。在地质灾害易发区内进行工程建设，必须在可行性研究阶段进行地质灾害危险性评估；在地质灾害易发区内进行城市总体规划、村庄和集镇规划时，必须对规划区进行地质灾害危险性评估；并且必须对建设工程遭受地质灾害的可能性和该工程建设中、建成后引发地质灾害的可能性作出评价，提出具体的预防治理措施。

地质灾害危险性评估主要内容有：阐明工程建设区和规划区的地质环境条件基本特征；分析论证工程建设区和规划区各种地质灾害的危险性，进行现状评估、预测评估和综合评估；提出防治地质灾害措施与建议，并作出建设场地适宜性评价结论。

(1) 地质灾害危险性现状评估。基本查明评估区已发生的崩塌、滑坡、泥石流、地面塌陷（含岩溶塌陷和矿山采空塌陷入地裂缝和地面沉降）等灾害形成的地质环境条件、分布、类型、规模、变形活动特征，主要诱发因素与形成机制，对其稳定性进行初步评价，在此基础上对其危险性和对工程危害的范围与程度作出评估。

(2) 地质灾害危险性预测评估。是对工程建设场地及可能危及工程建设安全的邻近地区可能引发或加剧的和工程本身可能遭受的地质灾害的危险性作出评估。

地质灾害的发生是各种地质环境因素相互影响、不等量共同作用的结果。预测评估必须在对地质环境因素系统分析的基础上，判断降水或人类活动因素等激发下，某一个或多个可调节的地质环境因素的变化，导致灾害体处于不稳定状态，预测评估地质灾害的范围、危险性和危害程度。

地质灾害危险性预测评估内容包括：

1) 对工程建设中、建成后可能引发或加剧崩塌、滑坡、泥石流、地面塌陷、地裂缝和不稳定的高陡边坡变形等的可能性、危险性和危害程度作出预测评估。

2) 对建设工程自身可能遭受已存在的崩塌、滑坡、泥石流、地面塌陷、地裂缝、地面沉降等隐患和潜在不稳定斜坡变形的可能性、危险性和危害程度作出预测评估。

3) 对各种地质灾害危险性预测评估可采用工程地质比拟法、成因历史分析法、层次分析法、数字统计法等定性、半定量的评估方法进行。

(3) 地质灾害危险性综合评估。依据地质灾害危险性现状评估和预测评估结果，充分考虑评估区的地质环境条件的差异和潜在的地质灾害隐患点的分布、危险程度，确定判别区段危险性的量化指标，根据"区内相似，区际相异"的原则，采用定性、半定量分析法，进行工程建设区和规划区地质灾害危险性等级分区（段）。并依据地质灾害危险性、防治难度和防治效益，对建设场地的适宜性作出评估，提出防治地质灾害的措施和建议。

1) 地质灾害危险性综合评估，危险性划分为大、中等、小三级。

2) 地质灾害危险性小，基本不设计防治工程的，土地适宜性为适宜；地质灾害危险性中等，防治工程简单的，土地适宜性为基本适宜；地质灾害危险性大，防治工程复杂的，土地适宜性为适宜性差。

3）地质灾害危险性综合评估应根据各区（段）存在的和可能引发的灾种多少、规模、稳定性和承灾对象社会经济属性等，综合判定建设工程和规划区地质灾害危险性的等级区（段）。

4）分区（段）评估结果，应列表说明各区（段）的工程地质条件、存在和可能诱发的地质灾害种类、规模、稳定状态、对建设项目危害情况并提出防治要求。

地质灾害危险性评估工作，必须在充分收集利用已有的遥感影像、区域地质、矿产地质、水文地质、工程地质、环境地质和气象水文等资料基础上，进行地面调查，必要时可适当进行物探、坑槽探与取样测试。

地质灾害危险性评估结果由省级以上国土资源行政主管部门认定。不符合条件的，国土资源行政主管部门不予办理建设用地审批手续。

4.1.4 常见地质灾害

我国地质灾害种类齐全，按致灾地质作用的性质和发生处所进行划分，共有12类（国土资源部地质环境司等，1998），具体如下：

(1) 地壳活动灾害，如地震、火山喷发、断层错动等。

(2) 斜坡岩土体运动灾害，如崩塌、滑坡、泥石流等。

(3) 地面变形灾害，如地面塌陷、地面沉降、地面开裂（地裂缝）等。

(4) 矿山与地下工程灾害，如煤层自燃、洞井塌方、冒顶、偏帮、鼓底、岩爆、高温、突水、瓦斯爆炸等。

(5) 城市地质灾害，如建筑地基与基坑变形、垃圾堆积等。

(6) 河、湖、水库灾害，如塌岸、淤积、渗漏、浸没、溃决等。

(7) 海岸带灾害，如海平面升降、海水入侵、海岸侵蚀、海港淤积、风暴潮等。

(8) 海洋地质灾害，如水下滑坡、潮流沙坝、浅层气害等。

(9) 特殊岩土灾害，如黄土湿陷、膨胀土胀缩、冻土冻融、沙土液化、淤泥触变等。

(10) 土地退化灾害，如水土流失、土地沙漠化、盐碱化、潜育化、沼泽化等。

(11) 水土污染与地球化学异常灾害，如地下水质污染、农田土地污染、地方病等。

(12) 水源枯竭灾害，如河水漏失、泉水干涸、地下含水层疏干（地下水位超常下降）等。

全国共发育有较大型崩塌3000多处、滑坡2000多处、泥石流2000多处，中小规模的崩塌、滑坡、泥石流则多达数十万处。全国有350多个县的上万个村庄、100余座大型工厂、55座大型矿山、3000多km铁路线受崩塌、滑坡、泥石流的严重危害。除北京、天津、上海、河南、甘肃、宁夏、新疆外的24个省（自治区、直辖市）都发现岩溶塌陷灾害。全国岩溶塌陷总数近3000处，塌陷坑3万多个，塌陷面积300多 km^2。

据不完全统计，在全国20个省（自治区、直辖市）内，共发生采空塌陷180处以上，塌陷面积大于 $1000km^2$。全国共有上海、天津、江苏、浙江、陕西等16个省（自治区、直辖市）的46个城市出现了地面沉降问题。地裂缝出现在陕西、河北、山东、广东、河南等17个省（自治区、直辖市），共400多处、1000多条。据统计，20世纪80年代末至90年代初，每年因地质灾害造成300~400人死亡，经济损失100多亿元，90年代中期以来，每年造成1000人死亡，经济损失高达200多亿元。一些地区和县（市）的地质灾害已成为制约地方社会经济发展的重要因素，全国经济的可持续发展受到了严重影响。

地质灾害的发育分布及其危害程度与地质环境背景条件（包括地形地貌、地质构造格局和新构造运动的强度与方式，岩土体工程地质类型、水文地质条件等）、气象水文及植被条件、人类经济工程活动及其强度等有着极为密切的关系。

中国位于亚洲大陆东部，濒临太平洋，季风气候显著，具有较明显的纬度和经度分带特征，加上疆域辽阔、地形复杂，具有多种多样的气候类型，因此如暴雨、洪水、干旱、冰雹、霜冻及温差等不良气候因素常常成为各种地质灾害的诱发因素。在西北、华北和东北部分地区，气候干旱少雨，年内温差悬殊，风蚀作用剧烈，土地沙漠、沙漠化、风沙化、土地冻融等灾害发育严重。而在温暖湿润的东部、南部地区，尤其在西南山区，降雨多且集中，崩塌、滑坡、泥石流灾害频繁发生。在东部平原地区，土地盐渍化、沼泽化、冷浸田等地质灾害广泛分布。

中国是世界上人口最多的国家，几千年来的人文活动，历史上连绵不断的战乱，特别是近几十年来经济的高速发展和人口的过速增长，对自然的索取也不断加重，对自然环境的干扰也越来越强烈。不合理的人类经济工程活动也使得地质灾害的发育日趋加剧。在东部、中部地区，由于大量抽取地下水和大规模开采矿产资源（包括油气资源），导致地下水资源平衡条件破坏和岩土构造应力状态发生变化，诱发并加剧了地面沉降、地面塌陷、地裂缝、土地盐渍、沼泽化、崩塌、滑坡、泥石流、矿山灾害等地质灾害的发育和危害。在西部地区，由于超量开发土地、草原、森林和水资源，加速了水土流失、土地沙化等灾害的发展，崩塌、滑坡、泥石流等灾害也随之增多。

在所有的地质灾害中，除地震灾害外，崩塌、滑坡、泥石流灾害是最为严重的，其以分布广、突发性和破坏性强，具有隐蔽性及容易链状成灾为特点，每年都造成巨大的经济损失和人员伤亡。另外，土地沙（漠）化、地面沉降和水土流失等缓变型地质灾害发展迅速，危害越来越大，成为令人担忧的地质灾害。

总而言之，由于自然地理、地质环境和人类活动的差异，不同地区地质灾害的类型、组合特征和发育、危害程度各不相同，具有较明显的地域特征和区域变化规律。今后随着全球环境的变化和我国经济建设的大规模发展，我国大部分地区地质灾害的发育程度和破坏程度可能会不断增强。因此，地质灾害的勘察、研究以及防治工作对于我国有着特别重大的意义。

4.2 地　　震

地震灾害是全球性的重大自然灾害，危害列众多灾害之首。我国地处两大地震带，是地震多发国家，多为浅源地震（东部10~25km、西部31~70km）。据统计，21世纪以来，在我国境内（包括台湾省及邻近海域）发生大于或等于8级的地震共有9次；而2001年全球8级地震进入了一个新的活跃阶段，共发生了14次8级以上地震。

4.2.1 地震的概念

地震是地球内部积聚的应力突然释放所引起的地球表层的快速振动。地震的破坏力极强,对人们的生产生活及工程建设带来极大的影响,甚至毁灭性的灾害。如1976年7月28日,唐山发生7.8级地震,造成24万人死亡,16万人受伤;2004年12月26日,印尼苏门答腊岛附近发生里氏7.9级地震,引发了波及印度洋沿岸十几个国家的巨大海啸,造成20余万人死亡或失踪;2008年5月12日,四川省汶川发生8.0级地震,造成近9万人死亡。

地震一般由地质构造所引起,极少数是由火山喷发、地面塌陷及人工活动造成的。

地震发源于地下某一点,该点称为震源,震源在地面上的垂直投影称为震中,震源至震中的垂直距离称为震源深度,震中至观测点的水平距离称震中距(图4.1)。

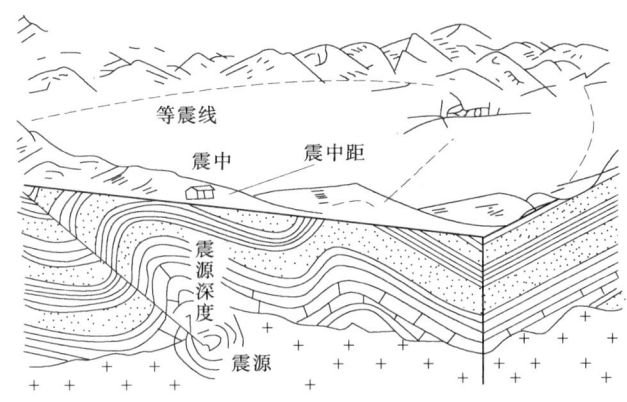

图4.1 震源、震中及震源深度示意图

地震按照震源深度不同可分为:浅源地震(0~70km)、中源地震(70~300km)和深源地震(300~700km)。

4.2.2 地震的成因类型

地震按照成因可分为以下类型。

1. 构造地震

因地下深处岩层错动、破裂所造成的地震,称为构造地震。这类地震发生的次数最多,破坏力也最大,约占全世界地震的90%以上。

2. 火山地震

由于火山喷发而引起附近地区发生的地震,称为火山地震。只有在火山活动区才可能发生火山地震,这类地震只占全世界地震的7%左右。

3. 塌陷地震

因地下岩洞或矿井顶部塌陷而引起的地震,称为塌陷地震。这类地震的规模比较小,次数也很少,即使有也往往发生在溶洞密布的石灰岩地区或大规模地下开采的矿区。

4. 诱发地震

因水库蓄水、油田注水等活动而引发的地震,称为诱发地震。这类地震仅仅在某些特定的水库库区或油田地区发生。

5. 人工地震

地下核爆炸、炸药爆破等人为因素引起的地面振动，称为人工地震。

4.2.3 地震的震级与烈度

地球上的地震有强有弱，用来衡量地震强度大小的尺子有两把：一把是地震震级；另一把是地震烈度。

1. 地震震级

震级是指一次地震时，释放出的能量大小。震级用"里氏震级"表示，按 0～9 划分为 10 个等级。地震释放的能量越多，震级就越高。迄今为止，世界上记录到最大的地震震级为 8.9 级，是 1960 年发生在南美洲的智利地震。一般 7 级以上的浅源地震称为大地震；5 级和 6 级的地震称为强震或中震；3 级和 4 级的地震称为弱震或小震；3 级以下的地震称为微震。每一次地震只有一个震级。

2. 地震烈度

烈度是指地震时，地面及房屋等建筑物受到的影响和破坏程度。烈度用"度"表示，按Ⅰ～Ⅻ共分为 12 个等级。

Ⅰ～Ⅲ度：震动微弱，少有人察觉。

Ⅳ～Ⅵ度：震动显著，有轻微破坏，但不引起灾害。

Ⅶ～Ⅸ度：震动强烈，有破坏性，引起灾害。

Ⅹ～Ⅻ度：严重破坏性地震，引起巨大灾害。

对于同一次地震，不同地区，烈度大小是不一样的。距离震源近，破坏就大，烈度就高；反之，距离震源远，破坏就小，烈度就低。

由上可见，Ⅵ度以下的地震一般不会对建筑物造成破坏，无需设防；Ⅹ度及其以上地震造成的破坏是毁灭性的，难以有效预防。因此，对建筑物设防的重点是Ⅶ、Ⅷ、Ⅸ度地震。在进行工程设计时，常用的地震烈度有基本烈度和设计烈度。

(1) 基本烈度。基本烈度是指某地区在今后 100 年内，在一般场地条件下可能遭遇的最大烈度。基本烈度所指的地区，并非一个具体的工程建筑物地区，而是指一个较大范围（如一个县、区或 1 万 km^2）的地区。一般场地条件是指在上述地区范围内普遍分布的地层岩性、地形地貌、地质构造和地下水条件等。在我国，基本烈度由国家地震局编绘的《中国地震烈度区划图》及各省分地震烈度区划图圈定。

(2) 设计烈度。根据建筑物的重要性和等级，针对不同的建筑物，将基本烈度加以调整，作为抗震设防的依据，也是建筑物设计的标准。水工建筑物已有专门的抗震设计规范 DL 5073—2000《水工建筑物抗震设计规范》，设计部门根据此规范确定设计烈度，并依据该规范对水工建筑物做防震设计。

3. 震级与烈度的关系

地震震级与地震烈度既有区别，又有内在联系，它们是一个问题的两个方面。一次地震中，只有一个震级，而地震烈度却在不同地区有不同烈度。一般认为：当环境条件相同时，震级越高，震源越浅，震中距越小，地震烈度越高。

4.2.4 地震对水利工程的影响及防震措施

1. 地震对水利工程的影响

强震会毁坏堤坝，或引起巨大的山崩和滑坡，使水利工程的边坡破坏，河流改道，河道堵塞，并且一旦溃决，宣泄的洪水将冲毁下游地区。地震还可以引起区域性的砂土液化，使坝址区有可能造成管涌和流土。此外，强震还破坏交通，给工程建设带来困难。

2. 防震措施

(1) 工程选址应避开大的断层破碎带，特别是活断层带。

(2) 尽可能避免将建筑物放置在一部分为基岩、另一部分为软弱土层的地基上。

(3) 避开可能产生地震液化的砂层，避开岩溶塌陷区及地下采空区。

(4) 边坡稳定安全系数、地基承载力等相应地要提高，岸坡建筑物尤应保证稳定，同时要尽量远离过陡、过高、不稳定斜坡地段。

(5) 正确确定设计烈度，以便从建筑物结构等方面进行抗震设防。

4.3 崩塌和滑坡

崩塌和滑坡地质作用和现象通常发生在具有一定坡度的斜坡地段。斜坡在一定的自然条件和重力作用下，常使在其上的部分岩体发生变形和破坏，给各种建筑物（如水坝、隧洞、渠道、铁路、公路等）的建造和使用带来极大的困难和危害，有时甚至造成巨大的灾难。

4.3.1 斜坡的变形破坏类型

斜坡岩体变形实际上在斜坡形成过程中即已发生，表现为卸荷回弹和蠕变两种主要方式。斜坡破坏分类方法很多，按破坏物质的运动方式分为崩塌和滑坡。

1. 卸荷回弹

卸荷回弹是斜坡岩体内积存的弹性应变能释放而产生的。在高地应力区的岩质斜坡中尤为明显。成坡过程中斜坡岩体向临空方向回弹膨胀。

2. 蠕变

斜坡上挤压紧密的岩石，在重力作用下发生长期缓慢变形及松动的现象，称为蠕变。

3. 崩塌

在斜坡的陡峻地段，大块岩体在重力作用下，突然迅速倾倒崩落，沿山坡翻滚撞击而坠落坡下的破坏现象，称为崩塌（图 4.2）。

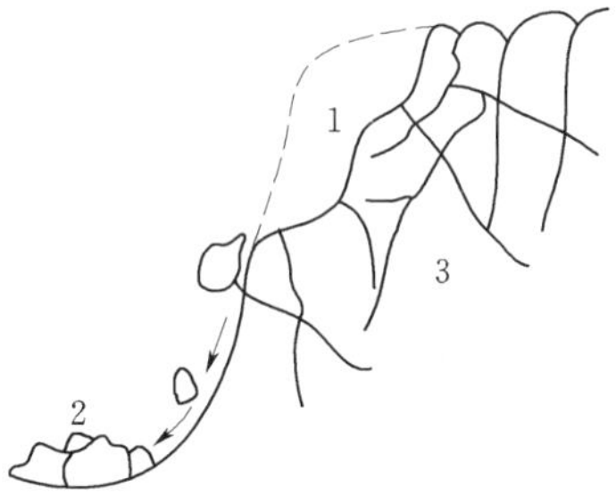

图 4.2 崩塌示意图
1—崩塌体；2—堆积块石；
3—被裂隙切割的斜坡基岩

4. 滑坡

斜坡上的岩体，在重力作用下，沿斜坡内一个或几个滑动面整体向下滑动的现象，称为滑坡。大的滑坡规模可达几千立方米，甚至数亿立方米，常掩埋村镇，中断堵塞交通，给工程带来重大危害。所以，在工程建设中必须对滑坡进行详细勘察，研究其发生原因及发展规律，提出合理有效的防治措施。

4.3.2 崩塌

崩塌是陡坡上的岩体或土体在重力作用下开裂并向临空面方向倾倒，产生断裂向下坠落、翻滚的现象。崩塌的岩体（或土体）顺坡猛烈地跳跃、滚动、相互撞击，最后堆积于坡脚。其特点是速度快（一般为 5~200m/s）；规模差异大（从小于 1m³ 到上亿立方米）。崩塌下落后，崩塌体各部分相对位置完全打乱，大小混杂，形成较大石块翻滚、较远的倒石堆。

在自然界中，斜坡上已经出现变形、开裂，但尚未崩落的岩土体，对人们的生产、生活构成了威胁，常被称为危崖。

崩塌是斜坡破坏的一种形式，它对房屋、道路、水利等建筑物常带来威胁，酿成人身安全事故。尤其对交通线路的危害最严重，我国宝成、成昆、襄渝铁路和川藏公路沿线崩塌灾害常影响线路正常运营。

1. 崩塌的类型

崩塌分类方法很多，可按岩土体成分分类，也可按规模分类。大小不等、零乱无序的岩块（土块）呈锥状堆积在坡脚的堆积物，称为崩积物，也可称为岩堆或倒石堆。

(1) 根据坡地物质组成划分。根据岩土体成分，崩塌可分为岩崩和土崩两大类，具体的有如下分类：

1) 崩积物崩塌。山坡上已有的崩塌岩屑和沙土等物质，由于它们的质地很松散，当有雨水浸湿或受地震震动时，可再一次形成崩塌。

2) 表层风化物崩塌。在地下水沿风化层下部的基岩面流动时，引起风化层沿基岩面崩塌。

3) 沉积物崩塌。有些由厚层的冰积物、冲积物或火山碎屑物组成的陡坡，由于结构松散，形成崩塌。

4) 基岩崩塌。在基岩山坡面上，常沿节理面、地层面或断层面等发生崩塌。

前三者产生在土体中者称土崩，后面一种产生在岩体中者称岩崩。

(2) 按照崩塌体的规模、范围、大小可以分为剥落、坠石和崩落等类型。

1) 剥落的块度较小，块度大于 0.5m 者占 25% 以下，产生剥落的岩石山坡一般在 30°~40°。

2) 坠石的块度较大，块度大于 0.5m 者占 50%~70%，山坡角在 30°~40°。

3) 崩落的块度更大，块度大于 0.5m 者占 75% 以上，山坡角多大于 40°。

当岩崩的规模巨大，涉及山体者，又俗称山崩。当崩塌产生在河流、湖泊或海岸时，称为岸崩。

(3) 根据崩塌体的移动形式和速度划分。

1) 散落型崩塌。在节理或断层发育的陡坡，或是软硬岩层相间的陡坡，或是由松散沉积物组成的陡坡，常形成散落型崩塌。

2) 滑动型崩塌。沿某一滑动面发生崩塌，有时崩塌体保持了整体形态，和滑坡很相似，但垂直移动距离往往大于水平移动距离。

3）流动型崩塌。松散岩屑、砂、黏土，受水浸湿后产生流动崩塌。这种类型的崩塌和泥石流很相似，称为崩塌型泥石流。

2. 崩塌的形成条件和影响因素

崩塌的形成条件和影响因素很多，主要有地形地貌条件、岩性条件、地质构造条件，以及风化作用的影响、降雨和地下水的影响、地震的影响等。

(1) 地形地貌条件。

1）崩塌一般发生在江河湖海、冲沟岸坡、高陡的山坡和人工斜坡上，地形坡度往往大于45°，尤其是大于60°的陡坡。

2）峡谷陡坡是崩塌密集发生的地段，因为峡谷岸坡陡峻，卸荷裂隙发育，易于崩塌。

3）山区河谷凹岸也是崩塌较集中分布的地段，因河曲凹岸遭受侵蚀，易于造成崩塌。

4）冲沟岸坡和山坡陡崖岩体直立，不稳定岩体较多，时有崩塌发生。

5）丘陵和分水岭地段崩塌较少，原因是地形相对平缓，高差较小，如果开挖高边坡也会产生崩塌。

(2) 岩性条件。崩塌多发生在厚层坚硬脆性岩体中。石灰岩、砂岩、石英岩等厚层硬脆性岩石易形成高陡斜坡，其前缘由于卸荷裂隙的发育，形成陡而深的张裂缝，并与其他结构面组合，逐渐发展贯通，在触发因素作用下发生崩塌（图4.3）。由缓倾角软硬相间岩层组合而成的陡坡，软弱岩层易风化剥蚀而内凹，坚硬岩层抗风化能力强而凸出，失去支撑的部分常发生崩塌（图4.4）。岩浆岩构成的坡体常常被多组节理、裂隙、片理所切割，或被后期的岩墙、岩脉所穿插，容易发生崩塌。变质岩构成的坡体往往节理、劈理极为发育，容易发生崩塌。

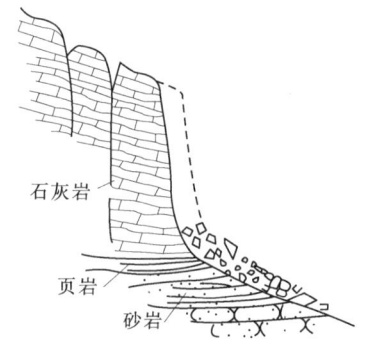

图4.3 坚硬岩层高陡斜坡卸荷裂隙导致崩塌

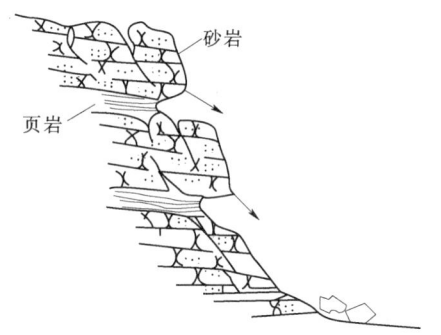

图4.4 软硬岩层互层陡坡崩塌

(3) 地质构造条件。

1）构造节理和成岩节理对崩塌的形成影响很大。硬脆性岩体中往往发育两组或两组以上的陡倾节理，其中与坡面平行的一组节理常演化为拉张裂缝。裂缝的切割密度对崩塌块体的大小起着控制作用。坡体岩石被稀疏但贯通性较好的裂隙切割时，常能形成较大规模的崩塌，具有更大的危险性。岩石裂隙密集而极度破碎时，仅能形成小岩块，在坡脚形成倒石堆。

2）褶皱核部由于岩层强烈弯曲，岩石破碎，地表水深入，易于产生崩塌，其规模主要取决于褶皱轴向与临空面走向的夹角。

3）当建筑物的延伸方向和区域构造线一致，而且采用深挖方案时，崩塌较多。

其余还有风化作用、水的作用、地震及人类活动对崩塌的影响，详见"4.3.5 影响斜坡稳定的主要因素"一节。

3. 崩塌堆积物

崩塌产物堆在山坡底部呈不规则的堆石坝状，称为倒石堆。倒石堆由未经分选的崩塌堆积物组成。它包括巨大的崩塌岩块，图4.5所示为汶川地震形成的"天崩石"；岩块碰撞及压砸而形成的碎石及岩粉；以及斜坡上的其他松散堆积物等。其岩性成分与组成斜坡的岩性一致，碎屑呈角砾状，分选性极差。

图 4.5 汶川地震崩塌岩块

撒落即小崩小塌，是斜坡上的岩体在强烈的机械风化作用下，不断地产生碎块及岩屑，它们在重力作用下向坡下坠落或滚动的现象。撒落形成于坡度为30°～70°的斜坡地带，在沿坡地带，风化岩屑以较崩塌为缓慢的速度逐渐地、均匀地撒落于坡下，并形成倒石锥。有时沿坡麓形成倒石锥群。撒落堆积物的岩块和岩屑由于经过滚动，棱角遭受磨蚀。较大石块滚动速度快，多停留于坡脚，造成具有下粗上细的粗略分选。稳定的倒石锥坡面常常长满植物，岩块的空隙由细粒物质充填压密，有时被地下水中所含钙质充填。

4.3.3 滑坡

滑坡是指斜坡上的土体或者岩体，受各种因素影响，在重力作用下，沿着一定的软弱面或者软弱带，整体地或者分散地顺坡向下滑动的自然现象，俗称"走山"、"垮山"、"地滑"、"土溜"等。

1. 滑坡的组成要素及形态

如图4.6所示，一般滑坡由以下几部分组成：

（1）滑坡体。与原岩分离并向下滑动的岩、土体称滑坡体，简称滑体。

（2）滑坡周界。指滑坡体和周围不动的岩、土体在平面上的分界线。

（3）滑坡壁。滑坡体下滑后，其后缘的滑动面在地表出现陡壁，称滑坡壁。

（4）滑坡台阶。由于滑坡体上各段的滑动速度不同或由于几个滑动面滑动的时间不同，可在滑坡体中出现阶梯状地面，称滑坡台阶。

（5）滑动面。指滑坡体与滑坡床之间的分界面，一个滑坡可有一个或数个滑动面，滑动面的形状有直线、折线或圆弧等。

（6）滑动带。滑坡体与滑坡床之间受揉皱及剪切的破碎分界地带，称滑动带，简称滑带。

（7）滑坡舌。滑坡体前缘伸出部分称滑坡舌，简称滑舌。

（8）滑坡洼地。由于滑坡体的滑落，在滑坡台阶后部形成半圆形凹地，称滑坡洼地，

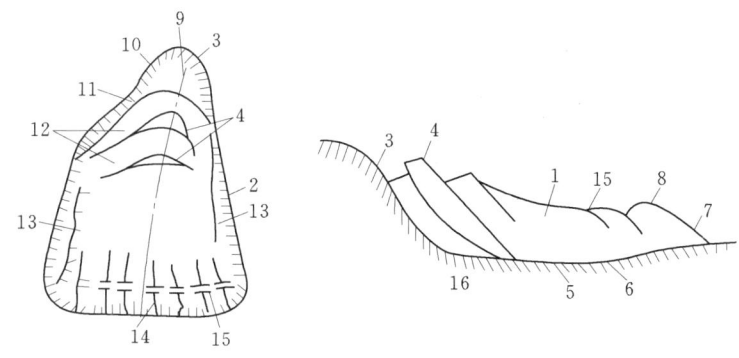

图 4.6 滑坡要素及滑坡形态特征示意图

1—滑坡体；2—滑坡周界；3—滑坡壁；4—滑坡台阶；5—滑动面；6—滑动带；7—滑坡舌；
8—滑动鼓丘；9—滑动轴；10—破裂缘；11—封闭洼地；12—拉张裂隙；13—剪切裂隙；
14—扇形裂隙；15—鼓张裂隙；16—滑坡床

有时可积水形成滑坡泉或滑坡湖。

（9）滑坡裂缝。滑坡活动时在滑体及其边缘所产生的一系列裂缝，称为滑坡裂缝。位于滑坡体上（后）部多呈弧形展布者称拉张裂缝；位于滑体中部两侧，滑动体与不滑动体分界处者称剪切裂缝；剪切裂缝两侧又常伴有羽毛状排列的裂缝，称羽状裂缝；因受推移挤压，滑坡体前缘因滑动受阻而隆起的张裂缝称鼓张裂隙；位于滑坡体中前部，尤其在滑舌部位呈放射状展布者，称扇形裂缝。

（10）滑坡鼓丘。指滑坡体前缘因受阻力而隆起的小丘。

（11）滑坡床。指在滑动面之下未滑动的稳定岩体，简称滑床。

滑坡体上常可见到树木倾斜倒歪的"醉汉林"和"马刀树"。

以上滑坡诸要素只有在发育完全的新生滑坡才同时具备，并非任一滑坡都具有。

2. 滑坡的类型

（1）按滑坡体的物质组成和滑坡与地质构造关系划分。简单地说，滑坡按其物质组成可分为土层滑坡和岩层滑坡，具体如下：

1）覆盖层滑坡。本类滑坡有黏性土滑坡、黄土滑坡、碎石滑坡、风化壳滑坡。

2）基岩滑坡。本类滑坡与地质结构的关系可分为：均质滑坡、顺层滑坡、切层滑坡。

3）特殊滑坡。本类滑坡有融冻滑坡、陷落滑坡等。

（2）按滑坡发生时代划分。可将滑坡划分为新滑坡、老滑坡、古滑坡三种类型。

（3）按力学条件划分。

1）推动式滑坡。始滑部位位于滑坡的后缘[图 4.7（a）]。这类滑坡的发生，主要是由坡顶堆载重物或进行建筑等引起坡顶部不稳所致。

2）牵引式滑坡。始滑部位位于滑坡的前缘[图 4.7（b）]。这类滑坡的发生，主要是由坡脚受河流冲刷或人工开挖，以至坡脚部位应力集中过大所致。

3）混合式滑坡。始滑部位前、后缘均有[图 4.7（c）]。这种情况比较多。

4）平移式滑坡。始滑部位分布于滑动面的许多部位，同时局部滑移，然后贯通为整体滑移[图4.7（d）]。

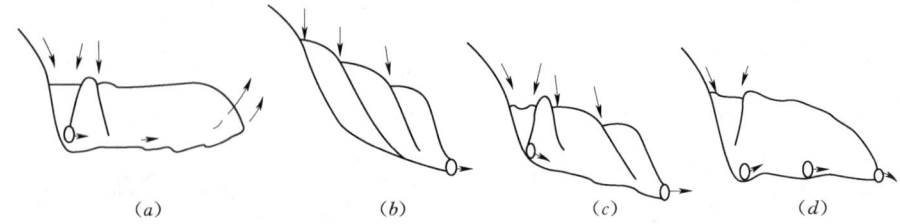

图4.7 按力学条件的滑坡分类
（a）推动式滑坡；（b）牵引式滑坡；（c）混合式滑坡；（d）平移式滑坡

(4) 按滑动面和层面关系，可分为均质滑坡、顺层滑坡和切层滑坡（图4.8）。

1) 均质滑坡。发生于均质岩层，如黏土、黄土、强风化的岩浆岩中的滑坡[图4.8（a）]。

2) 顺层滑坡。滑动面为岩层层面或不整合面的滑坡[图4.8（b）]。

3) 切层滑坡。滑动面切割多层岩层层面的滑坡[图4.8（c）]。

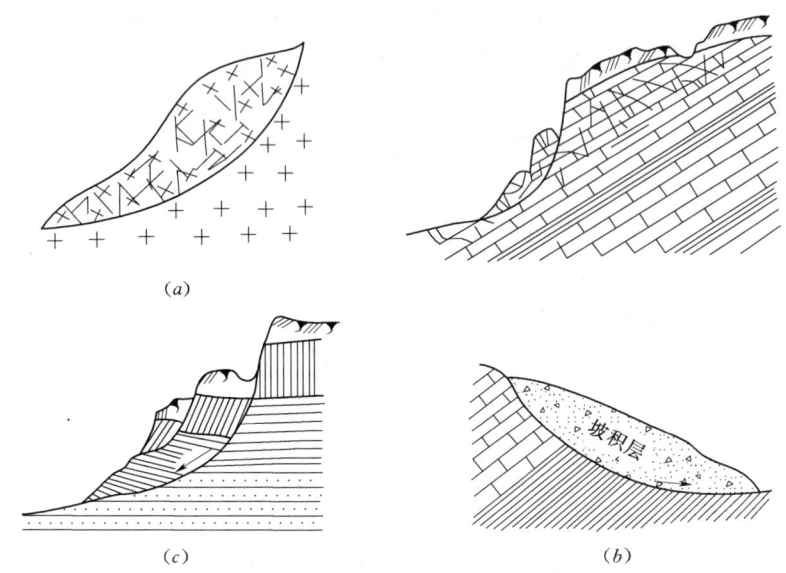

图4.8 滑坡类型
（a）均质滑坡；（b）顺层滑坡；（c）切层滑坡

(5) 按滑坡体规模、大小划分。反映滑坡体规模大小的主要指标是滑坡体积，可划分为：

1) 微型滑坡。体积小于1万 m^3。

2) 小型滑坡。体积为1万~10万 m^3。

3) 中型滑坡。体积为10万~100万 m^3。

4) 大型滑坡。体积为100万~1000万 m^3。

5) 特大型滑坡。体积为1000万~1亿 m^3。

6) 巨型滑坡。体积大于1亿 m³。

(6) 按滑坡埋藏深度分类。

1) 表层滑坡：滑面埋深小于3m，极易施工。

2) 浅层滑坡：滑面埋深小于6m，容易施工。

3) 中层滑坡：滑面埋深6～20m，可以施工。

4) 深层滑坡：滑面埋深20～50m，施工有困难。

5) 超深层滑坡：滑面埋深50m，很难施工。

除此之外，还可按滑坡的运动速度分类：蠕动型滑坡（滑速小于0.1m/s）、慢速滑坡（滑速0.1～1.0m/s）、中速滑坡（滑速1.0～5.0m/s）、高速滑坡（滑速5.0～20m/s）和剧冲型滑坡（滑速大于20m/s）。

4.3.4 滑坡与崩塌的关系

滑坡和崩塌如同孪生姐妹，甚至有着无法分割的联系。它们常常相伴而生，产生于相同的地质构造环境中和相同的地层岩性构造条件下，且有着相同的触发因素，容易产生滑坡的地带也是崩塌的易发区。例如宝成铁路宝鸡—绵阳段，是滑坡和崩塌多发区。

(1) 崩塌可转化为滑坡。一个地方长期不断地发生崩塌，其积累的大量崩塌堆积体在一定条件下可生成滑坡；有时崩塌在运动过程中直接转化为滑坡运动，且这种转化是比较常见的。有时岩土体的重力运动形式介于崩塌式运动和滑坡式运动之间，人们无法区别此运动是崩塌还是滑坡。因此地质科学工作者称此为滑坡式崩塌或崩塌型滑坡。

(2) 崩塌、滑坡在一定条件下可互相诱发、互相转化。崩塌体击落在老滑坡体或松散不稳定堆积体上部，在崩塌的重力冲击下，有时可使老滑坡复活或产生新滑坡。滑坡在向下滑动过程中若地形突然变陡，滑体就会由滑动转为坠落，即滑坡转化为崩塌。有时，由于滑坡后缘产生了许多裂缝，因而滑坡发生后其高陡的后壁会不断地发生崩塌。

另外，滑坡和崩塌也有着相同的次生灾害和相似的发生前兆。

4.3.5 影响斜坡稳定的主要因素

影响斜坡稳定的因素分两方面：一是内在因素，如地质条件（岩性、地质构造）与地貌条件；二是内外营力（动力）和人为作用的影响，也称为诱发因素。在现今地壳运动的地区和人类工程活动的频繁地区是滑坡多发区，外界因素和作用，可以使产生滑坡的基本条件发生变化，从而诱发滑坡。主要的诱发因素有：地震、降雨和融雪、地表水的冲刷、浸泡、河流等地表水体对斜坡坡脚的不断冲刷；不合理的人类工程活动，如开挖坡脚、坡体上部堆载、爆破、水库蓄（泄）水、矿山开采等；还有如海啸、风暴潮、冻融作用等。

1. 地形地貌

一般深切的峡谷，陡峭的岸坡地形容易发生边坡变形和破坏。例如，我国西南山区沿金沙江、雅砻江及其支流等河谷地区边坡岩体松动破裂、蠕动、崩塌、滑坡等现象十分普遍。通常地形坡度越大、坡高越大，对边坡稳定越不利。

只有处于一定的地貌部位，具备一定坡度的斜坡，才可能发生滑坡。一般江、河、湖（水库）、海、沟的斜坡，前缘开阔的山坡、铁路、公路和工程建筑物的边坡等都是易发生滑坡的地貌部位。坡度大于10°、小于45°，下陡中缓上陡、上部成环状的坡形是产生滑坡的有利地形。

2. 岩石性质

岩性直接影响斜坡岩体的稳定及其变形破坏形式。由坚硬块状及厚层状岩石（如花岗岩、石英岩、石灰岩等）构成的斜坡，一般稳定性程度较高，变形破坏形式以崩塌为主；由软弱岩土体（如松散覆盖层、黄土、红黏土、煤系地层、页岩、泥岩、片岩、千枚岩、板岩及火山凝灰岩等）构成的斜坡，岩石易风化且抗剪强度低，在产状较陡地段，易产生蠕动变形现象；当岩层层面（或片理面、裂隙面等）倾向与坡面的坡向一致，岩层倾角小于坡角且在坡面出露时，极易形成顺层滑坡。

黄土具有垂直节理，疏松透水，在干燥时，黄土斜坡直立陡峻；浸水后易崩解湿陷，产生崩塌或塌滑现象。如三门峡水库岸边的黄土地带，水库蓄水4天后，岸坡坍塌范围约200km。

3. 地质构造

在褶皱、断裂发育地区，岩层倾角较大，节理、断层纵横交错，是产生崩塌、滑坡的有利因素。在新构造运动强烈上升区，由于侵蚀切割，往往形成高山峡谷地形，斜坡岩体中广泛发育有各种变形和破坏现象。

组成斜坡的岩、土体只有被各种构造面切割分离成不连续状态时，才有可能向下滑动。同时，构造面又为降雨等水流进入斜坡提供了通道，故各种节理、裂隙、层面、断层发育的斜坡，特别是当平行和垂直斜坡的陡倾角构造面及顺坡缓倾的构造面发育时，最易发生滑坡。

4. 水的作用

地面水的侵蚀冲刷作用，可改变斜坡外形，造成坡脚掏空，影响斜坡岩体的稳定性。如河岸发生的塌岸和滑坡多在受流水侵蚀的岸边。

地面水的入渗和地下水的渗流，对斜坡岩体的稳定性影响很大。它的作用主要表现在：地下水不仅增加了斜坡岩体的重量，产生了静水压力和渗透压力，还使渗流面上的岩石软化或泥化，降低了其抗剪强度，潜蚀岩、土，对透水岩层产生浮托力等，尤其是对滑面（带）的软化作用和降低强度的作用最突出，导致岩体变形或滑动破坏。

水的作用还体现在降雨对滑坡的影响很大。降雨对滑坡的作用主要表现在：雨水的大量下渗，边坡中的地下水流量大大增加，地下水和雨水联合作用，导致斜坡上的土石层饱和，甚至在斜坡下部的隔水层上积水，从而增加了滑体的重量，降低土石层的抗剪强度，更进一步促进了崩塌滑坡的发生。据统计，有80%的斜坡失稳发生在雨季，特别是雨中和雨后不久；连续降雨时间越长，暴雨强度越大，崩塌次数就越多；阴雨连绵天气比短促的暴雨天气崩塌次数多；长期大雨比连绵细雨时崩塌次数多，不少滑坡具有"大雨大滑、小雨小滑、无雨不滑"的特点。

5. 风化作用

风化作用会对斜坡岩体稳定产生较大影响。如物理风化作用使边坡岩体产生裂隙或使斜坡前缘各种成因的裂隙加深、加宽，黏聚力遭到破坏，促使边坡变形破坏；如在干旱、半干旱气候区，由于物理风化强烈，导致演示机械破碎而发生斜坡失稳。高寒山区的冰劈作用也有利于崩塌的形成。生物风化作用使边坡岩体遭受机械破坏（如裂隙中树根生长，促使边坡岩体崩塌），或岩体被分解腐蚀而破坏。岩体风化程度不同，边坡的稳定性差异也很大，如微风化岩石，常可保持较陡的自然边坡，而强风化及全风化岩石，难以保持较陡的边坡，常需处理。

6. 地震

发生地震时，地震波引起的地震力是推动边坡滑移的重要因素。此外，在地震的作用下可使边坡岩体的结构发生破坏，出现新的结构面或使原有结构面张裂松弛，在地震力的反复作用下，边坡岩体易沿结构面发生位移变形，加上地下水也有较大变化，特别是地下水位的突然升高或降低对斜坡稳定是很不利的。在砂土边坡中，易形成振动液化，边坡失稳。另外，一次强烈地震的发生往往伴随着许多余震，在地震力的反复振动冲击下，斜坡土石体就更容易发生变形，最后就会发展成滑坡。汶川地震就诱发了大量崩塌和滑坡，毁坏了房屋和公路。

7. 人为因素

人类活动对边坡稳定性的影响越来越严重，主要表现在人类修建各种工程建筑使边坡岩体承受工程荷载作用，在这些荷载作用下边坡会变形破坏。例如，边坡坡肩附近修建大型工程建筑或废弃的土石堆积，使坡顶超载而导致边坡变形或破坏等。又如，人工开挖边坡，从底部向上开挖，会引起边坡失稳，造成人身事故。还有不合理的爆破工程，也会导致岩体松动，边坡失稳；水渠和水池的漫溢和渗漏，工业生产用水和废水的排放、农业灌溉等；在山坡上乱砍滥伐，使坡体失去保护，便有利于雨水等水体的入渗从而诱发滑坡等。这些在施工中应特别注意。

4.3.6 斜坡变形破坏的防治

1. 防治原则

斜坡变形的防治原则是以防为主，及时治理，经济可靠。

（1）以防为主就是要在建筑物场地选择、边坡处理等前期工作上尽量做到防患于未然。

（2）及时治理就是要针对斜坡已出现的变形破坏情况，及时采取必要的增强稳定性的措施。

（3）考虑工程重要性是制定整治方案必须遵守的经济原则。

2. 防治措施

（1）防渗与排水。排水包括排除地表水和地下水，这是目前整治不稳定边坡效果良好的方法。首先要拦截流入不稳定边坡区的地表水（包括泉水、雨水），一般在不稳定边坡（如滑坡区）外围设置环形排水沟槽，将地表水排走或抽走。设排水沟槽时，应注意充分利用自然沟谷，并布置成树枝状排水系统（图4.9），还要整平夯实坡面，利于排水。疏导地下水，一般采用排水廊道和钻孔排水方法降低地下水位或排走已渗入坡体内的水（图4.10）。

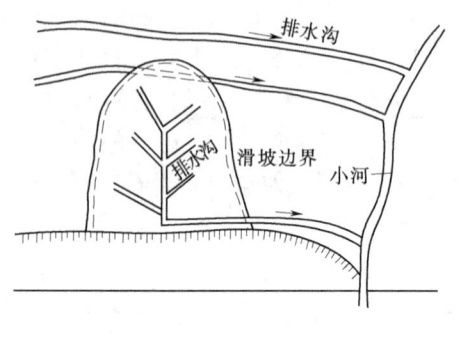

图 4.9 排水沟示意图

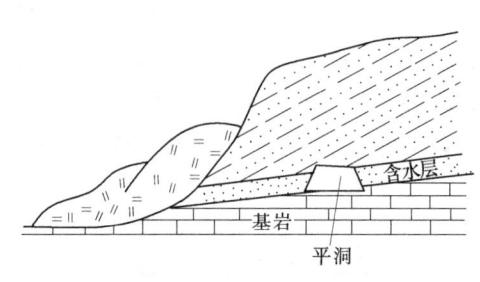

图 4.10 排水廊道示意图

（2）削坡、减重、反压。此法主要是将较陡的边坡减缓或将其上部岩体削去一部分（图4.11），并把削减下来的土石堆于滑体前缘的阻滑部位，使之起到降低下滑力、增加抗滑力的作用，以增加边坡稳定性之目的。

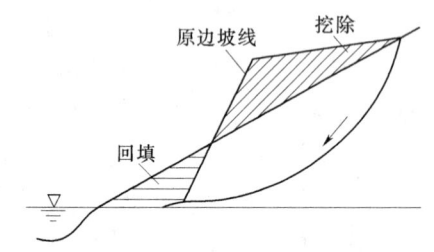

图 4.11 削坡处理示意图

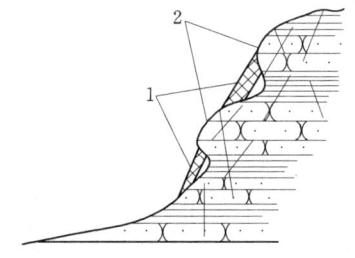

图 4.12 支撑断面示意图
1—支撑；2—不稳定岩体

（3）修建支挡建筑物。在不稳定边坡岩体下部修建挡墙或支撑墙，靠挡墙本身的重量克服滑移体的剩余下滑力（图4.12、图4.13）。挡墙的主要形式有浆砌石挡墙、混凝土或

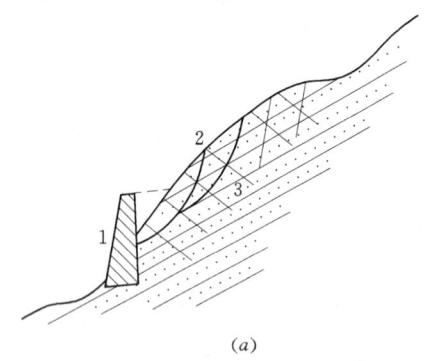

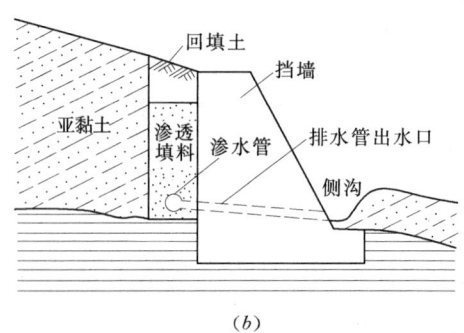

图 4.13 挡墙示意图
(a) 无排水措施挡墙；(b) 有排水措施挡墙
1—挡墙；2—不稳定体；3—滑动面

钢筋混凝土挡墙等。修建支挡建筑物时需要注意，其基础必须砌置在最低滑动面之下，一般插入完整基岩中不少于 0.5m，完整土层中不少于 2m。此外，还要考虑排水措施。

（4）锚固措施。利用预应力钢筋或钢索锚固不稳定边坡岩体（图 4.14），是一种有效防治滑坡和崩塌的措施。具体做法是，先在不稳定岩体上部布置钻孔，钻孔深度达到滑动面以下坚硬完整岩体中，然后在孔中放入钢筋或钢索，将下端固定，上端拉紧，常和混凝土墩、梁，或配合以挡墙将其固定。

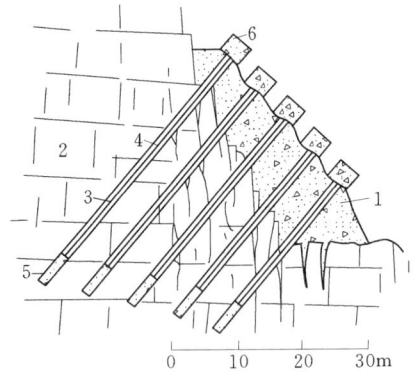

图 4.14 法国某坝右岸岸坡锚固示意图
1—混凝土挡墙；2—裂隙灰岩；3—预应力
1000t 的锚索；4—锚固孔；5—锚索
的锚固端；6—混凝土锚墩

（5）其他措施。除上述防治措施外，岩质边坡还可以采用水泥护面、抗滑桩、灌浆等，土质边坡可采用电化学加固法、焙烧法、冷冻法等措施，这些方法一般成本高，只有在特殊需要时使用。

4.4 泥 石 流

4.4.1 泥石流及其分布

含有大量泥砂、石块等固体物质，突然爆发的，具有很大破坏力的特殊洪流称为泥石流。

泥石流常常是突然爆发的，历时短暂，来势凶猛。爆发时山谷雷鸣，地面振动，巨量的水体携带着几十万甚至几百万立方米的砂石，依仗着陡峻的山势，沿着峡谷深涧，前推后拥，猛冲下来，在很短时间内将大量的泥砂石块冲出沟外，横冲直撞、漫流堆积，破坏性极大。它常冲毁交通线路和耕地、堵塞河道，大的泥石流甚至掩埋村庄、摧毁城镇，破坏沿途一切工程建筑物，给人民生命财产和国民经济建设带来严重危害（图 4.15）。

我国是世界上泥石流最发育的国家之一，主要集中分布在西南、西北、华北山区，如云南，四川的西部和北部，西藏东部和南部，秦岭、甘肃东南部，青海东

图 4.15 汶川地震引发泥石流

部、祁连山、昆仑山、天山、太行山等地区，在华东、中南及东北部分山区也有零星分布。

4.4.2 泥石流形成条件

泥石流与一般洪流的不同之处在于它含有大量的固体物质。泥石流的形成必须具备丰富的松散固体物质、足够的突发性水源和陡峻的地形三个基本条件。另外，某些人为因素对泥石流的形成也有不可忽视的影响。

1. 松散固体物质（地质条件）

在形成区内有大量易于被水流侵蚀冲刷的疏松土石堆积物，是泥石流形成的最重要的条件。地质条件决定了这些松散固体物质的来源。若形成区的物质供应区内有大量松散堆积物质且分布广、厚度大；或岩石风化剧烈，构造活动频繁，断裂节理发育，岩石遭受剧烈切割破碎，从而产生大量滑坡、崩塌等现象；或人类活动造成大量松散物质，如废泥土或石渣等，给泥石流发生提供了丰富的物质资源。

2. 地形条件

形成泥石流的地形条件要求大气降水能迅速汇聚，并拥有巨大动能。为此，沟上游应有一个汇水面积较大，地形、沟床坡度比较陡的区域。

标准型泥石流具有明显的三个区段：形成区、流通区和沉积区。形成区多崩塌、滑坡等地质灾害，地面坡度陡峻；流通区较稳定，沟谷断面多呈V形；沉积区一般呈现扇形，沉积物棱角明显。此类泥石流破坏能力强，规模较大，如图4.16所示。

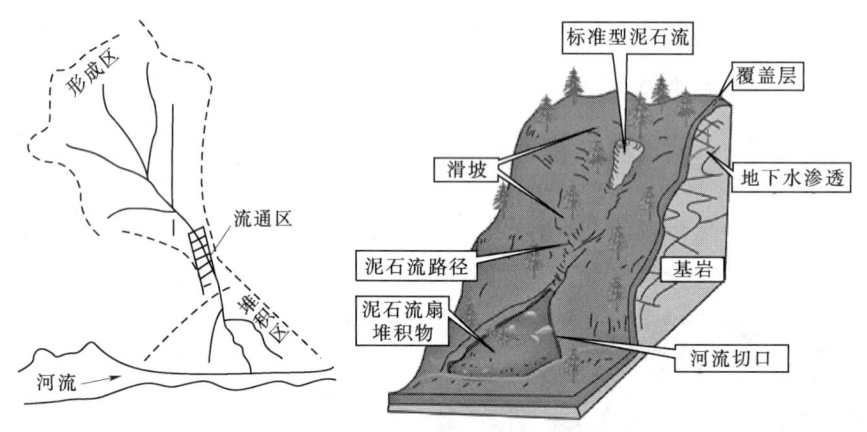

图 4.16 标准型泥石流

（1）形成区。一般位于泥石流沟的上、中游。该区多为三面环山、一面出口的半圆形宽阔地段，周围山坡陡峻（大多30°～60°），沟谷纵坡降可达30°以上。斜坡常被冲沟切割，且崩塌、滑坡发育；坡体光秃，无植被覆盖，这样的地形有利于汇集周围山坡上的水流和固体物质。

（2）流通区。该区是泥石流搬运通过的地段，多为狭窄而深切的峡谷或冲沟，谷壁陡峻而纵坡降较大，常出现陡坎和跌水，所以泥石流物质进入本区后具极强的冲刷能力。流通区形似颈状或喇叭状。非典型的泥石流沟可能没有明显的流通区。

（3）沉积区。该区是泥石流物质的停积场所。一般位于山口外或山间盆地的边缘，地形较平缓。泥石流至此速度急剧变小，最终堆积下来，形成扇形、锥状堆积体，有的堆积区还直接为河漫滩或阶地。

3. 水源条件

泥石流形成必须有强烈的地表径流,地表径流是暴发泥石流的动力条件。泥石流的地表径流来源于暴雨、高山冰雪强烈融化或水库溃决等。因此,在时间上多发生在降雨集中的雨季或高山冰雪消融季节,主要是在夏季。

4. 人为因素

人类工程活动的不当可促进泥石流的发生、发展、复活或加重其危害程度。山区滥伐森林、不合理开垦土地,破坏植被和生态平衡,造成水土流失,并产生大面积山体崩塌和滑坡;开矿采石,筑路中任意堆放弃渣等都直接或间接地为泥石流提供了固体物质来源和地表流水迅速汇聚的条件。

4.4.3 泥石流分类

泥石流产生的地形地质条件有差别,故泥石流的性质、物质组成、流域特征及其危害程度等,也随地形地质的不同而变化。因此,对泥石流类型的划分目前尚未统一,仍处于探索中。

1. 按所含固体物质成分分类(图 4.17)

(a)　　　　　　　　　　　(b)　　　　　　　　　　　(c)

图 4.17　泥石流类型一
(a) 泥石流;(b) 泥流;(c) 水石流

(1) 泥流。以黏性土为主,含少量砂粒、石块,黏度大,呈稠泥状的称为泥流。我国主要分布于甘肃天水、兰州及青海的西宁等黄土高原山区和黄河的各大支流,如渭河、湟水、洛河、泾河等地区。

(2) 泥石流。由大量黏性土和粒径不等的砂粒、石块组成的称为泥石流。基岩裸露剥蚀强烈的山区产生的泥石流多属此类。我国主要发生在西藏波密、四川西昌、云南东川、贵州遵义等地区。

(3) 水石流。由水和大小不等的砂粒、石块组成的称为水石流。水石流主要分布于石灰岩、石英岩、大理岩、白云岩、玄武岩及坚硬的砂岩地区,如陕西华山、山西太行山、北京西山、辽宁东部山区的泥石流多属此类。

2. 按其地貌特征分类

(1) 山坡型泥石流。沟小流短,沟坡与山坡基本一致,没有明显的流通区,形成区直接与堆积区相连。洪积扇坡陡而小，沉积物棱角分明；冲击力大，淤积速度较快，但规模较小，如图 4.18（a）所示。

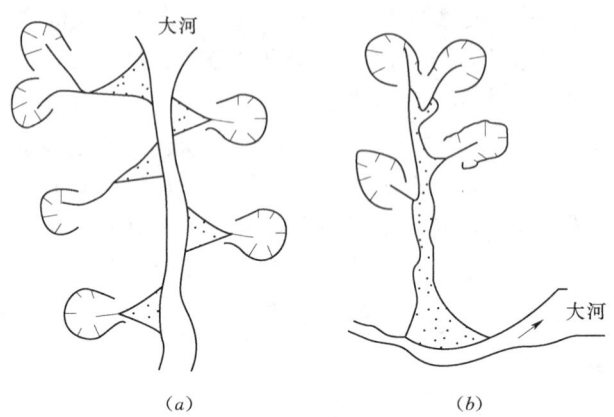

图 4.18　泥石流类型二
(a) 山坡型泥石流；(b) 沟谷型泥石流

（2）沟谷型泥石流。流域呈狭长形，形成区则分散在河谷的中、上游；固体物质补给远离堆积区，沿河谷既有堆积又有冲刷；沉积物棱角不明显。此类泥石流破坏能力较强、周期较长、规模较大，如图 4.18（b）所示。

3. 按流体性质分类

（1）黏性泥石流。含黏性土的泥石流或泥流，其特征：一是黏性大，固体物质占 40%～60%，最高达 80%，水不是搬运介质，而是组成物质；二是稠度大，石块呈悬浮状态，突然暴发，持续时间短，破坏力大。

（2）稀性泥石流。以水为主要成分，黏性土含量少，固体物质占 10%～40%，有很大的分散性。水为搬运介质，石块以滚动或跳跃方式前进，具有强烈的下切作用。其堆积物在堆积区呈扇状散流，沉积后似"石海"。

以上分类是我国泥石流最常见的几种分类方法，除此之外还有多种分类方法。如按泥石流的成因分类有：冰川型泥石流、降雨型泥石流；按泥石流流域大小分类有：大型泥石流、中型泥石流和小型泥石流；按泥石流发展阶段分类有：发展期泥石流、旺盛期泥石流和衰退期泥石流等。

4.4.4　泥石流地区道路位置的选择

山区道路选线一般都是利用山坡坡脚至河岸间的坡地或阶地沿河前进，因此穿越泥石流地区是难以避免的。如何合理地选择交通线路的位置就成为一个十分重要的问题，如果选线不当，轻则可能造成很多泥石流病害工点，重则整段线路无法正常使用，为此付出的代价是无法估量的。从根本上讲，掌握泥石流的特征及其发生发展规律，选择好线路的位置是防治泥石流最有效的措施。

一般来说，铁路、公路通过泥石流区，应遵循以下原则：

（1）绕避处于发育旺盛期的特大型、大型泥石流或泥石流群，以及淤积严重的泥石

4.4 泥石流

流沟。

（2）远离泥石流堵河严重地段的河岸。

（3）线路高程应考虑泥石流发展趋势。

（4）峡谷河段以高桥大跨通过。

（5）宽谷河段，线路位置及高程应根据主河床与泥石流沟淤积率、主河摆动趋势确定。

（6）线路跨越泥石流沟时，应避开河床纵坡由陡变缓的位置和平面上的急弯部位；不宜压缩沟床断面，改沟并桥或沟中设墩；桥下应留足净空。

（7）严禁在泥石流扇上挖沟设桥或做路堑。

4.4.5 泥石流的防治措施

目前泥石流的防治措施很多，归纳起来，有绕避、工程措施、生物措施等方法。若严重发育地段且属大型的泥石流，一般绕避为好，在工程布设上广泛采用。万一无法绕避的，在调查泥石流活动规律后，选择有利部位，采用适宜的建筑物通过。泥石流的整治是在研究了泥石流的发生条件，发展阶段，流域特征、规模及其活动规律以及对工程建筑物的影响程度的基础上，因地制宜，采用各种不同的有效方法进行处理。

1. 工程措施

泥石流防治的工程措施是在泥石流的形成区、流通区、堆积区内，相应地采取蓄水、引水工程，拦挡、支护工程，排导、引渡工程，停淤工程及改土护坡工程等治理措施，以控制泥石流的发生和危害。泥石流防治的工程措施通常适用于泥石流规模大，暴发不是很频繁、松散固体物质补给及水动力条件相对集中，保护对象重要，防治要求标准高、见效快、一次性解决问题等情况。

（1）穿过工程。修隧道、明洞和渡槽，从泥石流沟下方通过，另外还可修建用于排放泥石流的护路廊道。穿过工程是铁路和公路通过泥石流地区的又一主要工程型式。

（2）跨越工程。修建桥梁、涵洞，从泥石流沟上方跨越通过，让泥石流在其下方排泄，用以避防泥石流。跨越工程是铁道部门和公路交通部门为了保障交通安全常用的措施。

（3）防护工程。对泥石流地区的桥梁、隧道、路基，泥石流集中的山区变迁型河流的沿河线路或其他重要工程设施，作一定的防护建筑物，用以抵御或消除泥石流对主体建筑物的冲刷、冲击、侧蚀和淤埋等危害。防护工程主要有护坡、挡墙、丁坝等。

（4）排导工程。主要用于下游的洪积扇上，目的是防止泥石流漫流改道，使泥石流按设计意图顺利排泄，减小冲刷和淤积的破坏以保护附近的居民点、工矿点和交通线路。排导工程包括排导沟、导流堤、排洪道（图 4.19）、渡槽、急流槽、束流堤等。

图 4.19 泥石流治理之排洪道

(5)拦挡工程。主要用于上游形成区的后缘,用以控制泥石流的固体物质和雨洪径流,削弱泥石流的流量、下泄总量和能量,以减少泥石流对下游的冲刷、撞击和淤埋等危害的工程设施。主要的拦挡措施有:拦石网(图4.20)、拦砂坝(图4.21)、储淤场、支挡工程、截洪工程等,前四类起拦碴、滞流、固坡作用,控制泥石流的固体物质供给;截洪工程的作用在于控制雨洪径流,总的目的是削弱泥石流的能量。

图4.20 防治泥石流的拦石网　　　　　图4.21 防治泥石流的拦砂坝

2. 生物措施

生物措施就是进行水土保持,维持较优化的生态平衡,其措施包括恢复植被和合理耕牧。一般采用乔、灌、草等植物进行科学的配置营造,充分发挥其滞留降水、保持水土、调节径流等功能,从而达到预防和制止泥石流发生或减小泥石流规模,减轻其危害程度的目的。生物措施一般需要在泥石流沟的全流域实施,对适宜植树造林的荒坡更需采取此种措施。但要正确地解决好农、林、牧、薪之间的矛盾,如果管理不善,很难收到预期的效果。

与泥石流工程防治措施相比较,生物防治措施具有应用范围广、投资省、风险小,能促进生态平衡,改善自然环境条件,有生产效益以及防治作用持续时间长等特点。生物措施一般需长时间才能见效,在一些滑坡、崩塌等重力侵蚀现象严重地段,单独依靠生物措施不能解决问题,还需与工程措施相结合才能产生明显的防治效能。

泥石流的防治是一项艰难而持久的工作,根据被整治对象的具体情况,考虑泥石流的形成条件、具体特征、发生危害规模及其类型差别等多种因素,因地制宜地选用上述防治措施中的几项或多项,对泥石流进行综合治理,才能够有效地防治泥石流造成的工程危害。一般来说,在以坡面侵蚀及沟谷侵蚀为主的泥石流地区,应以生物措施为主,辅以工程措施;在崩塌、滑坡强烈活动的泥石流形成区,应以工程措施为主,兼用生物措施;而在坡面侵蚀和重力侵蚀兼有的泥石流地区,则以综合治理效果最佳。

4.4.6 泥石流的勘察内容与要求

拟建工程场地或其附近有发生泥石流的条件并对工程安全有影响时,应进行专门的泥石流勘察,调查范围应包括沟谷至分水岭的全部地段和可能受泥石流影响的地段。

泥石流勘察应在可行性研究或初步勘察阶段进行,应查明泥石流的形成条件和类型、规模、发育阶段、活动规律,并对工程场地作出适宜性评价,提出防治方案的建议。

泥石流勘察应以工程地质测绘和调查为主。测绘范围应包括沟谷至分水岭的全部地段和可能受泥石流影响的地段。测绘比例尺,对全流域宜采用1：50000;对中下游可采用1：2000～1：10000。应调查下列内容:

(1) 冰雪融化和暴雨强度、前期降雨量、一次最大降雨量、平均及最大流量、地下水活动情况。

(2) 地层岩性,地质构造,不良地质现象,松散堆积物的物质组成、分布和储量。

(3) 沟谷的地形地貌特征,包括沟谷的发育程度、切割情况、坡度、弯曲、粗糙程度,并划分泥石流的形成区、流通区和堆积区及圈绘整个沟谷的汇水面积。

(4) 形成区的水源类型、水量、汇水条件、山坡坡度、岩层性质及风化程度。查明断裂、滑坡、崩塌、岩堆等不良地质现象的发育情况及可能形成泥石流固体物质的分布范围、储量。

(5) 流通区的沟床纵横坡度、跌水、急弯等特征。查明沟床两侧山坡坡度、稳定程度,沟床的冲淤变化和泥石流的痕迹。

(6) 堆积区的堆积扇分布范围,表面形态,纵坡,植被,沟道变迁和冲淤情况;查明堆积物的性质、层次、厚度,一般粒径及最大粒径以及分布规律。判定堆积区的形成历史、堆积速度,估算一次最大堆积量。

(7) 泥石流沟谷的历史,历次泥石流的发生时间、频数、规模、形成过程、暴发前的降雨情况和暴发后产生的灾害情况,并区分正常沟谷或低频率泥石流沟谷。

(8) 开矿弃渣、修路切坡、砍伐森林、陡坡开荒及过度放牧等人类活动情况。

(9) 当地防治泥石流的措施和经验。

当需要对泥石流采取防治措施时,应进行勘探测试,进一步查明泥石流堆积物的性质、结构、厚度、固体物质含量、最大粒径、流速、流量,冲出量和淤积量。

4.4.7 滑坡、崩塌与泥石流的关系

滑坡、崩塌、泥石流三者是不同的地质灾害类型,具有不同的特征,但它们往往是相互联系、相互转化的,具有不可分割的密切关系。泥石流与滑坡、崩塌有着许多相同的触发因素。易发生滑坡、崩塌的区域也易发生泥石流,只不过泥石流的暴发多了一项必不可少的水源条件。崩塌和滑坡形成的破碎物质常常是泥石流重要的固体物质来源,在充足的水源条件下就会生成泥石流,因而有些泥石流是滑坡和崩塌的次生灾害。另外,滑坡、崩塌还常常在运动过程中直接转化为泥石流,或者滑坡、崩塌发生一段时间后,其堆积物在一定的水源条件下生成泥石流。

小　　结

地质灾害(特别是滑坡、崩塌、泥石流、地震)对工农业生产、工程建筑及人民的生命财产影响巨大,所以必须对其进行详细的勘察和调查,分析其形成条件并提出相应的防治措施。在修建各种建筑物时,能根据地震烈度采取相应的设计和防震措施。

练 习 题

一、思考题

1. 什么是地质灾害？主要有哪些类型？
2. 简述地震形成条件及主要防治措施。
3. 简述地震震级与地震烈度的联系和区别。
4. 试述地震烈度在工程设计中的应用。
5. 简述崩塌的概念及分类。
6. 崩塌产生的条件是什么？
7. 简述滑坡的形态要素。
8. 简述滑坡的各种分类体系。
9. 试述滑坡的形成条件、防治原则及主要防治工程措施。
10. 影响斜坡稳定性的因素有哪些？
11. 试述泥石流的形成条件及主要防治措施。

二、选择题

1. 诱发地质灾害的因素主要有（　　）。

 A. 采掘矿产资源不规范，预留矿柱少，造成采空坍塌、山体开裂，继而发生滑坡

 B. 开挖边坡，指公路、依山建房等建设中，形成人工高陡边坡，造成滑坡

 C. 山区水库与渠道渗漏，增加了浸润和软化作用导致滑坡、泥石流发生

 D. 其他破坏土质环境的活动，如采石放炮、堆填加载、乱砍滥伐，也是导致发生地质灾害的致灾作用

2. 我国自然灾害发生的主要特点是（　　）。

 A. 灾害种类多　　　B. 发生频率高　　　C. 分布地域广　　　D. 造成损失大

3. 下列自然灾害中，可能由人为因素诱发的是（　　）。

 ①滑坡、泥石流 ②洪涝 ③火山喷发 ④台风 ⑤地震 ⑥寒潮

 A. ①④⑥　　　　　B. ①②⑤　　　　　C. ②④⑥　　　　　D. ③④⑤

4. 地震震级大小取决于（　　）。

 A. 震源深浅　　　　　　　　　B. 释放能量多少

 C. 破坏程度大小　　　　　　　D. 震中距远近

5. 关于地震的叙述正确的是（　　）。

 A. 地震发生时，破坏最严重的地点为震源

 B. 同一次地震不同地点测到的震级不同，说明一次地震有多个震级

 C. 地震无论大小都有一定的破坏性

 D. 大部分地震的发生与地质构造有关

6. 震级和烈度是衡量地震的两把尺子。震级指地震释放能量的大小，烈度是指地震破坏的程度。一次地震有（　　）。

 A. 一个震级一个烈度　　　　　　B. 一个震级多个烈度

C. 多个震级一个烈度　　　　　　　　D. 多个震级多个烈度

7. 可能诱发崩塌的因素有（　　）。
A. 地震　　　　B. 气候　　　　C. 地表水　　　　D. 地下水

8. 某场地内存在有"醉汉林"、"马刀树"等地貌特征，则表明该场地发生过（　　）。
A. 崩塌　　　　B. 泥石流　　　C. 断裂　　　　　D. 滑坡

9. 下面关于滑坡的特征表现说法正确的是（　　）。
A. 发生变形破坏的岩土体以垂直位移为主
B. 滑坡体上各部分的相对位置在滑动前后变化较大
C. 岩土体中各种成因的结构面均有可能成为滑动面
D. 滑坡的滑动过程都是在瞬间完成的

10. 下列不是泥石流特性的是（　　）。
A. 固体含量高　　　　　　　　　　B. 能量大，突发性强
C. 历时长　　　　　　　　　　　　D. 对环境破坏严重，往往是不可逆的

11. 下列常常是触发滑坡、崩塌、泥石流等地质灾害的首要因素的是（　　）。
A. 降雨　　　　B. 爆破振动　　C. 开挖切坡　　　D. 堆渣弃土

12. 露天边坡失稳破坏的预防措施（　　）。
A. 边坡坡角的合理确定　　　　　　B. 边坡维护与加固
C. 滑坡防治　　　　　　　　　　　D. 严禁车辆行人路过此地

第 5 单元　水利工程常见的地质问题

【学习目标】　了解常见的工程地质问题，能分析工程地质问题出现的原因；掌握常见工程地质问题的预防和处理措施。

【重点】　水库的工程地质问题、坝的工程地质问题。

【难点】　渗漏条件与岩体稳定性的分析。

水利工程中常见的水工建筑物如闸、坝、水库、渠道、隧洞等，都修建在地壳表层上，它们的安全可靠性和经济合理性，在很大程度上取决于建筑地区的工程地质条件。所谓工程地质条件，是指建筑地区的地形地貌、地层岩性、地质构造、物理地质作用、水文地质及天然建筑材料等，这些条件决定了工程兴建位置和兴建后可能出现的工程地质问题。这些问题基本可归纳为两类，即渗漏和稳定问题。

5.1　水库的工程地质问题

水库的工程地质问题可归纳为渗漏、浸没、塌岸、淤积等几个方面。

5.1.1　库区渗漏问题

库区渗漏包括暂时性渗漏和永久性渗漏两类。前者是指在水库蓄水初期，为使库水位以下岩土空隙饱和而出现的库水损失，这部分水的损失是不可避免的，对水库影响不大。后者系指库水通过库岸的分水岭向邻谷低地或经库底向远处洼地渗漏，这种长期的渗漏影响水库效益，还可能造成邻区和下游的浸没。

判断库区是否渗漏，应从下述几个方面综合考虑。

1. 地形条件

山区水库，地形分水岭（或称河间地块）单薄，邻谷谷底高程低于水库正常水位［图5.1（a）］，则库水有可能外渗入邻谷。临谷切割越深，与库水位高程相差越大，渗漏的水量也越大。相反，若河间分水岭宽厚，或邻谷谷底高于水库正常高水位，库水则不可能向邻谷渗漏［图5.1（b）］。

当山区水库位于河湾处时，若河弯间山脊较薄，且又位于垭口，冲沟地段，则库水可能外渗（图5.2）。

平原区水库一般不易向邻近河道渗漏，但在河曲地段有古河道沟通下游时，则有渗漏可能。

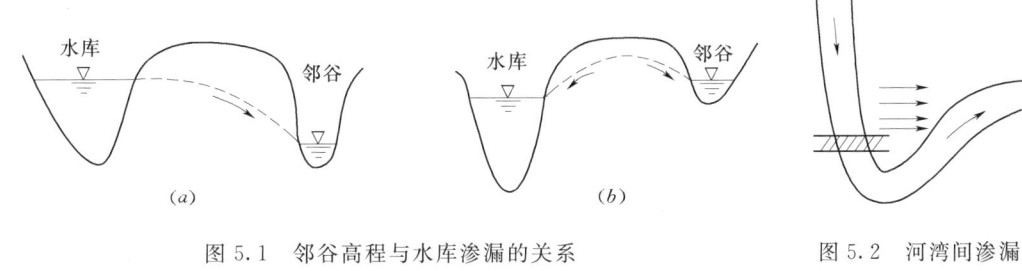

图 5.1　邻谷高程与水库渗漏的关系

图 5.2　河湾间渗漏途径示意图

2. 地层岩性和地质构造条件

当河间分水岭岩性由强透水岩层组成，如断层破碎带［图 5.3（a）］、岩溶通道［图 5.3（b）］、卵砾石层［图 5.3（c）］，且这些岩层及通道又低于库区的正常水位时，必将引起强烈漏水。

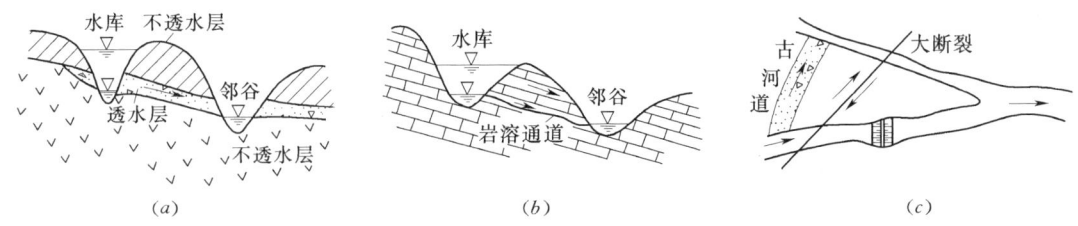

图 5.3　适宜于库水向邻谷渗漏的岩性及地质构造条件

5.1.2　水库浸没问题

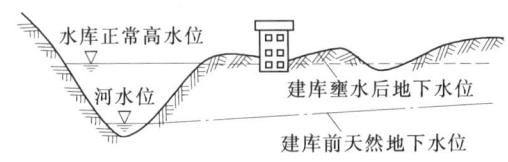

图 5.4　水库边岸地带浸没示意图

水库蓄水后，水库周围地区的地下水位受库水顶托作用而相应抬高（即壅水），上升后的地下水位可能接近或高过地面，导致水库周围地区的土壤盐渍化和沼泽化，以及使建筑物地基软化，矿坑充水等现象，称为水库浸没（图 5.4）。

水库浸没的可能性主要取决于水库岸边正常水位变化范围内的地貌、岩性及水文地质条件。对于山区水库，水库边岸地势陡峻，多为不透水岩石组成，地下水埋藏较深，一般不存在浸没问题。但对山间谷地和山前平原中的水库，周围地势平坦，易发生浸没，而且影响范围也较大。

5.1.3　水库塌岸问题

当水库蓄水后，岸边的岩石或土体受库水饱和，强度降低，加之库水波浪的冲击、淘刷，引起库岸发生坍塌后退的现象，称为塌岸。塌岸将使库岸扩展后退，对岸边的建筑物、道路、农田等造成威胁、破坏，且使塌落的土石体又淤积库中，减少有效库容。还可能使分水岭变得单薄，导致水库外渗。

影响塌岸的主要因素有库岸地形、岩性、地质构造以及水文气象条件等。塌岸一般在平原水库比较严重，往往在蓄水两三年内发展较快，以后逐趋稳定。

5.1.4 水库淤积问题

水库建成后，上游河水携带大量泥沙及塌岸物质和两岸山坡地的冲刷物质，堆积于库底的现象，称为水库淤积。水库淤积必将减小水库的有效库容，缩短水库寿命。在多泥沙河流上修建水库，淤积问题尤为严重。如三门峡水库由于黄河带来大量泥沙，从而使淤积十分强烈。

从工程地质角度研究水库淤积问题，主要是查明淤积物的来源、范围、岩性及其风化程度和斜坡稳定性等，为论证水库的运行方式及使用寿命等提供资料。

5.2 坝的工程地质问题

水工建筑物主要由挡水建筑物（坝、闸等）、取水和输水建筑物（隧道、引水渠等）及泄水建筑物（溢洪道、泄洪洞等）三大部分组成。作为水利枢纽主体建筑物的拦河大坝，它的安全稳定常是决定水利工程成败的关键。由于坝区岩体中存在的某些地质缺陷，则可能导致坝体产生工程地质问题。常见的主要工程地质问题有坝基稳定问题和坝区渗漏问题。

5.2.1 坝基稳定问题

对于修建在岩基上的土坝，由于其坝身断面较大，且为柔性基础，所以地基稳定问题容易得到满足。但对于建在松散沉积层上的土坝，应查明在坝基中是否存在软土（如淤泥和淤泥质土）。重力坝、拱坝对地基要求较高，本节主要针对重力坝分析其稳定问题。坝基的稳定问题包括沉降稳定、抗滑稳定和渗透稳定三个方面。

1. 坝基的沉降稳定

坝基的沉降稳定是指坝基岩体在建筑物自重及其他荷载作用下产生的压缩变形大小及不均匀沉降量。显然坝基沉降量过大，特别是不均匀沉降量超过容限限度时，将会导致坝体的破坏而影响正常使用。

（1）影响坝基沉降稳定的因素。坝基岩体的压缩变形量除与建筑物类型和规模有关外，还受坝基岩体的性质、构造因素影响。

由坚硬岩石构成的坝基，强度高、压缩性低，不会产生过大的沉降。但当坝基岩体中存在软弱夹层、断层破碎带和较厚的强风化岩层时，则有可能产生较大的沉降或不均匀沉降（图5.5），甚至导致坝基破坏。

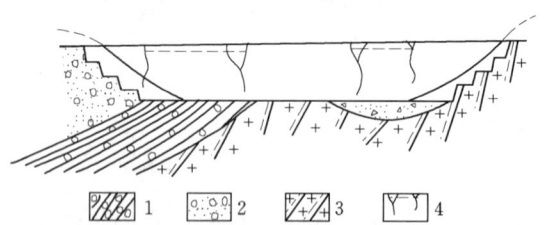

图5.5 坝体因不均匀沉降而产生断裂
1—含砾石黏土；2—砂砾石；3—花岗片麻岩；4—沉降与裂缝

影响沉降的因素，除岩性和地质构

造外，还要考虑软弱夹层的存在位置和产状，如图 5.6 所示：当软弱夹层在坝基中呈水平时，有可能产生沉降变形 [图 5.6（a）]；若位于坝的上游坝踵处，沉降影响较小 [图 5.6（b）]；当位于下游坝趾处时，则易使坝体向下游倾覆 [图 5.6（c）]。

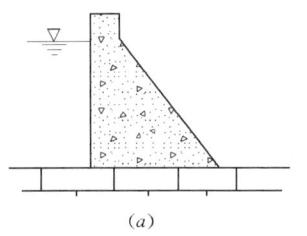 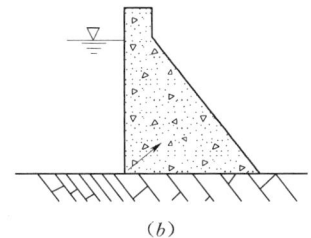 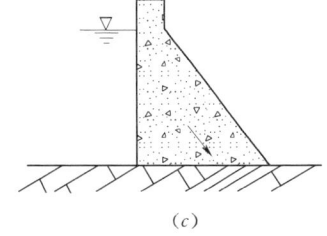

图 5.6　软弱夹层与坝基稳定示意图

选择坝址时应尽量避开软弱夹层、强风化层、断层破碎带等，当不能避开时，应采取工程措施予以加固。

(2) 岩基容许承载力的确定。岩基的稳定性用"容许承载力"的指标来评价。岩基的容许承载力是指岩基在荷载作用下，不产生过大的变形、破裂所能承受的最大压强，一般用单块岩石的极限抗压强度除以折减系数得出，即

$$[P]=\frac{R_\mathrm{g}}{K} \tag{5.1}$$

式中　$[P]$——岩基容许承载力，kPa；

R_g——岩石的饱和极限抗压强度，kPa；

K——折减系数。

折减系数 K 的含义，就一般而言，单块岩石容许承载力要远高于岩体的抗压强度，而用 R_g 去评价被各种结构面切割的岩体时，必须除以折减系数，才能评价岩体的容许承载力。

很显然，在选取 K 值时，对越是坚硬的岩体取值应越大。表 5.1 是根据国内一些工程的实践经验确定的 K 值，可供参考。

表 5.1　确定承载力的折减系数表

岩　石　种　类	折减系数 K
特别坚硬的岩石（细粒花岗岩、石英岩、致密玄武岩等）	20～25
一般坚硬的岩石（石灰岩、砂岩、砾岩等）	10～20
软弱的岩石（黏土岩、黏土质粉砂岩等）	5～10
风化的岩石	参照上述标准相应地降低 25%～50%

2. 坝基的抗滑稳定

坝基岩体在大坝重量及水压力的共同作用下产生的滑动破坏，是重力坝破坏的主要形式。坝基的抗滑稳定分析是大坝设计中的一个重要因素。

坝基岩体受力状态是复杂的，既承受垂直方向的作用力，还承受各种侧向的渗透压力和地震力等。坝基岩体的抗滑稳定除取决于上述各种力的综合作用外，还取决于岩体本身

的性质，即岩体主要受软弱结构面及其性质控制。分析抗滑稳定，首先要着重进行地质条件分析，因为滑动总是沿着软弱结构面发生的，通过对各种软弱结构面的分析来确定坝基岩体的边界条件，然后再通过试验，结合地质条件等因素来确定抗滑稳定的计算参数。

（1）坝基滑动的破坏形式。按滑动面的位置可分为表层滑动、浅层滑动和深层滑动三种形式（图5.7）。

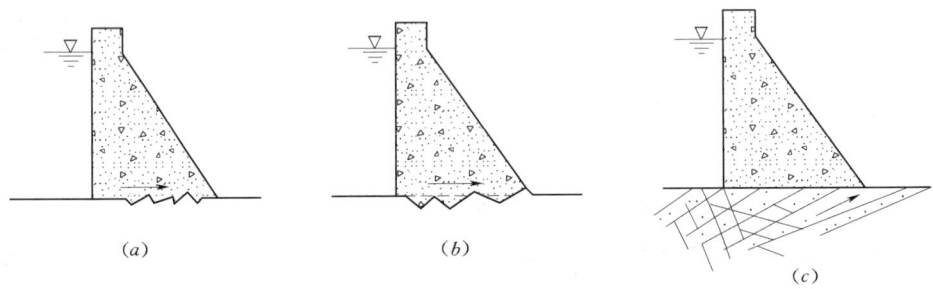

图5.7 坝基滑动破坏的形式
(a) 表层滑动；(b) 浅层滑动；(c) 深层滑动

1）表层滑动。指坝体沿基岩表面（混凝土和岩石的接触面）滑动的形式。主要发生在坝基岩体坚硬完整、不具有可能发生滑动的软弱结构面。这是由于岩体强度远大于混凝土强度，或者是因施工质量差造成的。一般情况下，这种破坏形式较为少见。

2）浅层滑动。指坝基岩体软弱，或坚硬岩石表部的风化破碎层没有清除干净，以至于造成岩体强度低于坝体混凝土强度时，滑动面可能产生在浅部岩体之内，从而造成浅层滑动。浅层滑动面往往参差不齐，多发生在因工程清基不彻底的中小型坝体中。

3）深层滑动。发生在坝基岩体的较深部位，主要是沿着各种软弱结构面发生滑动的。滑动面常由两组或更多的软弱面组合而成。

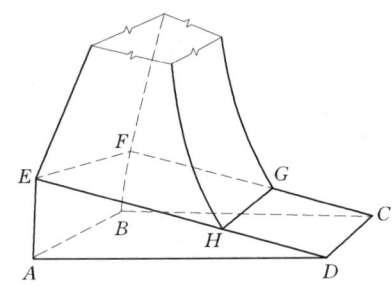

图5.8 坝基滑动边界条件分析图

（2）坝基滑动的边界条件分析。坝基岩体的深层滑动，除必须存在可能成为滑动面的软弱结构面外，还需具备将岩体切割分离成为不稳定滑移体的其他结构面，同时下游应有可供滑出的自由空间，这样才能形成滑动破坏。即岩体滑动的边界条件应具有三种边界面（图5.8）。

1）滑动面。指坝基岩体发生滑动破坏时，滑移体沿之滑动的结构面（图5.8中的 $ABCD$ 面）。通常构成滑动面的有断层、泥化夹层、裂隙和层面等软弱结构面。

2）切割面。指将岩体切割开来，形成不连续块体的结构面。可分沿滑移方向的纵向切割面（图5.8中的 ADE 面和 BCF 面）和垂直滑移方向的横向切割面（图5.8中的 $ABFE$ 面），通常是由倾角较陡、甚至直立的结构面构成。

3）临空面。指滑移体与变形空间相临的面，而变形空间一般指滑移体向之滑动不受阻力或阻力很小的自由空间。临空面可分为两类：一类是水平临空面，如下游河床地面

(图 5.8 中的 $CDHG$ 面);另一类是陡立临空面,如下游河床的深潭、深槽等构成的临空面。

滑动面、切割面、临空面构成了坝基岩体滑动的边界条件,它们可以组成各种形状,常见的有楔形体、棱形体、锥形体、板状体四类(图 5.9)。

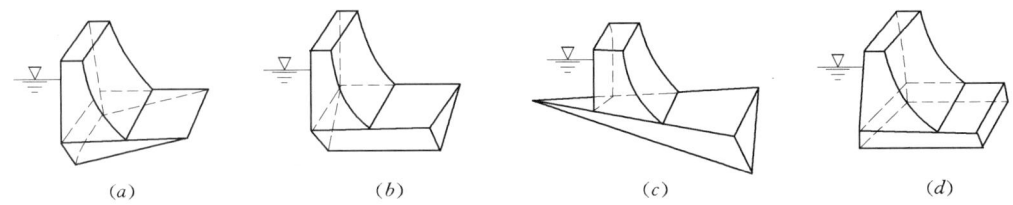

图 5.9 坝基滑动体类型
(a)楔形体;(b)棱形体;(c)锥形体;(d)板状体

分析坝基岩体滑动的边界条件,也就是对坝基岩体稳定的定性评价。如果不存在滑动的边界条件,则坝基岩体是稳定的;如果边界条件不完全,都可认为岩体基本稳定。只有滑动边界的三个条件具备,岩体才有可能产生滑动,这时要进一步通过力学分析作出评价。

(3)坝基抗滑稳定计算公式。在坝基抗滑稳定验算中,目前常采用下列两种类型的公式进行计算(假设滑动面为水平),如图 5.10 所示。

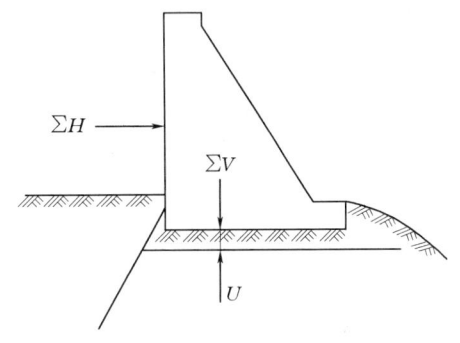

图 5.10 抗滑稳定计算示意图

$$K_s = \frac{抗滑力}{滑动力} = \frac{f(\sum V - U)}{\sum H} \tag{5.2}$$

$$K'_s = \frac{f(\sum V - U) + cA}{\sum H} \tag{5.3}$$

式中 K_s、K'_s——抗滑稳定安全系数,一般 K_s 取值为 1.0~1.1,K'_s 取值应大于 2.5;

$\sum V$——作用在滑动面上的各种垂直压力之和,kN;

$\sum H$——作用在滑动面以上的水平力之和,kN;

U——作有在滑动面上的扬压力,kN;

c——滑动面的黏聚力,kPa;

A——滑动面的面积,m^2;

f——摩擦系数。

式(5.2)和式(5.3)的区别在于是否考虑黏聚力 c 的作用。式(5.3)考虑了 c 值,认为滑动面处于胶结状态,适用于混凝土与基岩的胶结面及较完整的基岩。

(4)抗滑稳定计算中主要参数的确定。从式(5.2)和式(5.3)中可以看出,f、c 值的大小对岩体稳定性影响很大。如果选值偏大,则坝基稳定性没有保证;反之则会造成工程上的浪费。

一般对 f、c 值的确定,常采用以下两种方法:

1) 试验法。通过室内和现场试验确定 f、c 值。

2) 经验数据法。参照已有工程试验数据和选值经验，结合拟建工程的工程地质条件分析对比来选取值 f、c。表 5.2 是根据我国实践经验得出的摩擦系数 f 值，可供参考。

表 5.2 坝基岩体摩擦系数（f）经验数据表

岩 体 特 点	摩 擦 系 数 f
极坚硬、均质、新鲜岩石，裂隙不发育，地基经过良好处理，湿抗压强度大于 10^8 Pa，野外实验所得 $E_0 > 1 \times 10^9$ Pa	0.65～0.75
岩石坚硬、新鲜或微风化，弱裂隙性，不存在影响坝基稳定的软弱夹层，地基经处理后，岩石湿抗压强度大于 6×10^7 Pa，$E_0 > 1 \times 10^{10}$ Pa	0.55～0.70
中等硬度的岩石，岩性新鲜或微风化，弱裂隙性或中等裂隙性，不存在影响坝基稳定的软弱夹层，地基经处理后，湿抗压强度大于 2×10^7 Pa，$E_0 > 5 \times 10^9$ Pa	0.50～0.60

注：E_0 为变形模量。

3. 坝基处理

在任何地区，都很难找到十分新鲜完整、没有任何地质缺陷的基岩来作为大坝的地基。为保证大坝建成后能长期安全的运行，均需作一定的坝基处理。坝基经处理后，一般应达到：有足够的承载力，以承受坝体的压力；具有整体性、均匀性，不致产生过大的不均匀沉陷；增强坝体与基岩接触面及各类软弱结构面的抗剪强度，防止坝体滑动；增强抗渗能力，维持渗透稳定；增强两岸山体稳定，防止塌方或滑坡危及大坝安全。

常用的处理措施如下：

（1）清基。坝基岩体表层松散软弱、风化破碎的岩层以及浅部的软弱夹层等应开挖清除，使基础位于较新鲜的岩体之上。对于土石坝的清基要求，要较混凝土坝低。因为它可以以松散沉积层为坝基，所以清基时只需将表层的腐殖土、淤积土、高塑性软土、流砂层等压缩性大、抗剪强度很低的岩、土层清除掉即可。

对于风化速度较快的岩层，当基坑暴露时间较长时，应预留保护层或采取其他保护措施。此外，坝基面应略有起伏并尽可能向上游倾斜。

（2）岩体加固。为提高坝基岩体的强度和减少压缩变形及基坑开挖量，常采用以下措施予以加固。

1) 固结灌浆。通过在基岩中的钻孔，将适宜的具有胶结性的浆液（大多为水泥浆）压入到基岩的裂隙或孔隙中，使破碎岩体胶结成整体以增加基岩的强度。

2) 锚固。当地基岩体中发育有控制岩体滑移的软弱面时，为增强岩体的抗滑稳定性，也采用预应力锚杆（或钢缆）进行加固处理。

3) 槽、井、洞挖回填混凝土。当坝基下存在有规模较大的软弱破碎带时，如断层破碎带、软弱夹层、泥化层、囊状风化带、裂隙密集带等，则需要进行特殊的处理。

高倾角软弱破碎带主要处理方法有混凝土塞、混凝土梁、混凝土拱等。混凝土塞是将软弱破碎带挖除至一定深度后回填混凝土，以提高地基的强度［图 5.11 (a)］。当软弱破碎带岩性疏松软弱，强度很低且宽度较大时，则可采用混凝土梁或拱的结构形式，将荷载传至两侧坚硬完整岩体上［图 5.11 (b)］。

5.2 坝的工程地质问题

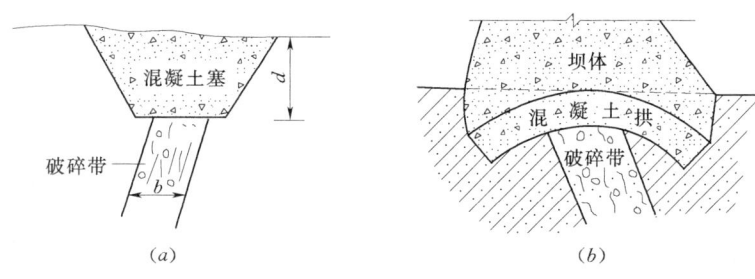

图 5.11 坝基处理混凝土塞、拱示意图

缓倾角软弱破碎带埋深较浅时可全部挖除，回填混凝土［图 5.12 (a)］，这样做最安全可靠。若埋藏较深时则需采用洞挖（平洞或斜洞），深部开挖可配以竖井［图 5.12 (b)］。当软弱破碎带倾向下游或上游时，可沿其走向每隔一定距离挖平洞，洞的顶部和底部均嵌入坚硬完整的岩层中，然后回填混凝土，形成混凝土键［图 5.12 (c)］以提高其抗滑能力。

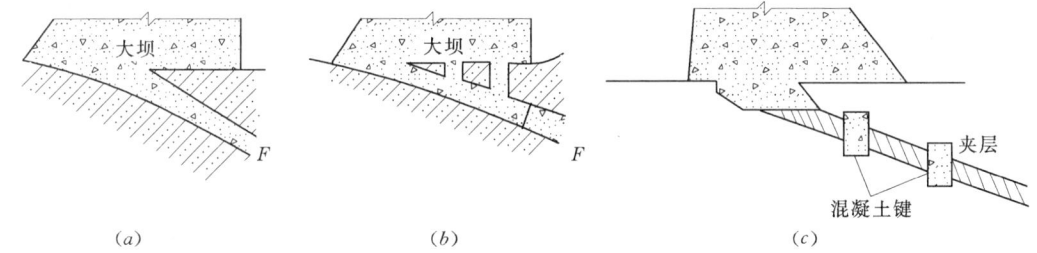

图 5.12 缓倾角软弱破碎带的处理（剖面图）

(3) 防渗和排水措施。大坝地基的防渗与排水措施十分重要，它是地基渗透变形和降低扬压力的重要手段。一般原则是：在大坝迎水面或其上游部位设置防渗措施，如灌浆帷幕等，尽量降低坝基的渗透水流。而在迎水面下游（即防渗帷幕后面）的坝基部分则设置排水措施，如排水井、孔等，以便降低渗透压力。

5.2.2 坝区渗漏问题

库水通过坝基岩体向下游的渗漏称为坝基渗漏，通过两边坝肩岩体渗漏称为绕坝渗漏，这两种渗漏统称为坝区渗漏。坝区渗漏和水库渗漏一样，主要沿透水层（如砂砾石）和透水带（如断层带）进行，坝区渗漏不但减少库容，影响水库正常效益发挥，而且强大的渗流会在坝基中产生管涌和流砂现象，降低坝基岩体的稳定性并危及大坝安全。下面仅以地质条件对坝区渗漏作简要分析。

1. 松散沉积物地区的渗漏分析

在松散沉积物分布地区，坝区渗漏主要是通过古河道、河床和阶地内的砂卵砾石层进行。因沉积物颗粒粗细变化较大，出露条件各异，所以渗漏量的大小也不同。如果砂卵石层上有足够厚度、稳定分布的黏土层时，就等于是天然铺盖，可起防渗作用。在山区河谷区两岸分布的岩堆、坡积物和洪积物，当其颗粒较粗时，也常成为渗漏通道。

2. 基岩地区的渗漏分析

岩浆岩（包括变质岩中的片麻岩、石英岩）区的坝基一般较为理想，对基岩来说，可能渗漏的通道主要是断层破碎带、岩脉裂隙发育带和连通的裂隙密集带以及表层风化裂隙组成的透水带。只要这些渗漏通道从库区穿过坝基，就有可能导致渗漏。

喷出岩区的渗漏主要是通过互相串通的原生节理，气孔以及多次喷发的间歇面渗漏。

沉积岩地区除上述断层破碎带和裂隙发育带构成的渗漏通道外，最常见的是透水层（砂、砾石和不整合面）漏水，只要它们穿过坝基，就可成为漏水通道。在岩溶地区，一定要查明岩溶的分布规律和发育程度，因为岩溶区一旦发生渗漏，就会使水库严重漏水，甚至干涸。

5.3 输水建筑物的工程地质问题

输水建筑物是线型水工建筑物，一般由渠道、输水隧洞、渡槽、闸等组成，本节介绍工程地质问题较多的渠道和水工隧洞。

5.3.1 渠道的工程地质问题

渠道的工程地质问题主要有渗漏、边坡稳定等，以下主要谈有关渠道的选线和渗漏问题。

1. 渠道选线的工程地质条件

渠道线路的选择，要根据地形、地质及施工条件等综合考虑。渠道按通过的地貌单元不同，可分为平原线、谷底线、坡麓线、山腹线、岭脊线。因渠道为线型建筑物，路线长，穿越的地貌、岩性、构造及水文地质条件类型多，变化复杂。为使渠道水流畅通又不致水头损失过大，应有一个合理的纵坡降，以保证渠道不冲、不淤和最小渗漏损失。故在选线时，首先应绕避高山、深谷和地形切割强烈的丘陵山区。渠线应在工程地质条件较好的岩土体中通过，尽量避开不良地质条件地段，如大断层破碎带、强地震区、土层沉陷很大的地区、强透水层分布区、岩溶分布区以及影响边坡稳定的地段。

2. 渠道渗漏的地质条件分析

傍山渠道多位于基岩区，渠道渗漏一般是不严重的，但应注意断层破碎带、裂隙密集带以及岩溶发育带等强水带的分布。平原线及谷底线渠道通过地段以第四纪松散沉积物居多，沿途不同成因类型的沉积物均可遇到。如渠道穿越山前洪积扇，由砂砾石等透水性强的沉积物组成时，渠道渗漏严重；而通过的沉积物为黏性土时，则很少渗漏。

渠道渗漏还受地下水位的影响，地下水位高于渠水位，不会发生渗漏，而且还能得到地下水的补给。反之，则可能发生渗漏，且地下水埋深越大，渗漏量也越大。

3. 渠道渗漏的防治

（1）绕避。在渠道选线时尽可能绕避强透水地段、断层破碎带和岩溶发育地段。

（2）防渗。采用不透水材料护面防渗，如黏土、三合土、浆砌石、混凝土、塑料薄膜等。

（3）灌浆、硅化加固等。

5.3.2 隧洞的工程地质问题

隧洞的优点是线路短，水头损失小，便于管理养护，还能避开一些不良地质地段。由于隧洞修建在地下岩体中，所以地质条件对隧洞的影响很大，隧洞的主要工程地质问题是洞身围岩（即洞的周围岩体）的稳定性和围岩作用于支撑、衬砌上的山岩压力，以及地下水对围岩稳定的影响。

1. 隧洞选线的工程地质条件

（1）地形条件。地形上要求山体完整，洞室周围包括洞顶及傍山侧应有足够的山体厚度。

隧洞进出口地段的边坡应下陡上缓，无滑坡、崩塌等现象存在。洞口岩石应直接出露或坡积层薄，岩层最好倾向山里以保证洞口坡的安全。

（2）岩性条件。洞室应尽量选在坚硬完整岩石中，坚硬岩石岩性均匀致密，抗风化能力强，一般在坚硬完整岩层中掘进，围岩稳定，日进尺快，无需衬砌或衬砌工作量较小，造价低。而在软弱、破碎、松散岩层中掘进，由于这类岩石强度低，易风化和软化，顶板易坍塌，边墙及底板易产生鼓胀挤出变形等，需边掘进、边支护或超前支护，工期长、造价高。

岩层厚度与围岩稳定也有很大关系。厚度很大的块状岩体，岩性均一，稳定性好，如岩浆岩和片麻岩、石英岩等，适合修建大型的地下工程。而薄层的沉积岩和变质岩中的片岩、板岩、千枚岩、黏土岩以及胶结不好的砂砾岩等，由于层次多，稳定性较差，特别是软硬岩相间的岩石以及松散破碎岩石，选址时应尽量避开。

（3）地质构造条件。在褶皱核部，由于裂隙发育、岩石破碎，且可蓄存大量地下水（如向斜轴部），对围岩稳定不利（图5.13），所以洞线应该避开核部。洞线穿过断层破碎带易造成大规模塌方，还可能有大量地下水的涌水，是影响围岩稳定的关键。单斜岩层的走向线与洞线之间的夹角及岩层倾角的大小，也影响围岩的稳定，其夹角与倾角越小，越不稳定。所以在单斜岩层中开挖的洞轴线尽量与岩层走向垂直。在水平或缓倾斜岩层中，应尽量使洞室位于厚层均质岩层中（图5.14）。

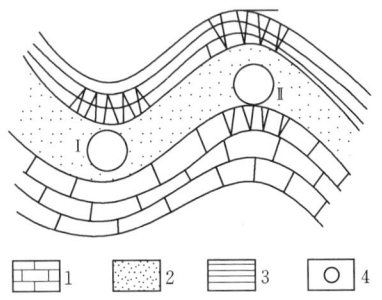

图 5.13 位于褶皱核部的隧洞示意图
1—石灰岩；2—砂岩；3—页岩；4—隧洞

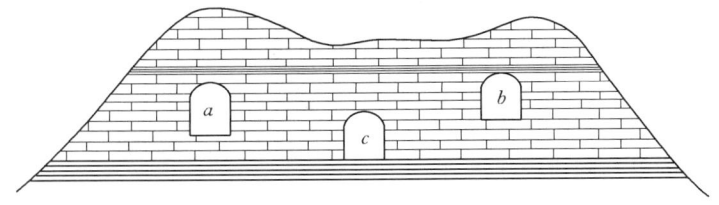

图 5.14 布置在水平岩层中的隧洞
a—位于坚硬岩层中；b—顶板有软弱夹层；c—底板为软弱的黏土岩

（4）岩体结构特征。隧洞围岩岩体的各种结构面，可以组合成各种形式的岩块，如楔形体、锥形体、方块体、棱形体等,由于它们在所处洞身围岩中的位置、形态和存放方式不同,它们的稳定程度也不相同,如围岩中有陡立的泥质结构面存在时,对围岩的稳定极为不利。

(5) 其他因素。如有地下水存在,将对围岩产生静水压力、动水压力及软化、泥化作用。地下工程施工中的塌方或冒顶事故,常和地下水的活动有关,最好选在地下水位以上的干燥岩体内,或地下水水量不大、无高压含水层的岩体内。

此外,人为因素如施工方法和施工质量不当,都会对围岩稳定产生不利影响。

2. 山岩压力

由于隧洞的开挖,破坏了围岩原有的应力平衡条件,引起围岩中一定范围内的岩体向洞内松动或坍塌,因而就必须尽快支撑和衬砌,以抵抗围岩的松动或破坏,这时围岩作用于支撑和衬砌上的压力称为山岩压力。显然,山岩压力是隧洞设计的主要荷载,若山岩压力很小或没有,可认为隧洞是稳定的,可以不支撑;当山岩压力很大时,则必须考虑衬砌和支撑,所以正确估计山岩压力的大小,将会直接影响隧洞稳定安全和经济效益。

山岩压力主要有松动山压和变形山压两种基本类型。目前对变形山岩压力研究的较少,在设计中主要考虑松动山岩压力。松动山岩压力主要来源于洞室开挖后,由于应力重新分布而引起一部分围岩松弛、滑塌,其数值一般等于塌落体的重量。山岩压力的大小不仅与围岩的应力状态有关,还与岩石性质、洞形、支撑或衬砌的刚度、施工方法、衬砌的早晚等多种因素有关。此外,由于围岩的变形和破坏有一个逐次发展的过程,因此山岩压力也是随时间变化的。

工程上常用两种方法确定山岩压力,基本原则如下:

(1) 用平衡拱理论确定山岩压力。被断层、裂隙等切割的岩体类似松散介质,由于开挖扰动,顶部出现拱形分离体,拱形分离体以外的岩体仍保持平衡状态,拱形分离体失稳塌落后便形成一个塌落拱,称为自然平衡拱,平衡拱下的岩体重量即为山岩压力。

(2) 用岩体结构保障机制确定山岩压力。平衡拱理论混淆了坚硬岩体和松散介质间的本质差别,实践证明,用平衡拱理论计算的山岩压力结果偏大。这是由于岩体的稳定性主要决定于岩体中各种不同的结构面(如层面、裂隙面、片理面、软弱夹层、断层面等)的组合关系和性质,而不完全决定于岩石强度。

因此,目前多采用岩体结构结合力学分析的方法确定山岩压力。该方法首先分析围岩中各种结构面组合而成的、具有滑动边界的滑动体或塌落体。如果没有这样的塌落体,山岩压力等于零。如果存在不稳定塌落体,则该塌落体的重量即为山岩压力。当塌落体沿某结构面下滑时,还应考虑其抗滑力的影响,将塌落体的滑动力减去抗滑力即为山岩压力。

由于山岩压力受很多复杂因素的制约,所以,尽管人们长期以来对其进行过大量的试验研究,但至今仍未得到圆满解决。

3. 围岩的弹性抗力

岩体的弹性抗力是指在有压隧洞的内水压力作用下向外扩张,引起围岩发生压缩变形后所产生的反力。围岩的弹性抗力与围岩的性质、隧洞的断面尺寸及形状等有关。当水压力作用下向外扩张了 y cm 后(图 5.15),围岩产生的弹性抗力 P 为

$$P = Ky \quad (5.4)$$

式中 P——岩性的弹性抗力，MPa；

y——洞壁径向变形，cm；

K——弹性抗力系数，MPa/cm。

弹性抗力系数 K 的物理意义是迫使洞壁产生一个单位的径向变形所需施加的压力值。

岩体的弹性抗力系数 K 是表征隧洞围岩质量的重要指标。K 值越大，岩体承受的内水压力越大，相应的衬砌承担的内水压力就小些，衬砌可以做得薄一些。但 K 值选得过大，将给工程带来事故，因此，正确选择岩体的弹性抗力系数，在隧洞设计中具有很大意义。

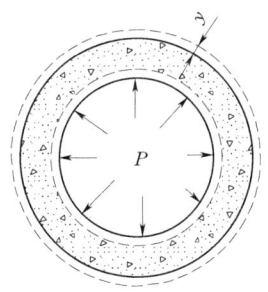

图 5.15 内水压力作用下围岩变形

弹性抗力系数 K 与隧洞的直径有关，以圆形隧洞为例，隧洞的半径越大，K 值越小。故 K 值不为常数，为了便于对比使用，隧洞设计中常采用单位弹性抗力系数 K_0（隧洞半径为 100cm 时的岩体弹性抗力系数），即

$$K_0 = K \frac{R}{100} \quad (5.5)$$

式中 R——隧洞半径，cm。

表 5.3 为常用的单位弹性抗力系数表，以供参考。

表 5.3 岩石单位弹性抗力系数表

岩石坚硬程度	代表的岩石名称	节理裂隙多少或风化程度	有压隧洞单位弹性抗力系数 K_0 /(10N·cm^{-3})	无压隧洞单位抗力弹性系数 K_0 /(10N·cm^{-3})
坚硬	石英岩、花岗岩、流纹斑岩、安山岩、玄武岩、厚层硅质灰岩等	节理裂隙少，新鲜 节理裂隙不太发育，微风化 节理裂隙发育，弱风化	1000～2000 500～1000 300～500	200～500 120～200 50～120
中等坚硬	砂岩、石灰岩、白云岩等	节理裂隙少，新鲜 节理裂隙不太发育，微风化 节理裂隙发育，弱风化	500～1000 300～500 100～300	120～200 80～120 20～80
较软	砂页岩互层、黏土质岩石、致密的泥灰岩	节理裂隙少，新鲜 节理裂隙不太发育，微风化 节理裂隙发育，弱风化	200～500 100～200 <100	50～120 20～50 <20
松软	严重风化及十分破碎的岩石、断层、破碎带等		<50	<10

5.3.3 提高围岩稳定的措施

1. 支撑与衬砌

（1）支撑。它是在洞室开挖过程中，用以稳定围岩用的临时性措施。按照选用材料的不同，有木支撑、钢支撑及混凝土支撑等。在不太稳定的岩体中开挖时，需及时支撑以防止围岩早期松动。

(2) 衬砌。衬砌是加固围岩的永久性工程结构。衬砌的作用主要是承受围岩压力及内水压力，在坚硬完整的岩体中，围岩的自稳能力高，也可以不衬砌。衬砌有单层混凝土及钢筋混凝土衬砌，也可以用浆砌条石衬砌。双层的联合衬砌，一般内环用钢筋混凝土或钢板，外环用混凝土，多用于岩体破碎、水头高的隧道。

2. 喷锚支护

近几十年来，喷锚支护在国内外的地下工程中获得了广泛的应用，它是稳定围岩的一种有效的工程措施。当地下洞室开挖后，围岩总是逐渐地向洞内变形。喷锚支护就是在洞室开挖后，及时地向围岩表面喷一薄层混凝土（一般厚度为 5~20cm），有时再增加一些锚杆，从而部分地阻止围岩洞内变形，以达到支护的目的。

小　结

研究工程地质的目的是查明建筑地区的工程地质条件，分析可能存在的工程地质问题，以保证建筑物修建的经济合理与安全可靠。

通过本单元的学习，应重点掌握库区及坝区渗漏的地质条件分析，坝基岩体的稳定性分析，工程地质条件对隧洞选线、渠道选线的影响。对水库的其他工程地质问题、坝基处理以及山岩压力和弹性抗力应有一定的了解。

练 习 题

一、思考题

1. 工程地质条件有哪些？水利工程中常见的工程地质问题是什么？
2. 水库的工程地质问题有哪些？何谓永久渗漏和暂时渗漏？
3. 坝基岩体稳定一般有哪几个问题？产生这些问题的地质条件是什么？
4. 试述岩体滑动的边界条件。
5. 坝基处理的工程措施有哪些？
6. 渠道选线时应注意哪些工程地质条件？
7. 影响隧洞围岩稳定的主要因素有哪些？
8. 何谓山岩压力和弹性抗力？

二、选择题

1. 在其他地质条件相同的情况下，洞室应选在（　　　）。

    A. 背斜核部　　　B. 向斜核部　　　C. 褶皱翼部　　　D. 裂隙发育部位

2. 对水库蓄水有利的构造是（　　　）。

    A. 背斜　　　　　B. 向斜　　　　　C. 节理　　　　　D. 断层

3. 地下水对围岩产生的作用主要是（　　　）。

    A. 静水压力　　　B. 动水压力　　　C. 冻胀作用　　　D. 软化作用

4. 水库的工程地质问题主要包括（　　　）。

    A. 渗漏　　　　　B. 塌岸　　　　　C. 淤积　　　　　D. 浸没

第6单元 土的物理性质及工程分类

【学习目标】 了解土的三相组成；掌握土的物理性质指标和物理状态指标及土的击实特性，熟悉主要指标测定方法、工程应用，能熟练地对土进行工程分类。

【重点】 土的物理性质指标和状态指标的概念及计算；不同土的压实特性；地基岩土的工程分类。

【难点】 土的颗粒级配曲线的应用，土的各性质指标间的换算。

自然界中的岩石，在风化作用下形成大小不等、形状各异的碎屑，这些碎屑颗粒经过冰川、风或水的搬运沉积下来（或者原地堆积），形成松散沉积物，即工程上所称的土。由此可见，土是由碎屑颗粒（称为土粒）堆积而成，土粒之间没有联结，或者联结力较弱，而且土粒之间存有大量的孔隙，这就是土的散体性和多孔性。这些特性决定了土与一般的固体材料相比较，具有压缩性大、强度低及透水性强等特点。

6.1 土的三相组成

土由土颗粒和孔隙共同组合而成，其中孔隙中存在水和空气（图6.1），这就是土的三相组成，即固相（土颗粒）、液相（水）和气相（空气）。土的三相物质本身特征以及它们之间的相互比例关系，决定了土的物理性质和物理状态的不同，所以对土的工程性质影响较大。如：

固相＋气相（无液相）为干土，此时黏性土呈坚硬状态。

固相＋液相＋气相为湿土，此时黏性土呈可塑状态。

固相＋液相（无气相）为饱和土，黏性土地基受建筑物荷载作用发生沉降，有时需几十年才能稳定。

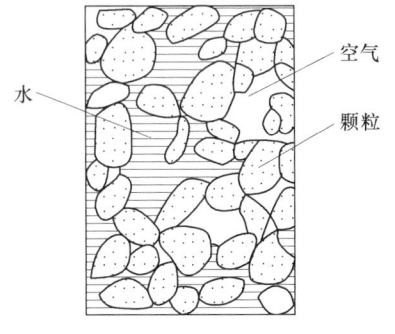

图 6.1 土的三相组成示意

6.1.1 土的固相

土的固相构成了土的基本骨架，其矿物组成、大小和形状及级配情况是决定土的工程性质的重要因素。

1. 土的矿物成分和有机质

土的矿物成分取决于成土母岩的成分以及所经受的风化作用，主要有原生矿物和次生矿物两大类。

103

(1) 原生矿物。岩石经物理风化后形成的矿物颗粒。常见的有石英、长石和云母等。

(2) 次生矿物。岩石经化学风化形成的新矿物颗粒。次生矿物的水溶性对土的性质有重要影响,可分为溶解的和不溶的,而不溶的主要是颗粒细小的黏土矿物。常见的有蒙脱石、伊利石和高岭石。

一般来说,无黏性土的主要矿物组成是石英、长石等原生矿物;黏土矿物则是组成黏性土的主要成分。另外,需要注意的是,若黏性土中含有水溶盐,遇水溶解后会被渗透水流带走,导致地基或坝体产生集中渗流,引起不均匀沉降甚至降低强度。所以,通常规定筑坝土料的水溶盐含量不得超过8%。

(3) 有机质。在岩石风化及风化产物的搬运、沉积过程中,若有动、植物的残骸及其分解物的参与,在土中便会形成有机质。有机质易分解,强度低、压缩性大。有机质含量超过5%的土称为有机质土(有机质含量需用灼失量试验确定),这类土不能作为堤坝的填筑材料。

2. 土的颗粒大小和形状

自然界中的土颗粒大小悬殊,既有粒径大于200mm的,也有粒径小于0.005mm的。颗粒大小不同的土,其工程性质也各异。为了研究方便,工程上常将大小接近、工程性质相同或相近的土粒划分为一组,称为粒组。粒组与粒组之间的分界尺寸称为界限粒径。不过,粒组的划分标准,不同国家甚至同一个国家的不同部门也有不同的规定。我国水利部门的 SL 237—1999《土工试验规程》的规定见表 6.1;建设部门的 GB 50021—2001《岩土工程勘察规范》的规定见表 6.2。

表 6.1 水利部门规定的粒组划分

粒组统称	粒组划分		粒径 d 的范围/mm
巨粒组	漂石(块石)组		$d>200$
	卵石(碎石)组		$200 \geqslant d > 60$
粗粒组	砾粒(角砾)	粗砾	$60 \geqslant d > 20$
		中砾	$20 \geqslant d > 5$
		细砾	$5 \geqslant d > 2$
	砂粒	粗砂	$2 \geqslant d > 0.5$
		中砂	$0.5 \geqslant d > 0.25$
		细砂	$0.25 \geqslant d > 0.075$
细粒组	粉粒		$0.075 \geqslant d > 0.005$
	黏粒		$d \leqslant 0.005$

表 6.2 建设部门规定的粒组划分

粒组名称	漂石(块石)	卵石(碎石)	砾石	砂粒	粉粒	黏粒
粒径范围/mm	>200	200~20	20~2	2~0.075	0.075~0.005	<0.005

一般来说,粗粒土的压缩性低、强度高、渗透性大;细粒土则正好相反。至于颗粒的

形状，有的土粒带棱角，表面粗糙，不易滑动，因而其抗剪强度比表面光滑的高。

3. 土的颗粒级配

自然界的天然土，很少是一个粒组的土，往往由多个粒组混合而成，而土的工程性质取决于不同粒组的相对含量。土中各粒组的相对含量用各粒组质量占土粒总质量的百分数表示，称为土的颗粒级配。颗粒级配需通过颗粒大小分析试验来测得。

(1) 颗粒大小分析试验。颗粒大小分析试验有筛分法和密度计法。

筛分法适用于粒径大于 0.075mm 的粗粒土。它是用一套从上到下孔径依次由大到小的标准筛（图 6.2），将事先称过重量的干土样倒入筛的顶部，盖严上盖，置于筛分机上振筛 10～15min，分别称出留在各筛上的土的质量，然后计算出这些土粒占总土粒质量的百分数和小于某一孔径（粒径）的土质量占总土粒质量的百分数（简称为小于某粒径的质量百分数）。

密度计法适用于粒径小于 0.075mm 的细粒土。根据土粒粒径大小不同，在水中沉降的速度也有所不同，将密度计放入土和水混合的悬浊溶液中，测记 1min、2min、5min、10min、15min、30min、60min、120min 和 1440min 的密度计读数，通过有关公式计算出不同土粒的粒径及其小于该粒径的质量百分数。

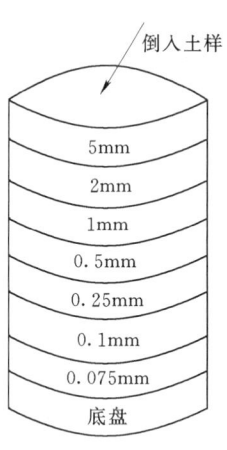

图 6.2 标准筛示意图

如果土中同时含有粒径大于和小于 0.075mm 的土粒，则需联合使用上述两种方法。

【例 6.1】 从干砂样中称取质量为 1000g 的试样，放入标准筛中，经充分振动后，称得各级筛上留存的土粒质量，见表 6.3，试求土中各粒组的土粒含量及小于各级筛孔径的土粒含量。

表 6.3 筛 分 试 验 结 果

筛孔径/mm	2.0	1.0	0.5	0.25	0.1	0.075	底盘
各级筛上的土粒质量/g	100	100	250	300	100	50	100
小于各级筛孔径的土粒含量/%	90	80	55	25	15	10	
粒径的范围/mm	$d>2.0$	$2\geqslant d>0.5$		$0.5\geqslant d>0.25$	$0.25\geqslant d>0.075$	$d\leqslant 0.075$	
各粒组的土粒含量/%	10	35		30	15	10	

【解】 留在孔径 2.0mm 筛上的土粒质量为 100g，则小于该孔径的土粒含量为 (1000−100)/1000=90%；留在孔径 1.0mm 筛上的土粒质量为 100g，则小于该孔径的土粒含量为 (1000−100−100)/1000=80%；同样可算得小于其他孔径的土粒含量。

因 $0.5\geqslant d>0.25$ 的土粒含量为 300g，则粒径范围 $0.5\geqslant d>0.25$（中砂）的含量为 300/1000=30%；同样可算得其他粒组的土粒含量，所以该土样各粒组含量分别为砾 10%、砂 80%（其中粗砂 35%、中砂 30%、细砂 15%）、细粒（包括粉粒和黏粒）10%。

(2) 土的级配曲线。颗粒大小分析试验的成果，常用颗粒级配累计曲线表示（图 6.3）。

图 6.3 中横坐标表示粒径（用对数尺度），纵坐标表示小于某粒径的土粒质量占总质

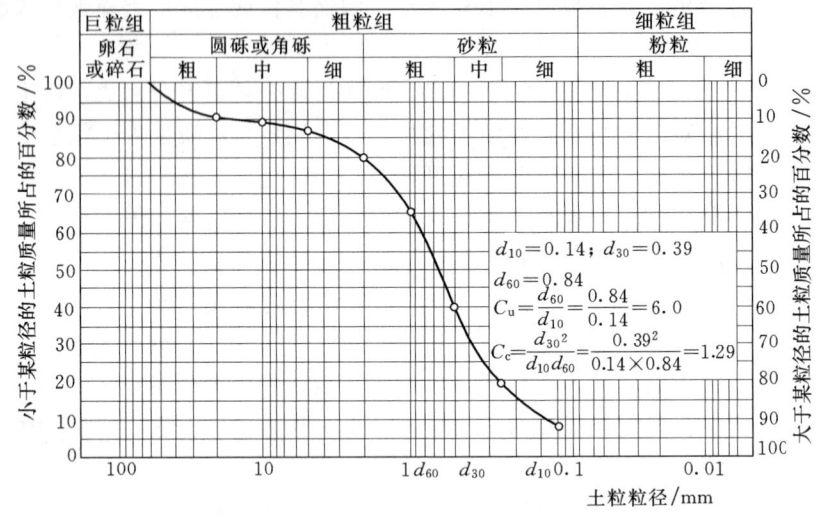

图 6.3 颗粒级配累计曲线

量的百分数。

(3) 颗粒级配指标。常用的判别土的颗粒级配是否良好的指标有两个。

$$不均匀系数 \quad C_u = \frac{d_{60}}{d_{10}} \quad (6.1)$$

$$曲率系数 \quad C_c = \frac{(d_{30})^2}{d_{10} \times d_{60}} \quad (6.2)$$

式中 d_{10}、d_{30}、d_{60}——级配曲线纵坐标上小于某粒径含量(即累计含量)为 10%、30%、60% 所对应的粒径值;d_{10} 称为有效粒径;d_{60} 称为控制粒径。

不均匀系数 C_u 是反映土颗粒大小不均匀程度的指标。C_u 越大,表明土颗粒越不均匀,级配越好(颗粒级配曲线越平缓);反之,C_u 越小,表明土颗粒越均匀,级配越不好(颗粒级配曲线越陡)。工程上常将 $C_u \geqslant 5$ 的土称为不均匀的土或级配良好;而把 $C_u < 5$ 的土称为均匀土或级配不良。

曲率系数 C_c 反映级配曲线分布的整体形态,表明是否有某粒组缺失。$C_c = 1 \sim 3$ 时,表明土粒大小的连续性较好;C_c 值小于 1 或大于 3 时,颗粒级配曲线有明显弯曲而呈阶梯状(图 6.4 中的 C 曲线),表明颗粒级配不连续,缺乏中间粒径。

在水利部门和交通部门的规范中规定:级配良好的土必须同时满足上述两个条件,即 $C_u \geqslant 5$ 且 $C_c = 1 \sim 3$;若不能同时满足这两个条件,则称为级配不良的土。

级配良好的土,粗细颗粒搭配较好,粗颗粒间的孔隙被细颗粒填充,易于压实。所以,在工程中常用级配良好的土作为堤、坝的填筑材料。

【例 6.2】 如图 6.4 所示,曲线 A、B、C 表示三种不同的土,试求三种土中各粒组的百分含量、各土的不均匀系数 C_u 和曲率系数 C_c,并对各土的颗粒级配情况进行评价。

【解】

(1) 以 A 曲线为例,由曲线 A 查得各粒组的含量百分数为:

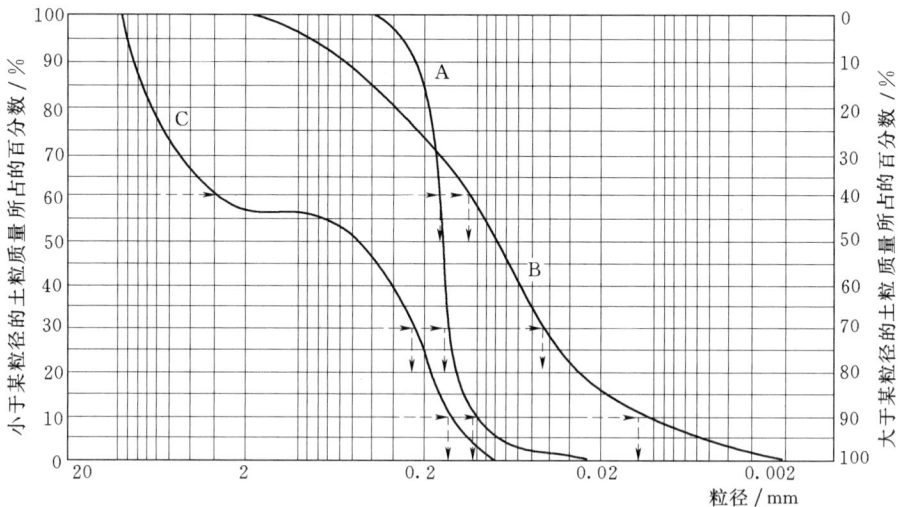

图 6.4 [例 6.2] 中三种土的颗粒级配曲线

砂粒（0.075～2mm）：100%－5%＝95%

粉粒（0.005～0.075mm）：5%－0%＝5%

查曲线 A 得知：$d_{60}=0.165$mm，$d_{10}=0.11$mm，$d_{30}=0.15$mm

$$C_u = \frac{d_{60}}{d_{10}} = \frac{0.165}{0.11} = 1.5 < 5 \quad (土粒均匀)$$

$$C_c = \frac{(d_{30})^2}{d_{10} \times d_{60}} = \frac{0.15^2}{0.165 \times 0.11} = 1.24 \quad (介于1～3之间)$$

虽然 C_c 在 1～3 之间，但 $C_u < 5$，其中有一个条件不满足，故 A 土级配不良。

（2）曲线 B 和 C 中各粒组的百分含量及 C_u、C_c 的计算结果见表 6.4。可以看出，B 土级配良好，C 土级配不良。

表 6.4 A、B、C 三种土的计算结果

土样编号	土粒组成/%				d_{60}/mm	d_{10}/mm	d_{30}/mm	C_u	C_c
	粒径为 10～2mm	粒径为 2～0.075mm	粒径为 0.075～0.005mm	粒径为 0.005mm 以下					
A	0	95	5	0	0.165	0.11	0.15	1.5	1.24
B	0	52	44	4	0.115	0.012	0.044	9.6	1.40
C	43	57	0	0	3.00	0.15	0.25	20.0	0.14

6.1.2 土中的水

土中的水按存在方式的不同，可分为如下几种类型，如图 6.5 所示。

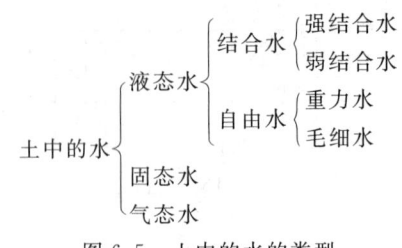

图 6.5　土中的水的类型

1. 结合水

结合水是指附着于土粒表面成薄膜状的水，结合水在土粒表面形成结合水膜[图 6.6 (a)]。它可分为强结合水和弱结合水。

（1）强结合水。由土粒表面的高电荷力牢固地吸引的水分子，紧靠土粒表面。其特征为厚度极小，密度大，不能移动，不能传递静水压力，力学性质与固体相似。

（2）弱结合水。强结合水外围，吸附力稍低的一层结合水。其特征为厚度稍大，不能自由移动，只能以水膜的形式由厚向薄处缓慢移动，不能传递静水压力，有很大的黏滞性和一定的抗剪强度。

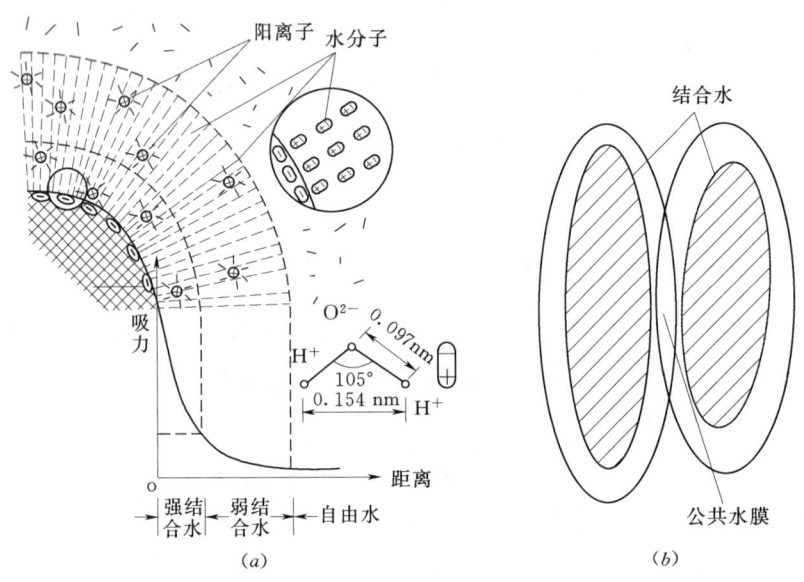

图 6.6　结合水公共水膜
(a) 土粒与水分子相互作用的模拟图；(b) 公共水膜

由于结合水的存在，细颗粒（特别是黏粒）之间将形成公共水膜[图 6.6 (b)]。从而使土粒间产生一定的联结，这种联结随土的湿度而变。当土的湿度减小时，水膜变薄，相邻土粒彼此吸引力增强；反之，当湿度提高，水膜增厚时，颗粒将被挤开，以致不存在公共水膜而失去联结。这种水膜的联结，是导致黏性土具有黏性、可塑性和抗剪强度的主要原因。

2. 自由水

自由水是指土孔隙中位于结合水以外的水，可在孔隙中自由移动。按其运动时所受的作用力不同，可分为重力水和毛细水。

(1) 重力水。受重力作用而运动的水。这种水位于地下水位以下，具有浮力作用，从水头高处向水头低处流动，能引起土的渗透变形。

(2) 毛细水。由于水分子与土粒表面之间的附着力和水表面张力的作用而存在，并运动于毛细孔隙中的水。这种水位于地下水位以上，受毛细作用而上升，上升高度视土粒大小、孔隙大小及形状而定。一般来说，卵石接近零，砂土较小，可从几厘米至几十厘米，黏性土可达几米。

3. 固态水

当气温降至0℃以下时，液态的自由水结冰为固态水。水在冻结后会膨胀，使基础冻胀，所以基础应有足够的埋置深度。

4. 气态水

气态水即水汽，对土的性质影响不大。

6.1.3 土中的气体

土中的气体是指存在于土孔隙中未被水所占据的部分。土中的气体有以下两类：

1. 自由气体

自由气体是与大气相通的气体。受外力作用时，易被挤出，故对土的工程性质影响不大。

2. 封闭气体

封闭气泡与大气隔绝，多存在于黏性土中，受外力作用时，封闭气泡缩小，卸荷时又膨胀，使土体具有弹性，称为"橡皮土"，难被压缩；若土中封闭气泡较多时，将使土的渗透性降低。

6.2 土的结构和构造

6.2.1 土的结构

土的结构是指土粒或粒团的大小、形状、排列与联结等特征。土的结构有以下三种类型：

1. 单粒结构

粗粒土在沉积过程中，每一个颗粒在自重作用下单独下沉并达到稳定状态［图6.7（a）］，它是粗粒土的结构特征。单粒结构的土既可是疏松的，也可是紧密的。一般而言，具有此结构的土孔隙较大、透水性强、压缩性低、强度高、工程性质好。

2. 蜂窝结构

当土颗粒较细（粒径0.075～0.005mm的粉粒）时，在水中单个下沉，碰到已沉积的土粒，由于土粒之间的分子引力大于其重力，则土粒就停留在最初的接触点上不再下沉，依次一粒粒被吸引，逐渐形成链环状团粒，构成较疏松的蜂窝结构［图6.7（b）］。

3. 絮状结构

黏土颗粒（粒径小于0.005mm）在水中长期悬浮，并在水中运动时，形成小链环状团粒而下沉，这种小链环碰到另一个小链环被吸引，形成大链环状，称为絮状结构［图 6.7（c）］。因为小链环中已有孔隙，大链环中又有更大的孔隙，又称为二级蜂窝结构，此结构多见于海相沉积的黏土中。

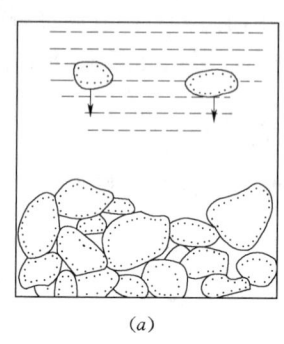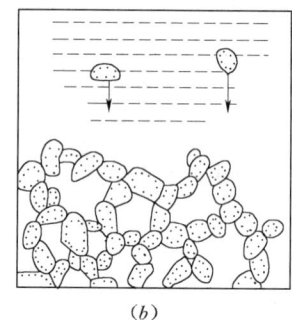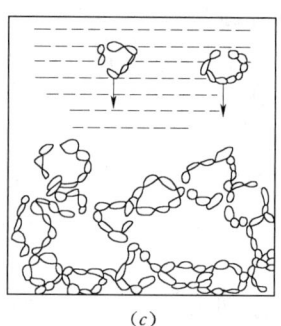

图 6.7 土的结构
(a) 单粒结构；(b) 蜂窝结构；(c) 絮状结构

具有蜂窝结构和絮状结构土的特征是孔隙多、强度低、压缩性大、透水性弱，尤其当天然结构遭受破坏时，强度会迅速降低。所以，对这种结构土进行施工时，一定要注意保持其天然结构不受破坏。

6.2.2 土的构造

土的构造是指同一土层中，土粒或土粒集合体之间相互关系的特征。主要有如下几种类型：

1. 层理构造

由不同颜色或不同粒径的土，在垂向上的规律排列。

2. 分散构造

土粒分布均匀、性质相近。

3. 结核状构造

在细粒土中含有粗颗粒或结核，如含礓石的黏土。

4. 裂隙状构造

裂隙状构造指土中存在的各种裂隙，如黄土中的柱状节理等。

通常分散构造的土工程性质较好，裂隙状构造的土工程性质最差。

6.3 土的物理性质指标

土的工程性质好坏，不仅与三相组成中的各相性质有关，而且在很大程度上取决于三相之间在体积或质量上的相互比例关系，这些比例关系被称为土的物理性质指标。主要有密度、相对密度、含水率、孔隙比、孔隙率和饱和度等，它们是定量评价土体工程性质的基础。

为便于研究这些指标，通常把本来相互混合的三相分别集中起来，并以图 6.8 的形式表示出来，称为土的三相草图。

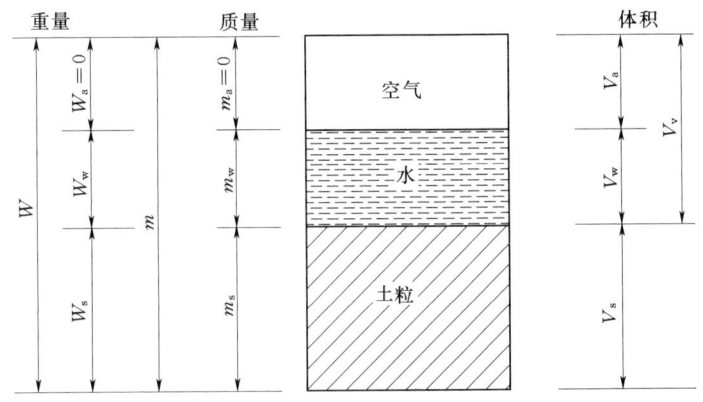

图 6.8 土的三相草图

图 6.8 中各符号的意义：W 表示重量，m 表示质量，V 表示体积，下标 a 表示气体，下标 s 表示土粒，下标 w 表示水，下标 v 表示孔隙。如 W_s、m_s、V_w 分别表示土粒重量、土粒质量和水的体积。

6.3.1 实测指标

1. 密度 ρ

土的密度指单位体积土的质量，常用单位是 g/cm³。

$$\rho = \frac{m}{V} = \frac{m_s + m_w}{V} \tag{6.3}$$

一般的土 $\rho=1.8\sim2.2$ g/cm³。常用测定方法有环刀法，适用于黏性土和粉土。对于卵石、砾石及砂土可用灌水法测定。

相关指标：重度。单位体积土的重量，称为土的重度，用 γ 表示，单位是 kN/m³。

$$\gamma = \frac{W}{V} = \frac{mg}{V} = \rho g \tag{6.4}$$

式中 g——重力加速度，取 9.8 m/s²，1 g/cm³ = 9.8 kN/m³。

2. 相对密度 G_s

土粒比重指土粒的质量与同体积 4℃时纯水的质量之比。

$$G_s = \frac{m_s}{V_s \rho_w} \tag{6.5}$$

式中 ρ_w——4℃时纯水的密度，取 1 g/cm³。

土粒相对密度一般值见表 6.5，常用比重瓶法测定。

表 6.5 土粒相对密度参考值

土的名称	砂类土	粉质土	黏 性 土	
			粉质黏土	黏 土
土粒相对密度	2.65~2.69	2.70~2.71	2.72~2.73	2.74~2.76

3. 含水率 ω

含水率指土中水的质量与土粒质量之比（用百分数表示）。

$$\omega = \frac{m_w}{m_s} \times 100\% \tag{6.6}$$

含水率由于土类和环境的不同，数值变化很大，常用烘干法测定。

6.3.2 换算指标

1. 孔隙比 e

孔隙比指土中孔隙体积与土粒体积之比。

$$e = \frac{V_v}{V_s} \tag{6.7}$$

2. 孔隙率 n

孔隙率指土中孔隙体积与土的总体积之比（用百分数表示）。

$$n = \frac{V_v}{V} \times 100\% \tag{6.8}$$

孔隙比和孔隙率都是反映土的密实程度的指标。对于同一种土，e 或 n 越大，表明土越疏松；反之，土越密实。据此，可以来判断土的密实度（见 6.4 节）。

3. 饱和度 S_r

饱和度指土中水的体积与孔隙体积之比（用百分数表示）。

$$S_r = \frac{V_w}{V_v} \times 100\% \tag{6.9}$$

根据饱和度可将砂土分为三种湿润状态：稍湿 $S_r \leqslant 50\%$；很湿 $50\% < S_r \leqslant 80\%$；饱和 $S_r > 80\%$。

4. 干密度 ρ_d

干密度指单位体积土中土粒的质量。

$$\rho_d = \frac{m_s}{V} \tag{6.10}$$

一般值为 $\rho_d = 1.3 \sim 1.8 \text{g/cm}^3$，干密度是评价土的密实程度的指标，干密度越大表明土越密实，反之，则越疏松。因此，在堤坝、路基等填方工程中，常用 ρ_d 作为填土设计和施工质量控制的指标。一般填土的设计干密度为 $1.5 \sim 1.7 \text{g/cm}^3$。

5. 有效密度 ρ'

有效密度指地下水位以下，受到水的浮力作用时单位体积土的质量（实际是土粒重量扣除浮力后的折算质量）。

$$\rho' = \frac{m_s - V_s \rho_w}{V} \tag{6.11}$$

一般值为 $\rho' = 0.8 \sim 1.3 \text{g/cm}^3$。

6. 饱和密度 ρ_{sat}

饱和密度指土孔隙中充满水时，单位体积中土和水的质量。

$$\rho_{sat} = \frac{m_s + V_v \rho_w}{V} \tag{6.12}$$

一般值为 $\rho_{sat} = 1.8 \sim 2.3 \text{g/cm}^3$。

由定义可知 $\rho_{sat} > \rho > \rho_d > \rho'$，而且不难证明 $\rho' = \rho_{sat} - \rho_w$。

若将上述质量改为重量，则为重度指标，它们分别为干重度 γ_d、浮重度 γ' 和饱和重度 γ_{sat}。

6.3.3 物理性质指标间的换算

换算指标可以通过三相图由实测指标换算求得。具体方法是：首先绘制三相图，然后根据情况令 $V=1$ 或 $V_s=1$（这样可使计算简化），再依据三个已知指标及其定义进行计算，把三相图左侧质量和右侧体积一共 8 个未知量逐个计算出来并填入草图，由此即可求得所需要的各个指标。下面以［例6.3］为例说明其计算方法。

【例 6.3】 已测得一原状土样的 $G_s = 2.70$，$\omega = 18.0\%$，$\rho = 1.80 \text{g/cm}^3$，试求 e、n、S_r、ρ'、ρ_d、ρ_{sat}。

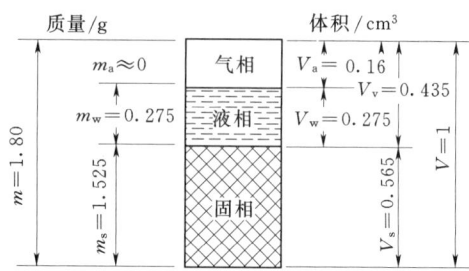

图 6.9 三相计算图

【解】

(1) 绘制三相图，如图 6.9 所示。

(2) 令 $V = 1 \text{cm}^3$。

(3) 由 $\rho = \frac{m}{V} = 1.80$ 可得 $m = 1.80 \text{g}$。

(4) 由 $\omega = \frac{m_w}{m_s} = 0.18$ 可得 $m_w = 0.18 m_s$。

又知 $$m_w + m_s = 1.80 \text{g}$$

所以 $$m_s = \frac{1.80}{1.18} = 1.525 (\text{g})$$

$$m_w = m - m_s = 1.80 - 1.525 = 0.275 (\text{g})$$

(5) $V_w = 0.275 \text{cm}^3$。

(6) 由 $G_s = \frac{m_s}{V_s \rho_w} = 2.70$ 可得

$$V_s = \frac{m_s}{G_s \rho_w} = \frac{1.525}{2.70} = 0.565 (\text{cm}^3)$$

(7) $V_v = V - V_s = 1 - 0.565 = 0.435 (\text{cm}^3)$。

(8) $V_a = V_v - V_w = 0.435 - 0.275 = 0.16 (\text{cm}^3)$。

至此，三相图中各指标都已算出，数据表示于图 6.9 中。

(9) 根据各定义式可得：

$$e = \frac{V_v}{V_s} = \frac{0.435}{0.565} = 0.77$$

$$n = \frac{V_v}{V} \times 100\% = 43.5\%$$

$$S_r = \frac{V_w}{V_v} \times 100\% = \frac{0.275}{0.435} \times 100\% = 63.2\%$$

$$\rho' = \frac{m_s - V_s \rho_w}{V} = \frac{1.525 - 0.565 \times 1}{1} = 0.96 (g/cm^3)$$

$$\rho_d = \frac{m_s}{V} = 1.525 (g/cm^3)$$

$$\rho_{sat} = \frac{m_s + V_v \rho_w}{V} = \frac{1.525 + 0.435 \times 1}{1} = 1.96 (g/cm^3)$$

或

$$\rho_{sat} = \rho' + \rho_w = 0.96 + 1 = 1.96 (g/cm^3)$$

应当指出，三相计算是工程技术人员的一个基本功，必须熟练掌握。但在实际工作中，若需要大量计算时，可直接用表6.6所列公式。

表6.6 土的三相比例换算公式

指标名称	符号	表达式	单位	换算公式	备注
重度	γ	$\gamma = \frac{W}{V}$	kN/m³	$\gamma = \frac{G_s + S_r e}{1+e}$ $\gamma = \frac{G_s(1+\omega)}{1+e} \gamma_w$	试验直接测定
相对密度	G_s	$G_s = \frac{M_s}{V_s \gamma_w}$		$G_s = \frac{S_r e}{\omega}$	试验直接测定
含水率	ω	$\omega = \frac{W_w}{W_s} \times 100\%$		$\omega = \frac{S_r e}{G_s} \times 100\%$ $\omega = \left(\frac{\gamma}{\gamma_d} - 1\right) \times 100\%$	试验直接测定
孔隙比	e	$e = \frac{V_v}{V_s}$		$e = \frac{G_s \gamma_w (1+\omega)}{\gamma} - 1$ $e = \frac{G_s \gamma_w}{\gamma_d} - 1$	
孔隙率	n	$n = \frac{V_v}{V} \times 100\%$		$n = \frac{e}{1+e} \times 100\%$ $n = \left(1 - \frac{\gamma_d}{G_s \gamma_w}\right) \times 100\%$	
饱和度	S_r	$S_r = \frac{V_w}{V_v}$		$S_r = \frac{\omega G_s}{e}$ $S_r = \frac{\omega \gamma_d}{n}$	
干重度	γ_d	$\gamma_d = \frac{W_s}{V}$		$\gamma_d = \frac{\gamma}{1+\omega}$ $\gamma_d = \frac{G_s \gamma_w}{1+e}$	
饱和重度	γ_{sat}	$\gamma_{sat} = \frac{W_s + V_v \gamma_w}{V}$	kN/m³	$\gamma_{sat} = \frac{G_s + e}{1+e} \gamma_w$	
浮重度	γ'	$\gamma' = \gamma_{sat} - \gamma_w$		$\gamma' = \gamma_{sat} - \gamma_w$ $\gamma' = \frac{(G_s - 1) \gamma_w}{1+e}$	

【例 6.4】 某饱和黏性土的含水率 $\omega=38\%$，相对密度 $G_s=2.71$，求土的孔隙比 e 和干重度 γ_d。

【解】 由题可知，该土的饱和度 $S_r=100\%$，由表格 6.6 中的公式 $S_r=\dfrac{\omega G_s}{e}$ 得孔隙比

$$e=\frac{\omega G_s}{S_r}=0.38\times 2.71=1.03$$

$$\gamma_d=\frac{G_s}{1+e}\gamma_w=\frac{2.71}{1+1.03}\times 9.8=13.08(kN/m^3)$$

6.4 土的物理状态指标

在天然状态下，土所表现出的松密、干湿及软硬等特征，统称为土的物理状态。土的物理状态对土的力学性质影响较大，但是不同类别土的力学性质则是由不同的物理状态特征决定的。如砂、砾石等无黏性土，其力学性质主要受密实程度的影响；而黏性土则主要受软硬程度的影响。因此，对于不同类别的土，应该考察不同的物理状态指标。

6.4.1 无黏性土的密实度

无黏性土的密实状态对其工程性质影响很大。密实的砂土，结构稳定、强度高、压缩性小，是良好的天然地基；疏松的砂土，特别是饱和松散的粉、细砂，由于结构不稳定，容易产生流砂，在振动荷载作用下，可能会发生液化，对工程建筑不利。所以，在工程中常根据密实度来判断无黏性土的工程性质。

1. 用孔隙比 e 判别

用孔隙比（表 6.7）判别，简便快捷。但它未考虑颗粒级配这一因素，故应用时存有缺陷，例如，均匀密砂的孔隙比 e 可能大，而不均匀松砂的孔隙比 e 反而小。为了弥补该缺陷，在工程上采用"相对密度"这一指标。

表 6.7 砂 土 的 孔 隙 比

土的名称＼密实度	密 实	中 密	稍 密	松 散
砾砂、粗砂、中砂	$e<0.60$	$0.6\leqslant e\leqslant 0.75$	$0.75<e\leqslant 0.85$	$e>0.85$
细砂、粉砂	$e<0.70$	$0.70\leqslant e\leqslant 0.85$	$0.85<e\leqslant 0.95$	$e>0.95$

2. 用相对密度 D_r 判别

相对密度是用天然孔隙比 e 与同一种砂的最松散状态孔隙比 e_{max} 和最密实状态孔隙比 e_{min}（e_{max}、e_{min} 的确定方法参见 SL 237—1999《土工试验规程》）进行对比，根据 e 靠近 e_{max} 还是靠近 e_{min} 来判别它的密实度。

$$D_r=\frac{e_{max}-e}{e_{max}-e_{min}} \tag{6.13}$$

显然，D_r 越大，土越密实。当 $D_r=0$ 时，表示砂土处于最疏松状态；当 $D_r=1$ 时，表示砂土处于最紧密状态。工程上根据 D_r 将砂土的密实度划分为三种：

密实 $1 \geqslant D_r > 0.67$
中密 $0.67 \geqslant D_r > 0.33$
松散 $0.33 \geqslant D_r > 0$

由于 D_r 考虑了颗粒级配的影响，所以在理论上是较完善的。但实际上，在测定 e_{max} 和 e_{min} 时有人为因素的影响，存在一定的误差，故评价结果也不尽如人意。所以，在实际工作中，常用现场标准贯入试验来判别砂土的密实度。

3. 用标准贯入试验的锤击数 N 判别

标准贯入试验的锤击数是指用一定质量的重锤，按规定落距锤击贯入器，当贯入器贯入规定深度所需要的锤击数。砂土、碎石土密实度按锤击数分类见表6.8、表6.9。

表6.8 砂土密实度分类

密 实 度	松 散	稍 密	中 密	密 实
标准贯入锤击数 N	$N \leqslant 10$	$10 < N \leqslant 15$	$15 < N \leqslant 30$	$N > 30$

表6.9 碎石土密实度分类

密 实 度	松 散	稍 密	中 密	密 实
标准贯入锤击数 N	$N \leqslant 5$	$5 < N \leqslant 10$	$10 < N \leqslant 20$	$N > 20$

6.4.2 黏性土的稠度

1. 稠度状态

对于黏性土来说，决定其工程性质的主要因素不是密实度，而是其中的含水率。随着含水率的变化，黏性土的状态将有所不同（图6.10）。当含水率较小时，土呈固体或半固体状态；随着含水率的增加，土粒间距会增大，土呈可塑状态（在外力作用下，可塑成任何形状而不产生裂缝，解除外力后，仍保持其所塑形状）；随着含水率的进一步增加，土呈现流动状态。这几种状态反映了黏性土的软硬程度或抵抗外力的能力，称为稠度。

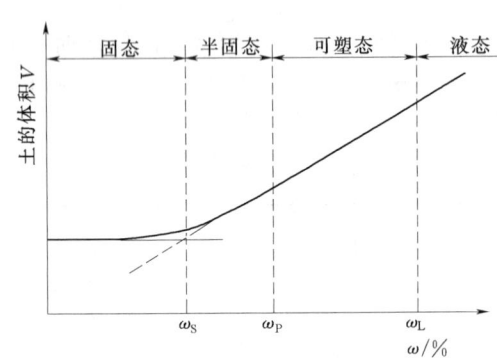

图6.10 黏性土的界限含水率

2. 界限含水率

黏性土从一种状态转变为另一种状态的分界含水率称为界限含水率，也称稠度界限。四种稠度状态之间有三个界限含水率，分别为缩限 ω_S、塑限 ω_P 和液限 ω_L（图6.10）。

（1）缩限 ω_S。固态和半固态的界限含水率。这是因土样含水率减小至缩限后，土体体积不再发生收缩而得名。土的缩限需用收缩皿法测定。

（2）塑限 ω_P。半固态与可塑态的界限含水率。土的塑限一般采用搓条法测定。

（3）液限 ω_L。可塑状态和流态的界限含水率。土的液限采用锥式液限仪测定。

近年来采用液塑限联合测定仪来测定液限和塑限。

3. 塑性指数 I_P

液限与塑限的差值,去掉百分数符号,称塑性指数。

$$I_P = \omega_L - \omega_P \tag{6.14}$$

塑性指数表示处在可塑状态时土的含水率变化范围。其值越大,土的塑性也越高,黏粒含量越多。塑性指数 I_P 可作为黏性土和粉土的定名依据。

4. 液性指数 I_L

黏性土的液性指数为天然含水率与塑限的差值和液限与塑限差值之比。

$$I_L = \frac{\omega - \omega_P}{\omega_L - \omega_P} = \frac{\omega - \omega_P}{I_P} \tag{6.15}$$

液性指数是将土的天然含水率 ω 与 ω_L 及 ω_P 相比较,以表明 ω 是靠近 ω_L 还是靠近 ω_P,反映土的软硬程度。根据液性指数 I_L 的大小,可将黏性土分为五种不同的软硬状态(表 6.10)。

表 6.10 黏性土的软硬状态

状 态	坚 硬	硬 塑	可 塑	软 塑	流 塑
液限指数 I_L	$I_L \leqslant 0$	$0 < I_L \leqslant 0.25$	$0.25 < I_L \leqslant 0.75$	$0.75 < I_L \leqslant 1$	$I_L > 1$

值得注意的是,液限和塑限都是用重塑土测定的。用 I_L 判别黏性土的状态时,没有考虑土的结构影响,所以,按上述标准判别天然土是保守的。

6.5 土 的 击 实 性

在工程建设中,常用土料填筑土堤、土坝、路基和地基等,为了提高填土的强度、增加土的密实度、减小压缩性和渗透性,一般都要对土进行压实。压实的方法很多,可归结为碾压、夯实和振动三类。大量的实践证明,在对黏性土进行压实时,土太湿或太干都不能被较好压实,只有当含水率控制为某一适宜值时,压实效果才能达到最佳。黏性土在一定的压实功能下,达到最密时的含水率,称为最优含水率,用 ω_{op} 表示,与其对应的干密度则称为最大干密度,用 ρ_{dmax} 表示。为了既经济又可靠地对土体进行碾压或夯实,必须研究土的这种压实特性,即土的击实性。

6.5.1 击实试验和击实曲线

研究土的击实性,需做击实试验。根据试验的结果,经计算整理,可绘制出干密度与含水率之间的关系曲线,即击实曲线(图 6.11)。

击实曲线反映出土的击实特性如下:

(1) 对于某一土样,在一定的击实功能作用下,只有当土的含水率为某一适宜值时,土样才能达到最密实。因此在击实曲线上就反映出有一峰值,峰点所对应的纵坐标值为最大干密度 ρ_{dmax},对应的横坐标值为最优含水率 ω_{op}。据研究,黏性土的最优含水率与塑限有关,大致为 $\omega_{op} = \omega_P + 2\%$。

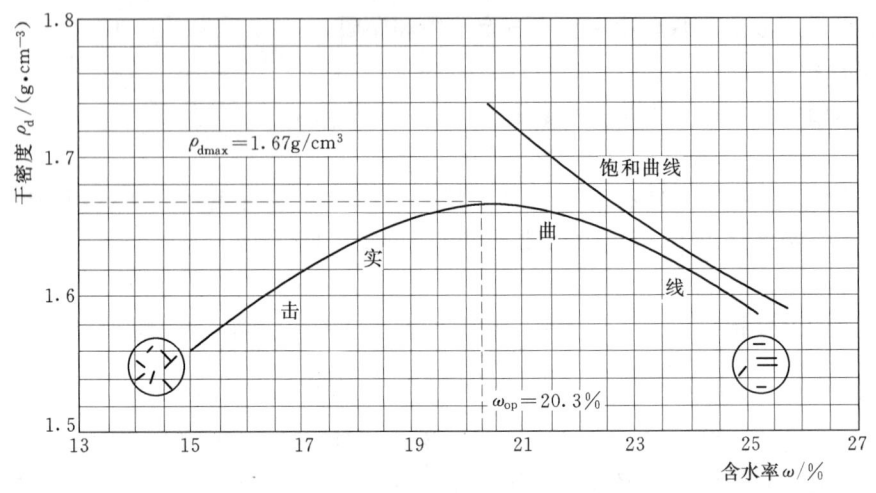

图 6.11 击实曲线

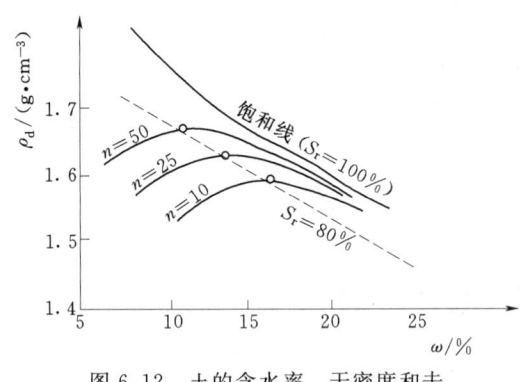

图 6.12 土的含水率、干密度和击实功关系曲线

(2) 土在击实过程中，通过土粒的相互位移，很容易将土中气体挤出。但要挤出土中水分来达到击实的效果，对于黏性土来说，不是短时间的加载所能办到的。因此，人工击实不是挤出土中水分而是挤出土中气体来达到击实目的。同时，当土的含水率接近或大于最优含水率时，土孔隙中的气体越来越处于与大气不连通的状态，击实作用已不能将其排出土体之外。所以，击实土不可能被击实到完全饱和状态，击实曲线必然位于饱和曲线的左侧而不可能与饱和曲线相交。试验证明，一般黏性土在其最佳击实状态下（击实曲线峰值），其饱和度约为 80%（图 6.12）。

(3) 当含水率低于最优含水率时，干密度受含水率变化的影响较大，即含水率变化对干密度的影响在偏干时比偏湿时更加明显，因此，击实曲线的左段（低于最优含水率）比右段的坡度陡。

6.5.2 土的压实度

在工程实践中，常用土的压实度来直接控制填土的工程质量。压实度的定义是：工地压实时要求达到的干密度 ρ_d 与室内击实试验所得到的最大干密度 ρ_{dmax} 之比值，即

$$\lambda = \frac{\rho_d}{\rho_{dmax}} \tag{6.16}$$

可见，λ 值越接近 1，表示对压实质量的要求越高。我国碾压土石坝设计规范中规定：Ⅰ级坝和高坝，填土的 $\lambda = 0.98 \sim 1.00$；Ⅱ级、Ⅲ级及以下的中坝，填土的 $\lambda = 0.96 \sim 0.98$。

【例 6.5】 某土料场土料为低液限黏土，天然含水率 $\omega = 21\%$，相对密度 $G_s = 2.70$，室

内标准击实试验得到最大干密度 $\rho_{\text{dmax}}=1.85\text{g/cm}^3$。设计取压实度 $\lambda=0.95$，并要求压实后土的饱和度 $S_r\leqslant 90\%$，问土料的天然含水率是否适于填筑？碾压时土料应控制多大的含水率？

【解】

（1）求压实后土的孔隙体积。填土的干密度

$$\rho_d=\rho_{\text{dmax}}\lambda=1.85\times 0.95=1.76(\text{g/cm}^3)$$

绘制土的三相图（图 6.13），并设 $V_s=1\text{cm}^3$。

由 $G_s=\dfrac{m_s}{V_s\rho_w}$ 得

$$m_s=G_sV_s\rho_w=2.70\times 1\times 1=2.70(\text{g})$$

由 $\rho_d=\dfrac{m_s}{V}$ 得

$$V=\dfrac{m_s}{\rho_d}=\dfrac{2.7}{1.76}=1.534(\text{cm}^3)$$

$$V_v=V-V_s=1.534-1=0.534(\text{cm}^3)$$

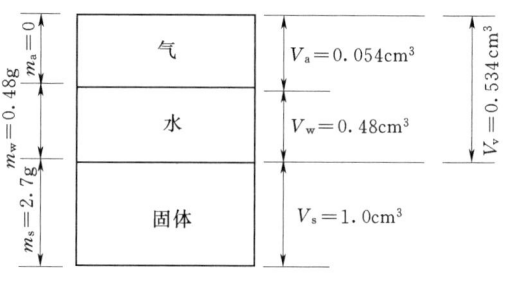

图 6.13 ［例 6.5］三相图

（2）求压实时的含水率。根据题意，按饱和度 $S_r=0.9$ 控制含水率，则由 $S_r=\dfrac{V_w}{V_v}$ 得

$$V_w=S_rV_v=0.9\times 0.534=0.48(\text{cm}^3)$$

$$m_w=\rho_wV_w=0.48(\text{g})$$

压实时的含水率

$$\omega=\dfrac{m_w}{m_s}\times 100\%=\dfrac{0.48}{2.70}\times 100\%=17.8\%<21\%$$

即碾压时的含水率应控制在 18% 左右。料场土料的含水率高 3%，不适于直接填筑，应进行翻晒处理。

6.5.3 影响土击实效果的因素

影响击实效果的因素很多，但最重要的是含水率、击实功能和土的性质。

1. 含水率

实践表明，当压实土达到最大干密度时，其强度并非最大，当含水率小于最优含水率时，土的抗剪强度均比最优含水率时高，但将其浸水饱和后，则强度损失很大，只有在最优含水率时浸水饱和后的强度损失最小，压实土的稳定性最好。

2. 击实功能

夯击的击实功能与夯锤的质量、落高、夯击次数等有关；碾压的压实功能则与碾压机具的质量、接触面积、碾压遍数等有关。

对于同一土料，击实功能小，则所能达到的最大干密度也小；击实功能大，所能达到的最大干密度也大。而最优含水率正好相反，即击实功能小，最优含水率大；击实功能大，则最优含水率小，如图 6.12 所示。但是，应当指出，击实效果增大的幅度是随着击实功能的增大而降低的。企图单纯用增大击实功能的办法来提高土的干密度是不经济的。

3. 土粒级配和土的类别

在相同的击实功能条件下，级配不同的土，击实效果也不同。一般地，粗粒含量多、

级配良好的土，最大干密度较大，最优含水率较小。

砂土的击实性与黏性土不同。一般在完全干燥或充分洒水饱和的状态下，容易击实到较大的干密度；而在潮湿状态，由于毛细水的作用，填土不易击实。所以，粗粒土一般不做击实试验，在压实时，只要对其充分洒水使土料接近饱和，就可得到较大的干密度。

6.6 土的工程分类

自然界的土类众多，工程性质各异。为便于研究，需要按其主要特征进行分类。不同部门由于研究的目的不同，分类方法也各有差异。

现将水利部 SL 237—1999《土工试验规程》中的分类方法和建设部 GB 50007—2002《建筑地基基础设计规范》分类方法分别作一简要介绍。

6.6.1 SL 237—1999《土工试验规程》分类法

1. 分类符号

SL 237—1999 对各类土的分类名称都配有以英文字母组合的分类符号，以表示组成土的成分和级配特征，分类符号见表 6.11。

表 6.11 分 类 用 符 号

土类	漂石（块石）	卵石（碎石）	砾（角砾）	砂	粉土	黏土	细粒土
符号	B	C_b	G	S	M	C	F
土类	混合土	有机质土	级配良好	级配不良	高液限	低液限	
符号	Sl	O	W	P	H	L	

注：细粒土为黏土与粉土的合称，混合土为粗粒土与细粒土的合称。

2. 符号构成

表示土类的符号按下列规定构成：

（1）由一个符号构成时，表示土的名称。例：S—砂；M—粉土。

（2）由两个符号构成时，第一个符号表示土的主要成分，第二个符号表示土的特征指标（土的液限或级配）。如 GW—级配良好砾；SP—级配不良砂。

（3）由三个符号构成时，第一个符号表示土的主要成分，第二个符号表示液限的高低（或级配的好坏），第三个符号表示土中所含的次要成分。例：CHS—含砂高液限黏土；MLG—含砾低液限粉土。

3. 分类方法

土的总分类体系如图 6.14 所示。分类时应以图 6.14 中从左到右分三大步确定土的名称，具体步骤如下。

（1）鉴别有机土和无机土。根据土中未

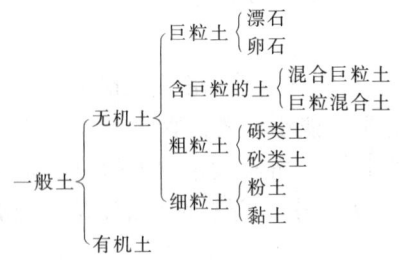

图 6.14 土的总分类体系

完全分解的动植物残骸和无定形物质，判断是有机土还是无机土。

（2）鉴定巨粒土、含巨粒土、粗粒土和细粒土。对无机土，先根据该土样的颗粒级配曲线，确定巨粒组（$d>60$mm）的质量占土总质量的百分数，当土样中巨粒组质量大于总质量的50%时，该土称巨粒类土；当土样中巨粒组质量为总质量的15%～50%时，该土称为含巨粒土；当土样中巨粒组质量小于总质量的15%时，可扣除巨粒，按粗粒土或细粒土的相应规定分类定名。

当粗粒组（60mm$\geqslant d>$0.075mm）质量大于总质量的50%时，该土称为粗粒类土；当细粒组（$d\leqslant$0.075mm）质量不小于总质量的50%时，该土则为细粒类土。

（3）对巨粒类土、含巨粒土、粗粒类土或细粒类土的进一步分类。

1）巨粒类土和含巨粒土的分类和命名见表6.12。

表6.12 巨粒土和含巨粒土的分类

土 类	粒 组 含 量		土代号	土名称
巨粒土	巨粒（$d>$60mm）含量100%～75%	漂石粒（$d>$200mm）>50%	B	漂 石
		漂石粒不大于50%	C_b	卵 石
混合巨粒土	巨粒含量小于75%，大于50%	漂石粒大于50%	BSI	混合土漂石
		漂石粒不大于50%	C_bSI	混合土卵石
巨粒混合土	巨粒含量50%～15%	漂石粒大于卵石粒（$d=$60～200mm）	SIB	漂石混合土
		漂石粒不大于卵石粒	SIC_b	卵石混合土

2）粗粒类土（包括砾类土和砂类土）的分类和命名见表6.13和表6.14。

表6.13 砾类土的分类（2mm<$d\leqslant$60mm砾粒组含量>50%）

土 类	粒 组 含 量		土代号	土名称
砾	细粒含量<5%	级配：$C_u\geqslant5$，$C_c=1\sim3$	GW	级配良好砾
		级配：不同时满足上述要求	GP	级配不良砾
含细粒土砾		细粒含量5%～15%	GF	含细粒土砾
细粒土质砾	15%<细粒含量$\leqslant$50%	细粒为黏土	GC	黏土质砾
		细粒为粉土	GM	粉土质砾

注：表中细粒土质砾石类，应按细粒土在塑性图中的位置定名。

表6.14 砂类土的分类（砾粒组含量$\leqslant$50%）

土 类	粒 组 含 量		土代号	土名称
砂	细粒含量小于5%	级配：$C_u\geqslant5$，$C_c=1\sim3$	SW	级配良好砂
		级配：不同时满足上述要求	SP	级配不良砂
含细粒土砂		细粒含量5%～15%	SF	含细粒土砂
细粒土质砂	15%<细粒含量$\leqslant$50%	细粒为黏土	SC	黏土质砂
		细粒为粉土	SM	粉土质砂

注：表中细粒土质砂土类，应按细粒土在塑性图中的位置定名。

3) 细粒类土的分类和命名。细粒类土又分为细粒土（粒径 $d>0.075$mm 的粗粒组质量小于总质量的 25% 的土）、含粗粒的细粒土（粗粒组的含量为 25%～50%）和有机质土（有机质含量大于 5% 的土）。

a. 细粒土。首先根据细粒土的 ω_L 和 I_P 从塑性图（图 6.15）中确定土的类别，然后按表 6.15 进行命名。

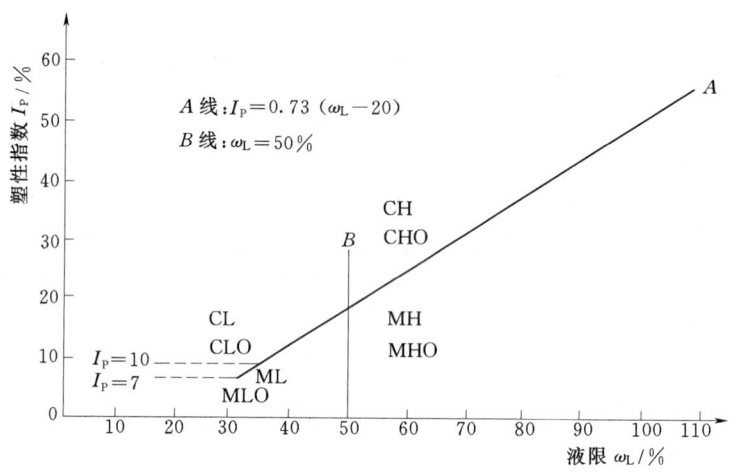

图 6.15　塑性图

表 6.15　细粒土的分类（10mm 液限）

土的塑性指标在塑性图中的位置		土 代 号	土 名 称
塑性指数 I_P	液限 ω_L/%		
$I_P \geqslant 0.73(\omega_L-20)$ 和 $I_P \geqslant 10$	$\omega_L \geqslant 50$	CH	高液限黏土
	$\omega_L < 50$	CL	低液限黏土
$I_P \geqslant 0.73(\omega_L-20)$ 和 $I_P < 10$	$\omega_L \geqslant 50$	MH	高液限粉土
	$\omega_L < 50$	ML	低液限粉土

b. 含粗粒的细粒土。含粗粒的细粒土应先按表 6.15 的规定确定细粒土名称，再按下列规定最终定名：粗粒中砾粒占优势，称含砾细粒土，土代号后缀以代号 G，如 CHG 为含砾高液限黏土，CLG 为含砾低液限黏土；粗粒中砂粒占优势，称含砂细粒土，土代号后缀以代号 S，如 CHS 为含砂高液限黏土，CLS 为含砂低液限黏土。

c. 有机质土。有机质土是按表 6.15 规定定出细粒土名称，再在各相应土类代号之后缀以代号 O，如 CHO 为有机质高液限黏土；MLO 为有机质低液限粉土。

【例 6.6】 已知从某土样的颗粒级配曲线上查得：大于 0.075mm 的颗粒含量为 65%，大于 2mm 的颗粒含量为 10%，大于 0.25mm 的颗粒含量为 38%，并测得该土样细粒部分的液限 $\omega_L = 38\%$，塑限 $\omega_P = 19\%$，试按 SL 237—1999 对土分类定名。

【解】

(1) 因该土样粗粒含量为 65%（>50%），所以该土为粗粒类土。

(2) 因该土样砾粒组含量为 10%（<50%），所以该土属砂类土。

（3）因该土样细粒含量为 $100\%-65\%=35\%$，查表 6.14，在 $15\%\sim50\%$ 之间，所以该土为细粒土质砂，应根据塑性图进一步细分。

（4）因该土的塑性指数 $I_P=38-19=19$，$\omega_L=38\%$，查塑性图（图 6.15），坐标交点落在 CL 区，故该土的最后定名为黏土质砂，即 SC。

6.6.2 GB 50007—2011《建筑地基基础设计规范》分类法

GB 50007—2002 将土分为碎石土、砂土、粉土、黏性土、人工填土和特殊性土六大类。

1. 碎石土

粒径大于 2mm 的颗粒质量超过总质量 50% 的土，定名为碎石土，并按表 6.16 进一步分类。

表 6.16 GB 50007—2011 中碎石土的分类

土的名称	颗 粒 形 状	粒 组 含 量
漂石	圆形及亚圆形为主	粒径大于 200mm 的颗粒超过总质量的 50%
块石	棱角形为主	
卵石	圆形及亚圆形为主	粒径大于 20mm 的颗粒超过总质量的 50%
碎石	棱角形为主	
圆砾	圆形及亚圆形为主	粒径大于 2mm 的颗粒超过总质量的 50%
角砾	棱角形为主	

注：分类时，应根据粒组含量由上到下以最先符合者确定。

2. 砂土

粒径大于 2mm 的颗粒质量不超过总质量的 50%，粒径大于 0.075mm 的颗粒质量超过总质量 50% 的土，定名为砂土，并按表 6.17 进一步分类。

表 6.17 GB 50007—2011 中砂土的分类

土的名称	粒 组 含 量
砾 砂	粒径大于 2mm 的颗粒含量占总质量的 25%～50%
粗 砂	粒径大于 0.5mm 的颗粒含量超过总质量的 50%
中 砂	粒径大于 0.25mm 的颗粒含量超过总质量的 50%
细 砂	粒径大于 0.075mm 的颗粒含量超过总质量的 85%
粉 砂	粒径大于 0.075mm 的颗粒含量超过总质量的 50%

注：1. 定名时应根据颗粒级配由大至小以最先符合者确定。
    2. 当砂土中粒径小于 0.075mm 的土的塑性指数大于 10 时，应冠以"含黏性土"定名，如含黏性土的粗砂等。

3. 粉土

粒径大于 0.075mm 的颗粒质量不超过总质量的 50%，且塑性指数 $I_P \leqslant 10$ 的土，定名为粉土。

4. 黏性土

塑性指数 I_P 大于 10 的土，定名为黏性土。黏性土又进一步根据塑性指数的大小分为黏土（$I_P>17$）和粉质黏土（$10<I_P\leqslant 17$）。

5. 人工填土

由于人类活动而形成的堆积物，称为人工填土，可分为以下三种。

(1) 素填土。由碎石、砂土、粉土或黏性土所组成的填土。

(2) 杂填土。含有建筑垃圾、工业废料及生活垃圾等杂物的填土。

(3) 冲填土。由水力冲填泥沙形成的填土。

6. 特殊性土

特殊性土指淤泥、淤泥质土、红黏土、膨胀土和湿陷性黄土等。

【例 6.7】 从某土样颗粒级配曲线上查得：粒径大于 0.075mm 的颗粒含量为 38%，粒径大于 2mm 的颗粒含量为 13%，并测得该土样细粒部分的液限 $\omega_L=46\%$，塑限 $\omega_P=28\%$，试按 SL 237—1999 和 GB 50007—2011 规范对土分类定名。

【解】

(1) 按 SL 237—1999 规范对土定名。

1) 因该土样细粒组含量为 100%−38%=62%>50%，所以该土属细粒类土。

2) 因该土样粗粒组含量为 38%，在 25%~50% 之间，故该土属含粗粒的细粒土，应先按塑性图定出细粒土的名称。

3) 土样的塑性指数 $I_P=46-28=18$，$\omega_L=46\%$，查塑性图（图 6.15），坐标交点落在 CH 区，再判断粗粒中是砾粒占优势还是砂粒占优势。

4) 因该土样砾粒组含量为 13%，砂粒组含量为 38%−13%=25%，故砂粒占优势，称含砂细粒土，应在细粒土名代号后缀以代号 S。因此，该土的最后定名为含砂高液限黏土，即为 CHS。

(2) 按 GB 50007—2011 规范对土定名。

1) 因该土大于 0.075mm 的颗粒含量为 38%<50%，又因塑性指数 $I_P=18>10$，故为黏性土。

2) 因 $I_P=18>17$，所以该土定名为黏土。

小 结

本单元主要讨论了土的物质组成以及定性、定量描述其物质组成的方法，包括土的三相组成、土的三相指标、土的结构构造、黏性土的界限含水率、砂土的密实度和土的工程分类等。这些内容是学习土力学原理和基础工程设计与施工技术所必需的基本知识，也是评价土的工程性质、分析与解决土的工程技术问题时讨论的最基本的内容。

练 习 题

一、思考题

1. 土的粒组是怎样划分的？共分为哪几种粒组？

2. 何谓土的颗粒级配？颗粒级配曲线的纵坐标表示什么？

3. 如何根据 C_u 和 C_c 值判断土粒级配的好坏？

4. 土的物理性质指标有哪几个？各怎样定义？

5. 无黏性土最主要的物理状态指标是什么？用 e、D_r 和 N 来划分密实度各有何优缺点？

6. 黏性土的物理状态指标是什么？I_P 大小与土颗粒粗细有何关系？I_P 大的土具有哪些特点？

7. 什么是最优含水率？其工程意义是什么？

8. 利用三相图计算换算指标时，什么情况下令 $V=1$，什么情况下令 $V_s=1$ 计算更简便？

9. 什么是粗粒土？什么是细粒土？

10. 简要概述 SL 237—1999 对土分类和命名的步骤。

二、计算题

1. 按 SL 237—1999，求出图 6.16 颗粒级配曲线①、②所示土中各粒组的百分比含量，并分析其颗粒级配情况。

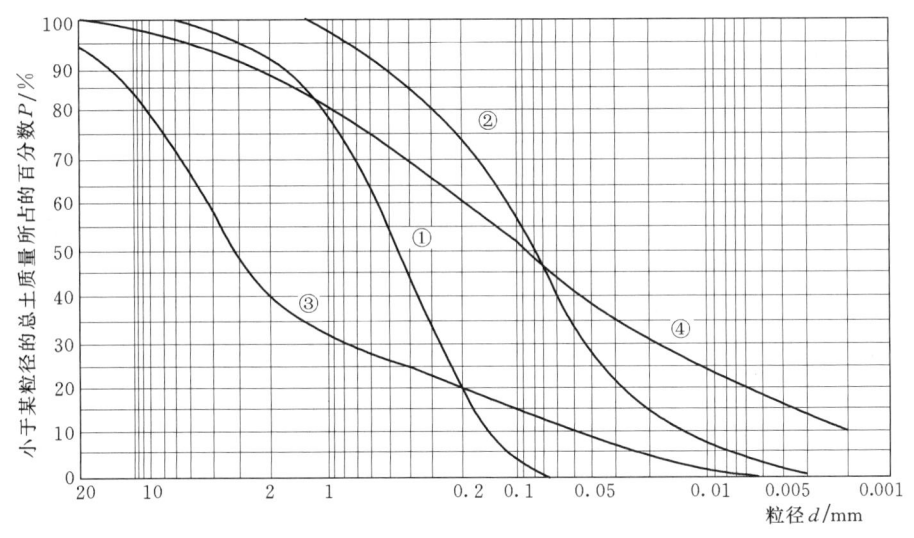

图 6.16

2. 使用体积 60cm³ 的环刀切取土样，测得土样质量为 110g，烘干后的质量为 93g，又经比重试验测得 $G_s=2.70$，试求：该土的湿密度 ρ、湿重度 γ、含水率 ω 和干重度 γ_d。

3. 某原状土样，测出该土的 $\gamma=17.8\text{kN/m}^3$，$\omega=25\%$，$G_s=2.65$，试计算该土的干重度 γ_d、孔隙比 e、饱和重度 γ_{sat}、浮重度 γ' 和饱和度 S_r。

4. 某干砂试样，密度 $\rho=1.66\text{g/cm}^3$，土粒相对密度 $G_s=2.69$，置于雨中，若砂样体积不变，饱和度增至 40% 时，此砂在雨中的含水率为多少？

5. 某黏性土的击实试验成果见表 6.18，试绘制该土的击实曲线并确定其最优含水率和最大干密度。

表 6.18　某黏性土的击实试验成果表

含水率/%	9.0	12.0	15.5	18.5	21.0
干密度/(g·cm⁻³)	1.55	1.58	1.60	1.60	1.59

6. 某碾压土坝的土方量为 $2\times10^5\text{m}^3$，设计填筑干密度为 1.65g/cm^3。料场土的含水率为 12.0%，天然密度为 1.70g/cm^3，液限为 32.0%，塑限为 20.0%，土料相对密度为 2.72。问：

(1) 为满足填筑土坝需要，料场至少要有多少方土料？

(2) 如每日坝体的填筑量为 3000m^3，该土的最优含水率为塑限的 95%，为达到最佳碾压效果，每天共需要加水多少？

(3) 土坝填筑后的饱和度是多少？

7. 已测得图 6.16 中曲线③所示土的细粒部分土的液限 $\omega_L = 34.3\%$、塑限 $\omega_P = 19.5\%$，试分别用 SL 237—1999 和 GB 50007—2011 对其进行分类定名。

8. 根据试验测得图 6.16 中颗粒级配曲线④所示土的液限 $\omega_L = 31.5\%$、塑限 $\omega_P = 18.6\%$，试分别用 SL 237—1999 和 GB 50007—2011 对该土进行分类定名。

三、选择题

1. 由黏粒组成的结构为（　　）。

   A. 层状　　　　B. 絮状　　　　C. 蜂窝状

2. 粒度成分的"筛分法"适用于分析粒径（　　）的风干试样。

   A. >0.075mm　　B. <0.075mm　　C. =0.075mm

3. "筛分法"是用一套孔径依次由大到小的标准筛做试验，以下不是标准筛的孔径的是（　　）。

   A. 20mm　　　　B. 12mm　　　　C. 2mm

4. 经试验测得某土的密度为 1.84g/cm^3，含水率为 25%，则其干密度为（　　）。

   A. 1.38g/cm^3　　B. 1.47g/cm^3　　C. 2.16g/cm^3

5. 土的孔隙比为 0.648，则其孔隙率为（　　）。

   A. 39.3%　　　B. 39.9%　　　C. 39.5%

6. 土的比重为 2.65，孔隙比 0.612，含水率 20.5%，它的饱和度为（　　）。

   A. 85.2%　　　B. 88.8%　　　C. 88.6%

7. 某土样的天然含水率为 25.3%，液限为 40.8，塑限为 22.7，其塑性指数为（　　）。

   A. 17.3　　　　B. 17.6　　　　C. 18.1

8. 从某地基中取原状黏性土样，测得土的液限为 56，塑限为 15，天然含水率为 40%，试判断地基土处于（　　）状态。

   A. 坚硬　　　　B. 可塑　　　　C. 软塑

9. 某砂性土天然孔隙比 $e=0.800$，已知该砂土最大孔隙比 $e_{\max}=0.900$，最小孔隙比 $e_{\min}=0.640$，用相对密度来判断该土的密实程度为（　　）。

   A. 密实　　　　B. 中密　　　　C. 松散

10. 压实土现场测定的干密度为 1.61g/cm^3，最大干密度为 1.75g/cm^3，则压实度为（　　）。

    A. 95%　　　　B. 93%　　　　C. 92%

第7单元 土 的 渗 透 性

【学习目标】 掌握达西定律的内容及渗透变形破坏的基本形式,熟悉渗透系数测定的方法;理解渗透力、临界水力坡降的含义及作用。

【重点】 达西定律、常水头和变水头法测渗透系数测定方法;渗透变形的基本形式。

【难点】 渗透力的概念,影响渗透变形破坏的因素及变形破坏形式的判别。

渗透是指水在压力作用下通过土中孔隙发生流动的现象,渗透性是指土体被水渗透的能力大小。如图7.1所示,由于上下游水位差的作用,土坝上游的水会通过坝体渗透到下游,水闸上游的水会通过闸基渗透到下游。

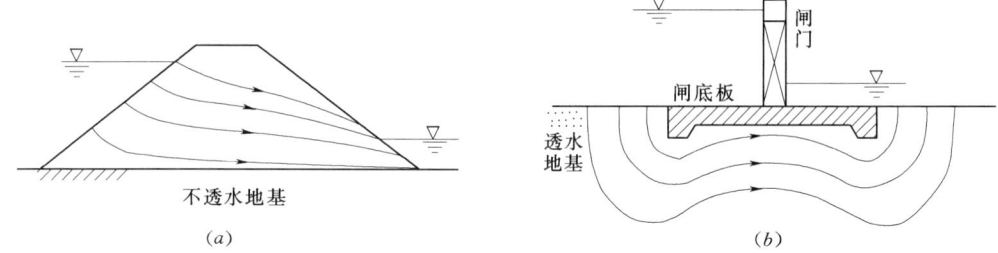

图7.1 水在土坝、闸基中的渗透

由于水的渗透,会给挡水、输水等建筑物带来两类问题:其一,引起水量损失,减小了经济效益,称为渗漏问题;其二,水在土中渗透,会使土中应力发生变化,改变土体的稳定条件,甚至造成土体的破坏,称为渗透稳定问题。为了解决好上述问题,需要研究土的渗透性及其与工程的关系,以便为工程设计和施工提供依据。

7.1 达 西 定 律

7.1.1 达西定律的内容

为了研究水的渗透规律,法国工程师达西做了大量的试验,于1856年总结得出,水在土中的渗透速度与土样两端的水头差成正比,与渗透长度成反比。

如图7.2所示,试验结果表示为

$$v = k\frac{h}{L} = ki \tag{7.1}$$

或

$$q = vA = kiA \tag{7.2}$$

或

$$Q = qt = kiAt \tag{7.3}$$

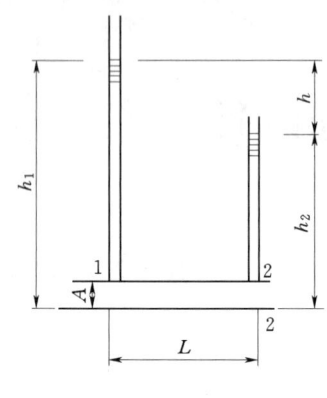

图 7.2 砂土的渗透

式中 v——渗透速度，cm/s；

q——单位时间的渗透流量，cm^3/s；

Q——渗透水量，cm^3；

h——土样两侧的水头差，cm；

L——土样的渗透长度，cm；

A——截面1—1至2—2段土样的截面积，cm^2；

i——水力坡降，$i=h/L$，即渗流单位长度的水头损失；

k——渗透系数，cm/s。

k是反映土体渗透性强弱的一个指标，其物理意义是单位水力坡降的渗透速度。常见土的渗透系数见表7.1。

表7.1 常见土的渗透系数

土 类	渗透系数 $k/(cm \cdot s^{-1})$	渗透性
纯砾	$>10^{-1}$	强渗透性
纯砾与砾混合物	$10^{-3} \sim 10^{-1}$	中渗透性
极细砂	$10^{-5} \sim 10^{-3}$	弱渗透性
粉土、砂与黏土混合物	$10^{-7} \sim 10^{-5}$	极弱渗透性
黏土	$<10^{-7}$	几乎不透水

式（7.1）～式（7.3）即为著名的达西定律，是水在土体中渗流的基本规律。

7.1.2 达西定律的适用范围

达西定律是在对砂土的试验中得到的，而且水流速度较小，处于层流状态，如图7.3(a)所示。

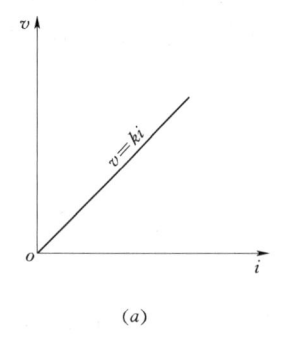
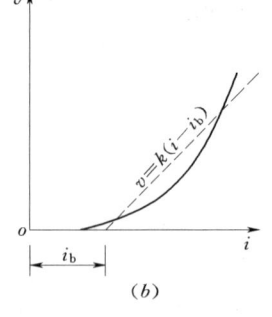
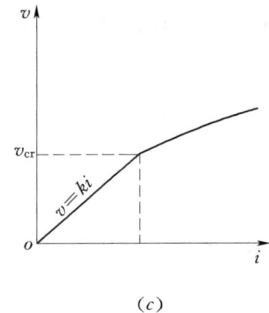

图 7.3 不同情况的渗透规律

当土体为黏性土时，由于受到结合水的黏滞阻力的影响，当水力坡降较小时，不发生渗流，只有当水力坡降达到一定数值，克服了结合水的黏滞阻力后，才能发生渗流，把这一水力坡降称为起始水力坡降i_b，则渗透速度可表示为$v=k(i-i_b)$，如图7.3(b)所示。

对于大卵石等地基中的大颗粒渗流，当水力坡降较小时，渗流为层流，$v \sim i$为线性关系，符合达西定律；当水力坡降较大时，渗透速度超过某一临界流速 v_{cr}，$v\sim i$ 不再是线性关系，如图 7.3（c）所示。

7.2 渗透系数的测定

渗透系数 k 是综合反映土体渗透能力的一个指标，也是渗透计算时用到的一个基本参数，渗透系数通常由试验确定。

7.2.1 渗透系数的测定方法

渗透系数的测定方法可分为室内渗透试验和现场渗透试验两大类。两者基本原理相同，均以达西定律为依据。下面仅介绍室内试验的两种方法。

1. 常水头试验

常水头试验是在整个试验过程中水头始终保持不变的一种方法，适用于透水性较强的无黏性土。

如图 7.4 所示，在圆柱形试验筒内装置土样，设土样截面积为 A，长度为 L，试验时水头差为 h，这三者可以直接量出，试验时测得在时间 t 内流出的水量 Q，由达西定律 $Q=qt=kiAt$，得

$$k=\frac{QL}{hAt} \quad (7.4)$$

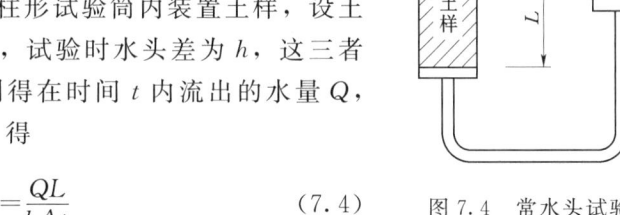

图 7.4 常水头试验示意图

2. 变水头试验

变水头试验是在整个试验过程中水头不断变化的一种方法，适用于透水性小的黏性土。

由于黏性土的透水性小，若用常水头法，流过土样的水量很小不易测准，或者由于需要的时间很长，会因蒸发而影响试验精度，故采用变水头试验。

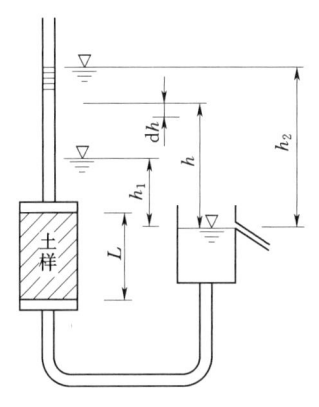

图 7.5 变水头试验示意图

如图 7.5 所示，土样上端连接一带刻度的竖直玻璃管，其横截面积为 a。玻璃管内为高水位，另一侧连接一溢水容器，为低水位，水位不变。试验中玻璃管内水位逐渐降低，记录下时刻 t_1 和相应水头 h_1、时刻 t_2 和相应水头 h_2。

设在水头 h 下，经微小时段 dt，水位下降 dh。则在该时段内玻璃管内水量减少 adh，又由达西定律知流经土样的水量为 $dq=k\dfrac{h}{L}Adt$，两者应相等，即

$$adh=k\frac{h}{L}Adt$$

$$\frac{dh}{h}=\frac{kA}{aL}dt$$

在时段 $t_1 \sim t_2$ 内，水头由 h_2 至 h_1，将上式两端分别积分，得

$$-\int_{h_1}^{h_2} \frac{\mathrm{d}h}{h} = \int_{t_1}^{t_2} \frac{kA}{aL} \mathrm{d}t$$

式中加一负号的原因是，时间 $t_1 \sim t_2$ 是增长的，而水头 $h_1 \sim h_2$ 为减小的。

$$\ln \frac{h_1}{h_2} = \frac{k}{L} \frac{A}{a} (t_2 - t_1)$$

$$k = \frac{aL}{A(t_2 - t_1)} \ln \frac{h_1}{h_2} \tag{7.5}$$

7.2.2 影响渗透系数的主要因素

渗透系数反映了水在土中流动的难易程度，其大小受土的颗粒级配、密实程度、水温等因素的影响。

1. 土粒大小与级配

土粒大小与级配关系到土中孔隙的大小，对土的渗透系数影响最大。土粒越粗，孔隙越大，渗透系数就越大；级配良好时，总孔隙较小，渗透系数较小。

2. 土的密实度

同一种土，在不同密实状态下有不同的渗透性。土的密实度增加，孔隙比减小，土的渗透性也就减小。

3. 水的温度

水在不同的温度下具有不同的黏滞性，影响渗透的速度，对同一种土在不同的温度下所测渗透系数也就不同。为便于比较，统一使用标准温度 20℃的渗透系数，其他温度下的渗透系数 k_T 可换算为 20℃的渗透系数 k_{20}。

$$k_{20} = k_T \frac{\eta_T}{\eta_{20}} \tag{7.6}$$

式中　k_T、k_{20}——T℃和 20℃时土的渗透系数；

　　　η_T、η_{20}——T℃和 20℃时水的动力黏滞系数，$\frac{\eta_T}{\eta_{20}}$ 值见表 7.2。

表 7.2　η_T/η_{20} 与温度的关系

温度/℃	5.0	5.5	6.0	6.5	7.0	7.5	8.0	8.5	9.0	9.5	10.0	10.5	11.0
η_T/η_{20}	1.501	1.478	1.455	1.435	1.414	1.393	1.373	1.353	1.334	1.315	1.297	1.279	1.261
温度/℃	11.5	12.0	12.5	13.0	13.5	14.0	14.5	15.0	15.5	16.0	16.5	17.0	17.5
η_T/η_{20}	1.243	1.227	1.211	1.194	1.176	1.163	1.148	1.133	1.119	1.104	1.090	1.077	1.066
温度/℃	18.0	18.5	19.0	19.5	20.0	20.5	21.0	21.5	22.0	22.5	23.0	24.0	25.0
η_T/η_{20}	1.050	1.038	1.025	1.012	1.000	0.988	0.976	0.964	0.953	0.943	0.932	0.910	0.890
温度/℃	26.0	27.0	28.0	29.0	30.0	31.0	32.0	33.0	34.0	35.0			
η_T/η_{20}	0.870	0.850	0.833	0.815	0.798	0.781	0.765	0.750	0.735	0.720			

7.3 渗透力与渗透变形

7.3.1 渗透力

1. 渗透力的概念

如图 7.6 所示,在一圆筒内放置土样,两侧分别作用水头 h_1、h_2,由于水头差的作用,水由左侧渗透至右侧。假设没有土体存在,则水会很快通过,而由于土的存在,使流速大大减小,说明土体对水流有很大的阻力,反之,水流给土体一作用力,这一水流对土体的作用力称为渗透力 j,通常以土体单位体积上受到的力来表示。

2. 渗透力三要素

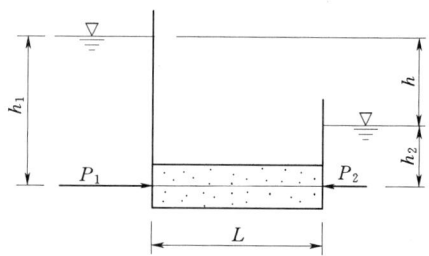

图 7.6 渗透力及其计算

如图 7.6 所示,水头 h_1、h_2 在土样两端产生的压力分别为 $P_1 = \gamma_w h_1 A$,$P_2 = \gamma_w h_2 A$,土样体积为 AL,则单位体积土体上的渗透力为

$$j = \frac{P_1 - P_2}{AL} = \frac{\gamma_w h_1 A - \gamma_w h_2 A}{AL} = \frac{h_1 - h_2}{L}\gamma_w = \frac{h}{L}\gamma_w = i\gamma_w$$

即
$$j = i\gamma_w \tag{7.7}$$

渗透力的大小为 $i\gamma_w$,作用方向与渗流方向一致,作用于整个土体当中,是一种体积力,单位为 kN/m^3。

3. 作用效果

渗透力的作用效果与渗流方向有关。当渗流自上而下时,因与重力同向,相当于加大了土的重量,对稳定有利;反之自下向上渗流,渗透力减小了土体的有效重量,对稳定不利。如土坝地基上游侧利于稳定,而下游侧不利于稳定。

7.3.2 渗透变形

1. 渗透变形的概念

渗透力改变了土体原有的应力状态,达到一定限度后,渗透水流会把部分土体或土颗粒冲出、带走,这种现象称为渗透变形。渗透变形使得局部土体发生位移,位移达到一定的程度,土体将发生失稳破坏。

2. 渗透变形的基本形式

渗透变形一般有流土和管涌两种基本形式。

流土是指在渗透力的作用下,土体表面某一部分土体整体被水流冲走的现象。管涌是指土中小颗粒在大颗粒孔隙中移动而被带走的现象。

流土发生在土体表面,不会发生在土体内部,而管涌既可发生于土体表面又可发生在土体内部。流土主要发生在细砂、粉砂及粉土等土层中,而管涌多发生在颗粒大小悬殊又缺少中间颗粒的土体中。

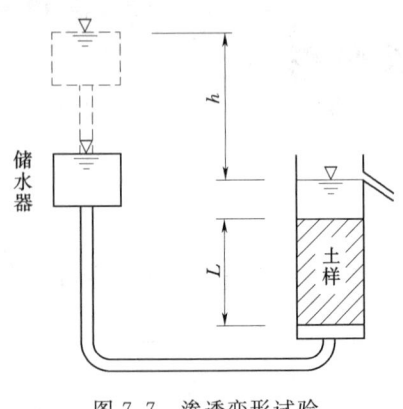

图 7.7 渗透变形试验

3. 临界水力坡降

使土体开始发生渗透变形的水力坡降,称为临界水力坡降。如图 7.7 所示,渗透变形试验中,左边储水器可上下移动,储水器中水经土样由右边溢水口溢出,当储水器由低往高提升时,渗透力不断加大,储水器较低时,不发生渗透变形,很高时则发生渗透变形。某一高度时,刚好发生渗透变形,这一高度对应的水力坡降即为临界水力坡降,此时 $j=\gamma'$。由于 $j=i\gamma_w$,$\gamma'=\dfrac{G_s-1}{1+e}\gamma_w$,令 $i\gamma_w=\dfrac{G_s-1}{1+e}\gamma_w$,则 $i=\dfrac{G_s-1}{1+e}$,此时的 i 即为临界水力坡降,用 i_{cr} 表示,即

$$i_{cr}=\dfrac{G_s-1}{1+e} \tag{7.8}$$

可以看出,i_{cr} 与土粒的比重 G_s、孔隙比 e 有关,通过实际产生的水力坡降 i 与临界水力坡降 i_{cr} 的比较,便可知是否发生渗透变形。

$i<i_{cr}$ 时,不发生渗透变形;

$i>i_{cr}$ 时,发生渗透变形;

$i=i_{cr}$ 时,土体处于临界状态。

在工程设计中,为了保证建筑物的安全,通常将临界水力坡降 i_{cr} 除以安全系数(一般取 2~3),作为允许的水力坡降 $[i]$,设计上要求将实际的水力坡降控制在允许的水力坡降之内,即 $i\leqslant[i]$。

4. 防止渗透变形的措施

由上述可知,发生渗透变形的条件为 $i>i_{cr}$,即 $\dfrac{h}{L}>\dfrac{G_s-1}{1+e}$,要想不发生渗透变形,需要使 $\dfrac{h}{L}<\dfrac{G_s-1}{1+e}$,所以可以通过提高 L、G_s 或减小 e 来实现。

(1)提高渗流出溢处土体抵抗渗透变形的能力,常在渗流出溢处加盖压重或设置反滤层等。

(2)设置水平或垂直防渗体,使渗流长度 L 增大,从而降低水力坡降,如图 7.8 和图 7.9 所示。

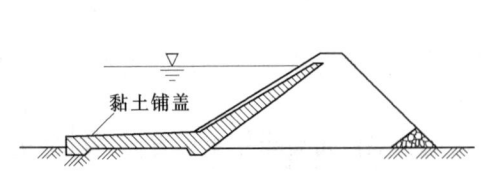

图 7.8 土坝水平黏土铺盖及堆石压重

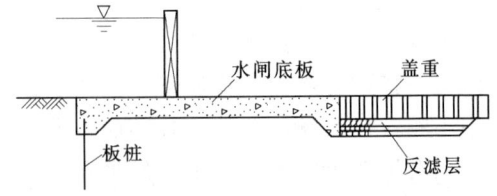

图 7.9 水闸垂直板桩及反滤层、盖重

小 结

水在压力作用下,在土体中要发生渗透(也称渗流),这种渗透作用会带来渗漏问题和渗透稳定问题。达西定律是土中渗流的基本规律,运用达西定律可以求得土中的渗流量。渗透系数室内测定方法包括常水头试验和变水头试验,适用于不同透水性的土体。渗透变形的基本形式为流土和管涌,出现渗透变形破坏时需采取相应工程措施加以防止。

练 习 题

一、思考题

1. 土的渗透性对工程有何影响?
2. 由 $v=ki$ 可知,i 增大时则 k 减小,对吗?
3. 土的渗透系数随温度升高而增大吗?
4. 临界水力坡降越大,土体越容易发生渗透变形吗?

二、计算题

1. 某土样在15℃下做常水头试验,土样长度150cm,横截面积80cm²,两端水头差50cm,通过土样的流量为50cm³/min,试求该土样的渗透系数 k_{20}。
2. 某原状土样做变水头试验,土样的截面积 $A=30$cm²,长度 $L=4$cm,水管的截面积 $a=0.3$cm²,试验开始时的作用水头 $h_1=112$cm,终止时水头 $h_2=95$cm,试验经历时间为82s,试求该土样的渗透系数 k。

三、选择题

1. 下列指标为无量纲的是( )。
   A. 水力比降　　　　B. 渗透速度　　　　C. 渗透系数
2. 可通过常水头渗透试验测定土的渗透系数的是( )。
   A. 黏土　　　　　　B. 砂　　　　　　　C. 粉土
3. 可通过变水头渗透试验测定土的渗透系数的是( )。
   A. 漂石　　　　　　B. 砂　　　　　　　C. 粉土
4. 可测定土的渗透系数的现场原位试验方法有( )。
   A. 常水头渗透试验　B. 变水头渗透试验　C. 现场抽水试验
5. 关于渗透力的说法不正确的是( )。
   A. 渗透力是流动的水对土体施加的力　　B. 渗透力是一种体积力
   C. 渗透力的大小与水力比降成反比
6. 渗透力是作用在( )上的力。
   A. 土颗粒　　　　　B. 土孔隙　　　　　C. 土中水
7. 达西定律中的渗流速度( )水在土中的实际速度。
   A. 大于　　　　　　B. 小于　　　　　　C. 等于
8. 关于渗流的说法正确的是( )。

A. 无论渗流的方向如何都对土体的稳定性不利
B. 当渗流的方向自上而下时对土体的稳定性不利
C. 当渗流的方向自下而上时对土体的稳定性不利

9. 关于流土的说法错误的是（　　）。

A. 流土是渗透变形的一种形式　　　　B. 流土的破坏是渐进性的
C. 流土往往发生在渗流的逸出处

10. 关于管涌的说法正确的是（　　）。

A. 管涌是渗透变形的一种形式
B. 管涌是指在渗流作用下粗细颗粒同时发生移动而流失的现象
C. 管涌只能发生在渗流的逸出处

第8单元 土体中的应力

【学习目标】 了解土中应力的基本类型及分布规律;理解并掌握自重应力、基底压力和基底附加压力的概念及计算方法,能熟练掌握平面问题和空间问题的附加应力计算方法。

【重点】 自重应力、基底压力和基底附加压力的概念及计算方法,特别是矩形基础均布荷载作用下的附加应力的计算。

【难点】 角点法求附加应力的方法。

土体中的应力是指土体在自身重力、建筑物荷载以及其他因素作用下,土中所产生的应力。按照产生的原因不同,将土中应力分为自重应力和附加应力。自重应力是指由土体自身重力而产生的应力,附加应力是指由于建筑物荷载的作用在自重应力基础上增加的那部分应力。

由于土体的可压缩性,地基土会在附加应力作用下产生变形,如变形较小,不致引起建筑物产生裂缝或破坏,不影响建筑物的正常使用,这是容许的。相反,则会引起建筑物产生裂缝、倾斜甚至破坏,或者影响建筑物的正常使用。

8.1 土的自重应力

8.1.1 自重应力的计算

1. 均质土的自重应力

如图 8.1 所示,设地面为无限广阔的水平面,土层均匀,在土的自重作用下,土中任一竖直面均是对称面,在竖直面上不存在摩擦作用,即无切应力。因此,地面下深度 z 处水平面上的自重应力 σ_{cz} 可按该面上单位面积的土柱重量计算,即

$$\sigma_{cz} = \frac{W}{A} = \frac{\gamma z A}{A} = \gamma z \quad (8.1)$$

式中 σ_{cz}——土的自重应力,kPa;
γ——土的重度,kN/m³;
A——土柱体的底面积,m²;
W——土柱体的重量,kN。

自重应力随深度按直线规律变化,即自重应力沿深度呈三角形分布。

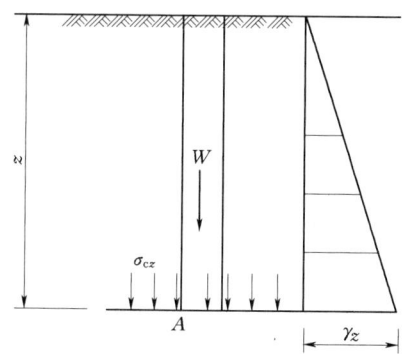

图 8.1 均质土的自重应力

2. 成层土的自重应力

地基土通常为成层的,各土层重度不同。设第 i 层土的厚度为 h_i,重度为 γ_i,则第 n 层底面处土的自重应力计算式为

$$\sigma_{cz} = \gamma_1 h_1 + \gamma_2 h_2 + \gamma_3 h_3 + \cdots + \gamma_n h_n = \sum_{i=1}^{n} \gamma_i h_i \tag{8.2}$$

在地下水位以下的透水层中,应取浮重度进行计算。

8.1.2 地下水对自重应力的影响

由于土体是由许多颗粒组成的,在地下水位以下的透水层中,地下水存在于土粒间的孔隙当中,土粒相当于浸没在水中,也就会受到水的浮力作用,从而使得土粒间相互传递的自重作用减小。这样,对于含水层,用浮重度来计算自重应力,正好相当于扣除了浮力的作用。

8.1.3 不透水层对自重应力的影响

以上所讲浮力作用是针对透水层而言的,对于不透水层,也就是遇到完整的岩层或密实黏土层,颗粒间很致密,地下水无法进入其孔隙当中。这样,从不透水层开始往下,浮力消失,其重度要以天然重度计,而且含水层高度范围内的水重也要作用在该层面上,即透水与不透水的界面处,自重应力增加一个地下水的水压力。

应当注意,此处所讨论的自重应力是指土颗粒之间接触点传递的粒间应力,故又称为有效自重应力。一般土层形成地质年代较长,在自重作用下变形早已稳定,故自重应力不再引起建筑物基础沉降,但对近期沉积或堆积的土层以及地下水位升降等情况,尚应考虑自重应力作用下的变形。

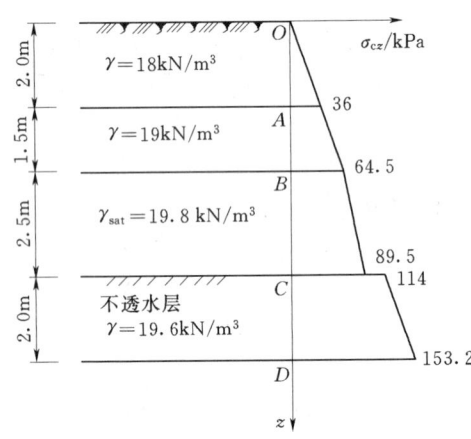

图 8.2 [例 8.1] 图

【**例 8.1**】 已知某成层土各层物理性质指标如图 8.2 所示,地下水位于地面下 3.5m 处,试计算其自重应力并绘制自重应力分布图。

【**解**】 从地面往下作一竖直基准线 Oz,各层面处用字母 O、A、B、C、D 标记。

(1) O 处:$z=0$,$\sigma_{cz}=0$;

(2) A 处:$z=2.0$m,$\sigma_{cz}=18 \text{kN/m}^3 \times 2\text{m}=36 \text{kN/m}^2=36(\text{kPa})$;

(3) B 处:$z=3.5$m,$\sigma_{cz}=36+19\times1.5=64.5(\text{kPa})$;

(4) C 处上:$z=6$m,$\sigma_{cz}=64.5+(19.8-9.8)\times2.5=89.5(\text{kPa})$;

(5) C 处下:$z=6$m,$\sigma_{cz}=89.5+9.8\times2.5=114(\text{kPa})$;

或 $\sigma_{cz}=64.5+19.8\times2.5=114(\text{kPa})$;

(6) D 处：$z=8m$，$\sigma_{cz}=114+19.6\times 2.0=153.2(kPa)$。

在 Oz 线的一侧按比例绘制各层面处的 σ_{cz} 值，并依次连接成折线，即自重应力分布图（图 8.2）。

8.2 基 底 压 力

基底压力是指基础底面处，由建筑物荷载（包括基础）作用给地基土体单位面积上的压力。在计算地基中附加应力时，需先求出基底压力，由于地基中的附加应力不仅与建筑物荷载大小有关，还与基底面上的荷载分布有关，所以，需要研究基底压力的大小与分布情况。

8.2.1 基底压力的分布规律

基底压力的分布是指基底压力在基础底面范围内平面上各处的分布情况，受许多因素的影响，比如基础的形状、尺寸、刚度、埋深，地基土的性质，上部荷载的大小、分布等。

柔性基础（如土坝、土堤、路基等），由于刚度很小，其本身没有调整荷载重新分配的能力，所以基底压力分布与其上部荷载分布情况相同（图 8.3）。

刚性基础（如混凝土、砖石等），本身变形很小，这类基础基底压力分布与作用在基底面上的荷载大小、土的性质及基础埋深等因素有关，在不同情况下会产生马鞍形、抛物线形、钟形等分布（图 8.4）。

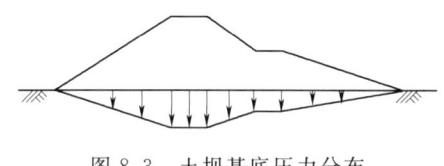

图 8.3 土坝基底压力分布

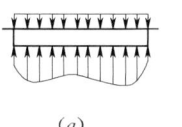 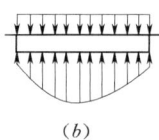 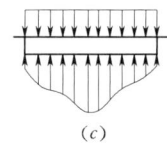

(a) (b) (c)

图 8.4 刚性基础基底压力分布
(a) 马鞍形；(b) 抛物线形；(c) 钟形

8.2.2 基底压力的简化计算

要想准确确定基底压力的分布是很困难的，在一定条件下可作简化计算，即当基础刚度比较大、荷载强度不太大时，假设基底压力按直线分布。直线分布是指将基底面各处压力按比例绘制出时，所形成的图形为直边多边形，如三角形、矩形、梯形等。

基础的形状多种多样，这里介绍最常见的矩形基础和条形基础。矩形基础是指基础底面为矩形，且长度 L 与宽度 B 的比值不太大，一般地 $L/B<10$ 时，可视为矩形基础；条形基础是指一边远大于另一边，理论上为 $L/B=\infty$，但在实际应用中，一般工民建 $L/B\geqslant 10$（水工建筑物地基 $L/B\geqslant 5$）时即可视为条形基础。

1. 中心荷载作用下的基底压力

矩形基础在中心荷载作用下，基底压力简化为均匀分布，其平均压力值按下式计算

$$p = \frac{P}{A} = \frac{F+G}{A} \tag{8.3}$$

式中 p——基底压力，kPa；

P——基底面以上荷载，包括上部结构、基础及基础上回填土的荷载，P 一般分作两部分进行计算，$P=F+G$；

F——上部结构传至基础顶面的荷载，kN；

G——基础自重和基础上的土重，kN，$G=\bar{\gamma}Ad$，其中$\bar{\gamma}$为基础及基础上填土的平均重度，一般取 20kN/m³，但地下水位以下部分应取浮重度，d 为基础埋深，m；

A——基础底面积，m²。

对于条形基础在中心荷载作用下的基底压力，同样简化为均匀分布，计算式为

$$p = \frac{\overline{P}}{B} \tag{8.4}$$

式中 $\overline{P}$——每延米的荷载，kN/m；

B——基础宽度，m。

2. 偏心荷载作用下的基底压力

偏心荷载分为单向偏心和双向偏心，常见的为单向偏心，即偏心荷载作用于矩形基底的一个对称轴上。单向偏心荷载下的基底压力为梯形分布或三角形分布（图 8.5）。设计时通常将基底长边方向取与偏心方向一致，此时基底边缘的最大压力 p_{max} 和最小压力 p_{min} 按材料力学中偏心受压公式计算，即

$$p_{min}^{max} = \frac{P}{A} \pm \frac{M}{W} \tag{8.5}$$

式中 p_{max}、p_{min}——基底边缘的最大压力和最小压力，kPa；

M——作用于基础底面的力矩，kN·m，$M=Pe$；

W——基础底面的抵抗矩，m³，对于矩形基础 $W=\frac{BL^2}{6}$，B、L 为矩形基础的边长，L（二次方边）为荷载偏心一边的边长；

e——偏心距，m。

将 $M=Pe$、$W=\frac{BL^2}{6}$ 代入式（8.5）得

$$p_{min}^{max} = \frac{P}{A}\left(1 \pm \frac{6e}{L}\right) \tag{8.6}$$

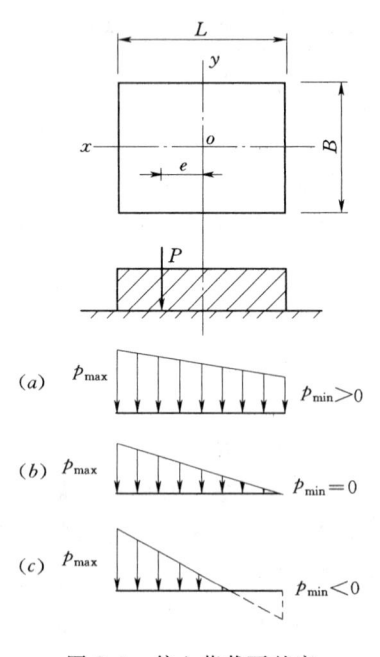

图 8.5 偏心荷载下基底压力分布

由式（8.6）可见：

(1) 当 $e<L/6$ 时，$p_{min}>0$，基底压力呈梯形分布。

(2) 当 $e=L/6$ 时，$p_{min}=0$，基底压力呈三角形分布。

上述两种情况都可利用式（8.5）和式（8.6）计算基底压力。

(3) 当 $e>L/6$ 时，式（8.6）中的 $p_{min}<0$，即基础一侧将出现拉应力，而基底与土体之间几乎不能承受拉力，事实上基底压力将重新分配，使得另一侧压力将更加增大，式（8.5）及式（8.6）不再适用，重新分配后的基底压力可根据静力平衡条件求得。

对于条形基础在偏心荷载作用下的基底压力，可按以下公式计算

$$p_{min}^{max}=\frac{\overline{P}}{B}\left(1\pm\frac{6e}{B}\right) \tag{8.7}$$

式中 $\overline{P}$——每延米的荷载，kN/m；

B——基础宽度，m。

8.2.3 基底附加压力

基底附加压力也就是基底净压力，是指在基础底面处的地基面上受到的压力增量。

若基础直接建在地基表面（不进行开挖），地基面上受到的压力增量就是基底压力值，而往往基础建在地面下一定深度，建基础之前需首先开挖一个基础埋深的土层，若基础及上部建筑的荷载正好等于开挖的土层荷载，对基底面来说，相当于没有增加荷载，只有超出埋深土层自重应力的部分，才是对地基土产生影响的压力值，实际上基底附加压力是基底压力减去埋深范围内土的自重应力的压力值。

对于基底压力为均匀分布的情况，其基底附加压力为

$$p_0=p-\sigma_{cz}=p-\gamma d \tag{8.8}$$

对于偏心荷载作用下梯形分布的基底压力，其基底附加压力为

$$p_{0min}^{0max}=p_{min}^{max}-\sigma_{cz}=p_{min}^{max}-\gamma d \tag{8.9}$$

式中 p_0——基底附加压力，kPa；

p——基底压力，kPa；

σ_{cz}——基础埋深范围内土的自重应力，kPa；

γ——基础埋深范围内土的重度，kN/m³；

d——基础埋设深度，m，从天然地面算起。

基底压力和基底附加压力的区别是，基底压力侧重于建筑物（连同基础）产生的荷载，而基底附加压力侧重于基底面上增加的荷载，当埋深为零时，两者数值相等。

【**例 8.2**】 如图 8.6 所示，一矩形基础，底面尺寸为 2m×4m，作用一竖向偏心荷载 $P=1000$kN，偏心距 $e=0.2$m，基础埋深 $d=1$m，地基土体重度 $\gamma=18$kN/m³，试求基底压力及基底附加压力。

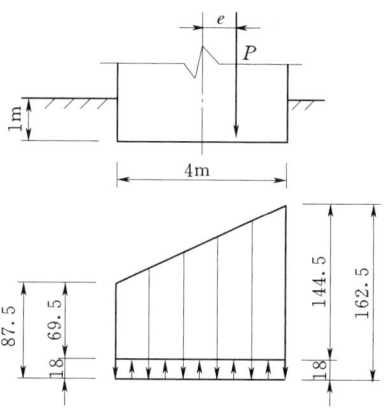

图 8.6 [例 8.2] 图（单位：kPa）

【解】 由于 $e=0.2\text{m}$，$L/6=4/6=0.67\text{m}$，即 $e<L/6$，故可用式（8.6）计算基底压力

$$p_{\substack{\max\\ \min}}=\frac{P}{A}\left(1\pm\frac{6e}{L}\right)=\frac{1000}{2\times4}\times\left(1\pm\frac{6\times0.2}{4}\right)$$

$$=125\times(1\pm0.3)=\begin{matrix}162.5\\87.5\end{matrix}(\text{kPa})$$

基底附加压力为

$$p_{0\substack{\max\\ \min}}=p_{\substack{\max\\ \min}}-\gamma d=\begin{matrix}162.5\\87.5\end{matrix}-18\times1$$

$$=\begin{matrix}144.5\\69.5\end{matrix}(\text{kPa})$$

基底压力及基底附加压力分布图如图 8.6 所示。

8.3 地基中的附加应力

在附加应力计算中，目前多将土体近似看作弹性体。在地基中某点的规则六面体上，受到的附加应力有各面上的法向应力和剪应力，这些应力按照弹性理论已有定解。这里仅介绍与地基变形主要相关的法向应力 σ_z，它是作用在水平面上的法向应力，方向竖直向下。

8.3.1 竖向集中荷载作用下地基中的附加应力

竖向集中力是一种理想的情况，在实践中是没有集中力的，利用它的解答，通过叠加原理或者积分的方法，可以得到各种分布荷载作用的土中应力。

如图 8.7 所示，按照布西奈斯克的弹性理论解答，在均匀的各向同性的半无限弹性体表面，作用一集中力 P，在地面下某点 $M(x, y, z)$ 的应力 σ_z 为

$$\sigma_z=\frac{3P}{2\pi}\times\frac{z^3}{R^5}=\frac{3P}{2\pi z^2}\frac{1}{\left[1+\left(\frac{r}{z}\right)^2\right]^{5/2}}=\alpha\frac{P}{z^2} \tag{8.10}$$

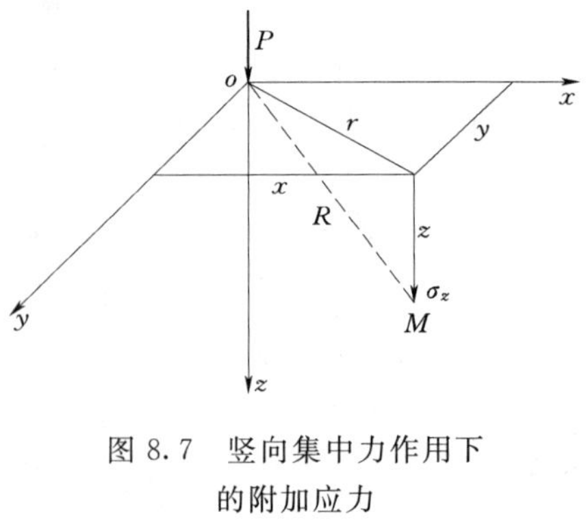

图 8.7 竖向集中力作用下的附加应力

其中 $$\alpha=\frac{3}{2\pi\left[1+\left(\frac{r}{z}\right)^2\right]^{5/2}}$$

式中 P——作用于坐标原点的集中力，kN；

R——计算点 M 与集中力 P 作用点的距离，$R=\sqrt{x^2+y^2+z^2}$；

α——附加应力系数，α 是（r/z）的函数，可由公式计算或查表 8.1 得到。

8.3 地基中的附加应力

表 8.1 集中荷载作用下半无限体内垂直附加应力系数 α

r/z	α	r/z	α	r/z	α	r/z	α	r/z	α
0	0.4775	0.50	0.2733	1.00	0.0844	1.50	0.0251	2.00	0.0085
0.05	0.4745	0.55	0.2466	1.05	0.0744	1.55	0.0224	2.20	0.0058
0.10	0.4657	0.60	0.2214	1.10	0.0658	1.60	0.0200	2.40	0.0040
0.15	0.4516	0.65	0.1978	1.15	0.0581	1.65	0.0179	2.60	0.0029
0.20	0.4329	0.70	0.1762	1.20	0.0513	1.70	0.0160	2.80	0.0021
0.25	0.4103	0.75	0.1565	1.25	0.0454	1.75	0.0144	3.00	0.0015
0.30	0.3849	0.80	0.1386	1.30	0.0402	1.80	0.0129	3.50	0.0007
0.35	0.3577	0.85	0.1226	1.35	0.0357	1.85	0.0116	4.00	0.0004
0.40	0.3294	0.90	0.1083	1.40	0.0317	1.90	0.0105	4.50	0.0002
0.45	0.3011	0.95	0.0956	1.45	0.0282	1.95	0.0095	5.00	0.0001

从式（8.10）可以看出，在集中力作用线上，附加应力随深度增加而减小，在同一深度 z 处，离 P 越远，附加应力越小，如图 8.8 所示，这一现象称为附加应力的扩散。而在地面上作用有两个集中力时，它们对地面下同一点均产生附加应力，该点附加应力将叠加，如图 8.9 所示，这一现象称为附加应力的积聚。

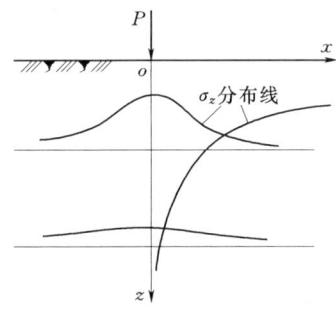

图 8.8 竖向集中荷载下 σ_z 分布

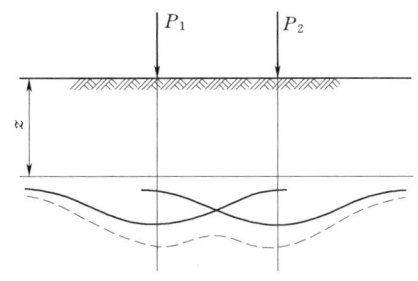

图 8.9 两个集中力作用下 σ_z 的叠加

因附加应力的扩散和积聚作用，邻近基础将互相影响，引起基础的附加沉降，旧建筑物在新建筑物作用下可能产生裂缝和倾斜等。因此，在工程设计和施工中必须考虑邻近建筑的相互影响。

8.3.2 矩形基础在竖向均布荷载作用下地基中的附加应力

1. 矩形基础某角点下的计算

如图 8.10 所示，在均布荷载作用下，矩形基础角点 c 下深度 z 处 M 点的竖向附加应力表示成如下形式

$$\sigma_z = \alpha_c p \tag{8.11}$$

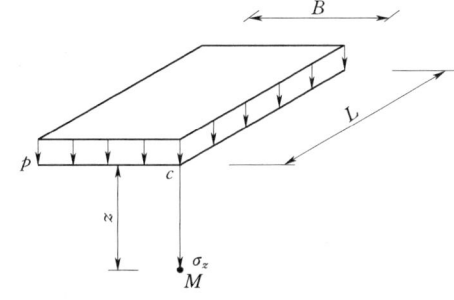

图 8.10 矩形基底竖向均布荷载作用下的附加应力

式中 p——竖向矩形均布荷载，kPa；

　　　α_c——竖向矩形均布荷载作用时，角点下的附加应力系数，它是 L/B 和 z/B 的函数，可由表8.2查得（L 为矩形基底的长边，B 为短边）。

表 8.2　矩形基础在竖向均布荷载作用时角点下的附加应力系数 α_c 值

z/B \ L/B	1.0	1.2	1.4	1.6	1.8	2.0	2.2	2.4	2.6	2.8	3.0	4.0	5.0	10.0
0.0	0.2500	0.2500	0.2500	0.2500	0.2500	0.2500	0.2500	0.2500	0.2500	0.2500	0.2500	0.2500	0.2500	0.2500
0.2	0.2486	0.2489	0.2490	0.2491	0.2491	0.2491	0.2491	0.2491	0.2492	0.2492	0.2492	0.2492	0.2492	0.2492
0.4	0.2401	0.2420	0.2429	0.2434	0.2437	0.2439	0.2440	0.2441	0.2442	0.2442	0.2442	0.2443	0.2443	0.2443
0.6	0.2229	0.2275	0.2300	0.2315	0.2324	0.2329	0.2333	0.2333	0.2337	0.2338	0.2339	0.2341	0.2342	0.2342
0.8	0.1999	0.2075	0.2120	0.2147	0.2165	0.2176	0.2183	0.2188	0.2192	0.2194	0.2196	0.2200	0.2202	0.2203
1.0	0.1752	0.1851	0.1911	0.1955	0.1981	0.1999	0.2012	0.2020	0.2026	0.2031	0.2034	0.2042	0.2044	0.2046
1.2	0.1516	0.1626	0.1705	0.1758	0.1793	0.1818	0.1836	0.1849	0.1858	0.1865	0.1870	0.1882	0.1885	0.1889
1.4	0.1308	0.1423	0.1508	0.1569	0.1613	0.1644	0.1667	0.1685	0.1696	0.1705	0.1712	0.1730	0.1735	0.1740
1.6	0.1123	0.1241	0.1329	0.1396	0.1445	0.1482	0.1509	0.1530	0.1545	0.1557	0.1567	0.1590	0.1598	0.1640
1.8	0.0969	0.1083	0.1172	0.1241	0.1294	0.1334	0.1365	0.1389	0.1408	0.1423	0.1434	0.1463	0.1474	0.1483
2.0	0.0840	0.0947	0.1034	0.1103	0.1158	0.1202	0.1236	0.1263	0.1284	0.1300	0.1314	0.1350	0.1363	0.1375
2.2	0.0732	0.0832	0.0917	0.0984	0.1039	0.1084	0.1120	0.1149	0.1172	0.1191	0.1205	0.1248	0.1264	0.1279
2.4	0.0642	0.0734	0.0813	0.0879	0.0934	0.0979	0.1016	0.1047	0.1071	0.1092	0.1108	0.1156	0.1175	0.1194
2.6	0.0566	0.0651	0.0725	0.0788	0.0842	0.0887	0.0924	0.0955	0.0981	0.1003	0.1020	0.1073	0.1095	0.1118
2.8	0.0502	0.0580	0.0649	0.0709	0.0761	0.0805	0.0842	0.0875	0.0900	0.0923	0.0942	0.0999	0.1024	0.1050
3.0	0.0447	0.0519	0.0583	0.0640	0.0690	0.0732	0.0769	0.0801	0.0828	0.0851	0.0870	0.0931	0.0959	0.0990
3.2	0.0401	0.0467	0.0526	0.0580	0.0627	0.0668	0.0704	0.0735	0.0762	0.0786	0.0806	0.0870	0.0900	0.0935
3.4	0.0361	0.0421	0.0477	0.0527	0.0571	0.0611	0.0646	0.0677	0.0704	0.0727	0.0747	0.0814	0.0847	0.0886
3.6	0.0326	0.0382	0.0433	0.0480	0.0523	0.0561	0.0594	0.0624	0.0651	0.0647	0.0694	0.0763	0.0799	0.0842
3.8	0.0296	0.0348	0.0395	0.0439	0.0479	0.0516	0.0548	0.0577	0.0603	0.0626	0.0646	0.0717	0.0753	0.0802
4.0	0.0270	0.0318	0.0362	0.0403	0.0441	0.0474	0.0507	0.0535	0.0560	0.0588	0.0603	0.0674	0.0712	0.0765
4.2	0.0247	0.0291	0.0333	0.0371	0.0407	0.0439	0.0469	0.0496	0.0521	0.0543	0.0563	0.0634	0.0674	0.0731
4.4	0.0227	0.0268	0.0306	0.0343	0.0376	0.0407	0.0436	0.0462	0.0485	0.0507	0.0527	0.0597	0.0639	0.0700
4.6	0.0209	0.0247	0.0283	0.0317	0.0348	0.0378	0.0405	0.0430	0.0453	0.0474	0.0493	0.0564	0.0606	0.0671
4.8	0.0193	0.0229	0.0262	0.0294	0.0324	0.0352	0.0378	0.0402	0.0424	0.0444	0.0463	0.0533	0.0576	0.0645
5.0	0.0179	0.0212	0.0243	0.0274	0.0302	0.0328	0.0358	0.0376	0.0397	0.0417	0.0435	0.0504	0.0547	0.0620
6.0	0.0127	0.0151	0.0174	0.0196	0.0218	0.0238	0.0257	0.0276	0.0293	0.0310	0.0325	0.0388	0.0431	0.0521
7.0	0.0094	0.0112	0.0130	0.0147	0.0164	0.0180	0.0195	0.0210	0.0224	0.0238	0.0251	0.0306	0.0346	0.0449
8.0	0.0073	0.0087	0.0101	0.0114	0.0127	0.0140	0.0153	0.0165	0.0174	0.0187	0.0198	0.0246	0.0283	0.0394
9.0	0.0058	0.0069	0.0080	0.0091	0.0102	0.0112	0.0122	0.0132	0.0142	0.0152	0.0161	0.0202	0.0235	0.0351
10.0	0.0047	0.0056	0.0065	0.0074	0.0083	0.0092	0.0100	0.0108	0.0116	0.0124	0.0132	0.0167	0.0198	0.0316

2. 矩形基础下任意位置的附加应力计算——角点法

若计算点不在某角点正对的下方，可将荷载作用面划分为几个部分，使得计算点在每个部分的角点下。如果计算点在基底面以外，可先补一部分荷载再划分，最后减去所补部分的作用。即采用叠加原理求出计算点的竖向应力 σ_z 值，这种计算方法一般称为角点法。

根据计算点位置的不同，可有以下四种情况，如图 8.11 所示。

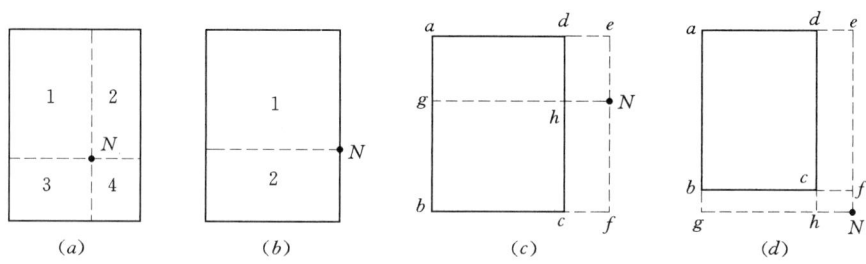

图 8.11 角点法应用示意图

(a) 基底内；(b) 基底边缘；(c) 基底边缘外侧；(d) 基底角点外侧

(1) 计算点在基底面内 N 点下，如图 8.11 (a) 所示，则
$$\sigma_z = (\alpha_{c1} + \alpha_{c2} + \alpha_{c3} + \alpha_{c4})p$$

(2) 计算点在基底边缘 N 点下，如图 8.11 (b) 所示，则
$$\sigma_z = (\alpha_{c1} + \alpha_{c2})p$$

(3) 计算点在基底边缘外侧 N 点下，如图 8.11 (c) 所示，则
$$\sigma_z = (\alpha_{cNa} + \alpha_{cNb} - \alpha_{cNd} - \alpha_{cNe})p$$

(4) 计算点在基角点外侧 N 点下，如图 8.11 (d) 所示，则
$$\sigma_z = (\alpha_{cNa} - \alpha_{cNb} - \alpha_{cNd} + \alpha_{cNe})p$$

【例 8.3】 如图 8.12 所示，一矩形基础，底面尺寸为 $2m \times 3.4m$，基础及其上部荷载 $P = 1360kN$，试求图中 A 点以下 $z = 4m$ 处的竖向附加应力 σ_z。

【解】 基底面受中心荷载作用，基底压力按均匀分布简化，基底压力为

$$p = \frac{1360}{2 \times 3.4} = 200(\text{kPa})$$

过 A 点将矩形底面分为 Ⅰ、Ⅱ 两部分。

对部分 Ⅰ：$L/B = 2/1 = 2$，$z/B = 4/1 = 4$，查表 8.2 得 $\alpha_c^{\text{Ⅰ}} = 0.0474$。

对部分 Ⅱ：$L/B = 2.4/2 = 1.2$，$z/B = 4/2 = 2$，查表 8.2 得 $\alpha_c^{\text{Ⅱ}} = 0.0947$。

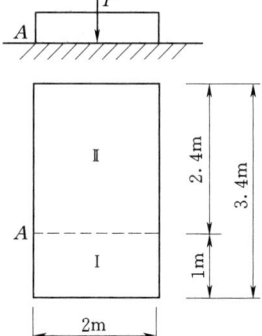

图 8.12 [例 8.3] 图

$$\begin{aligned}\sigma_z &= (\alpha_c^{\text{Ⅰ}} + \alpha_c^{\text{Ⅱ}})p \\ &= (0.0474 + 0.0947) \times 200 \\ &= 28.21(\text{kPa})\end{aligned}$$

说明：如果基础底面有埋深，计算中应以 p_0 代替 p。

8.3.3 矩形基础在竖向三角形分布荷载作用下地基中的附加应力

如图 8.13 所示，竖向三角形分布荷载最大强度为 p_t，作用在矩形基底面上，荷载强度为零的角点下深度 z 处 M 点的竖向附加应力 σ_z 表示成如下形式

$$\sigma_z = \alpha_t p_t \tag{8.12}$$

式中　p_t——竖向三角形分布荷载，kPa；

α_t——矩形基础在竖向三角形分布荷载作用时，零角点下的附加应力系数，它是 L/B 和 z/B 的函数，可由表 8.3 查得（L 为沿荷载强度不变方向的边长，B 为另一边的边长）。

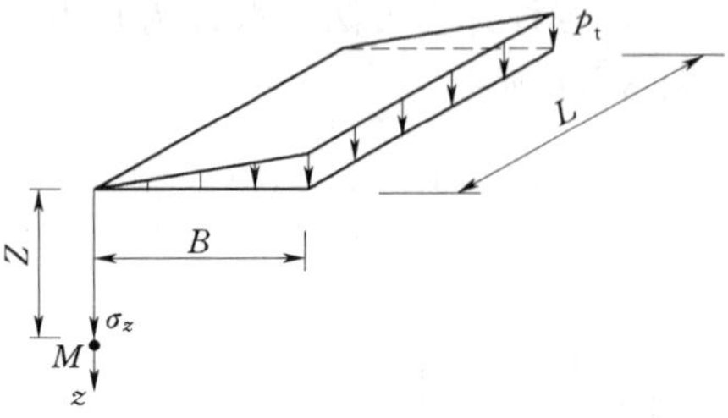

图 8.13　矩形基础在竖向三角形分布荷载作用下零角点下的附加应力

表 8.3　矩形基础在竖向三角形分布荷载作用下零角点下的附加应力系数 α_t 值

z/B \ L/B	0.4	0.6	0.8	1.0	1.2	1.4	1.6	1.8	2.0	3.0	4.0	6.0	8.0	10.0
0.0	0.000	0.000	0.000	0.000	0.000	0.000	0.000	0.000	0.000	0.000	0.000	0.000	0.000	0.000
0.2	0.028	0.030	0.030	0.030	0.031	0.031	0.031	0.031	0.031	0.031	0.031	0.031	0.031	0.031
0.4	0.042	0.049	0.052	0.053	0.054	0.054	0.055	0.055	0.055	0.055	0.055	0.055	0055	0.055
0.6	0.045	0.056	0.062	0.065	0.067	0.068	0.069	0.069	0.070	0.070	0.070	0.070	0.070	0.070
0.8	0.042	0.055	0.064	0.069	0.072	0.074	0.075	0.076	0.076	0.077	0.078	0.078	0.078	0.078
1.0	0.038	0.051	0.060	0.067	0.071	0.074	0.075	0.077	0.077	0.079	0.079	0.080	0.080	0.080
1.2	0.032	0.045	0.055	0.062	0.066	0.070	0.072	0.074	0.075	0.077	0.078	0.078	0.078	0.078
1.4	0.028	0.039	0.048	0.055	0.061	0.064	0.067	0.069	0.071	0.074	0.075	0.075	0.075	0.075
1.6	0.024	0.034	0.042	0.049	0.055	0.059	0.062	0.064	0.066	0.070	0.071	0.071	0.072	0.072
1.8	0.020	0.029	0.037	0.044	0.049	0.053	0.056	0.059	0.060	0.065	0.067	0.067	0.068	0.068
2.0	0.018	0.026	0.032	0.038	0.043	0.047	0.051	0.053	0.055	0.061	0.062	0.063	0.064	0.064
2.5	0.013	0.019	0.024	0.028	0.033	0.036	0.039	0.042	0.044	0.050	0.053	0.054	0.055	0.055
3.0	0.009	0.014	0.018	0.021	0.025	0.028	0.031	0.033	0.035	0.042	0.045	0.047	0.047	0.048
5.0	0.004	0.005	0.008	0.010	0.012	0.014	0.015	0.017	0.018	0.025	0.028	0.030	0.030	0.030
7.0	0.002	0.003	0.004	0.005	0.006	0.006	0.007	0.008	0.009	0.012	0.015	0.019	0.020	0.021
10.0	0.001	0.001	0.002	0.002	0.003	0.003	0.004	0.004	0.005	0.007	0.008	0.011	0.013	0.014

8.3.4 矩形基础在水平均布荷载作用下地基中的附加应力

如图 8.14 所示，矩形基底面上作用水平均布荷载 p_h 时，角点下深度 z 处 M 点的竖向附加应力 σ_z 表示成如下形式

$$\sigma_z = \pm \alpha_h p_h \tag{8.13}$$

式中　p_h——水平均布荷载，kPa；

α_h——矩形基础在水平均布荷载作用时，角点下的附加应力系数，它是L/B和z/B的函数，可由表 8.4 查得（B 为与水平荷载方向平行的边长，L 为另一边的边长）。

式（8.13）中"+"号表示压应力，"-"号表示拉应力。在荷载起始端下产生拉应力，取"-"号；在荷载终了端下产生压应力，取"+"号。

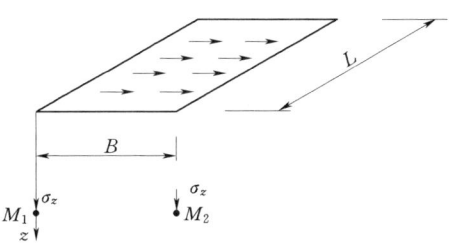

图 8.14 矩形基础在水平均布荷载作用时角点下的附加应力

表 8.4 矩形基础在水平均布荷载作用时角点下的附加应力系数 α_h 值

z/B \ L/B	0.4	0.6	0.8	1.0	1.2	1.4	1.6	1.8	2.0	3.0	4.0	6.0	8.0	10.0
0.0	0.159	0.159	0.159	0.159	0.159	0.159	0.159	0.159	0.159	0.159	0.159	0.159	0.159	0.159
0.2	0.140	0.148	0.151	0.152	0.152	0.153	0.153	0.153	0.153	0.153	0.153	0.153	0.153	0.153
0.4	0.105	0.122	0.129	0.133	0.135	0.136	0.136	0.137	0.137	0.137	0.137	0.137	0.137	0.137
0.6	0.075	0.093	0.104	0.109	0.112	0.114	0.115	0.116	0.116	0.117	0.117	0.117	0.117	0.117
0.8	0.053	0.069	0.080	0.086	0.090	0.092	0.094	0.095	0.096	0.097	0.097	0.097	0.097	0.097
1.0	0.038	0.051	0.060	0.067	0.071	0.074	0.075	0.077	0.077	0.079	0.079	0.080	0.080	0.080
1.2	0.027	0.038	0.046	0.051	0.055	0.058	0.060	0.062	0.062	0.065	0.065	0.065	0.065	0.065
1.4	0.020	0.028	0.035	0.040	0.043	0.046	0.048	0.049	0.051	0.053	0.053	0.054	0.054	0.054
1.6	0.015	0.021	0.027	0.031	0.034	0.037	0.039	0.040	0.041	0.044	0.044	0.045	0.045	0.045
1.8	0.011	0.017	0.021	0.024	0.027	0.029	0.031	0.033	0.034	0.036	0.037	0.037	0.038	0.038
2.0	0.009	0.013	0.016	0.019	0.022	0.024	0.025	0.027	0.028	0.030	0.031	0.032	0.032	0.032
2.5	0.005	0.007	0.009	0.011	0.013	0.015	0.016	0.017	0.018	0.020	0.021	0.022	0.022	0.022
3.0	0.003	0.005	0.006	0.007	0.008	0.009	0.010	0.011	0.012	0.014	0.015	0.016	0.016	0.016
5.0	0.001	0.001	0.001	0.002	0.002	0.002	0.003	0.003	0.003	0.004	0.005	0.006	0.006	0.006
7.0	0.0003	0.0004	0.0005	0.001	0.001	0.001	0.001	0.001	0.001	0.002	0.002	0.003	0.003	0.003
10.0	0.0001	0.0001	0.0002	0.0002	0.0003	0.0003	0.0004	0.0004	0.0005	0.001	0.001	0.001	0.001	0.001

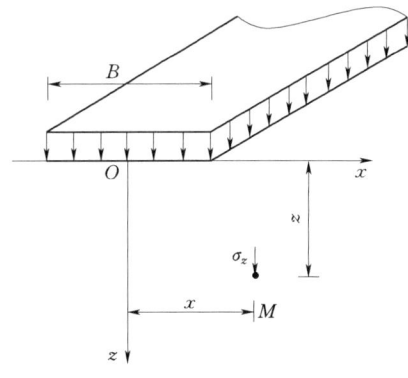

图 8.15 条形基础在竖向均布荷载作用下的附加应力

8.3.5 条形基础在竖向均布荷载作用下地基中的附加应力

条形基础由于一边很长，沿长边各个断面均可看作对称面，其中一个面的应力情况即可代表所有面的情况，在计算方法上不同于角点法，相比之下，计算更为便捷。

如图 8.15 所示，设宽度为 B 的条形基础产生均布荷载 p，土中任一点的竖向应力 σ_z 由弹性理论中的弗拉曼公式在荷载分布宽度范围内积分得到，可表示为如下形式

$$\sigma_z = \alpha_z^s p \tag{8.14}$$

式中 p ——竖向条形均布荷载，kPa；

α_z^s ——竖向条形均布荷载作用下地基中的附加应力系数，它是 x/B 和 z/B 的函数，可由表 8.5 查得。注意此时坐标系的原点是在均布荷载的中点处。

表 8.5　条形基础在竖向均布荷载作用下地基中的附加应力系数 α_z^s 值

z/B \ x/B	−1.0	−0.75	−0.50	−0.25	0.00	+0.25	+0.50	+0.75
0.01	0.001	0.000	0.500	0.999	0.999	0.999	0.500	0.000
0.1	0.002	0.011	0.499	0.988	0.997	0.988	0.499	0.011
0.2	0.011	0.091	0.498	0.936	0.978	0.936	0.498	0.091
0.4	0.056	0.174	0.489	0.797	0.881	0.797	0.489	0.174
0.6	0.111	0.243	0.468	0.679	0.756	0.679	0.468	0.243
0.8	0.155	0.276	0.440	0.586	0.642	0.586	0.440	0.276
1.0	0.186	0.288	0.409	0.511	0.549	0.511	0.409	0.288
1.2	0.202	0.287	0.375	0.450	0.478	0.450	0.375	0.287
1.4	0.210	0.279	0.348	0.401	0.420	0.401	0.348	0.279
2.0	0.205	0.242	0.275	0.298	0.306	0.298	0.275	0.242

【例 8.4】 如图 8.16 所示，某条形基础宽度 $B=4\mathrm{m}$，其上作用垂直中心荷载 $\bar{p}=600\mathrm{kN/m}$，试求基础中点下 9m 范围内的附加应力 σ_z，并绘制应力分布图。

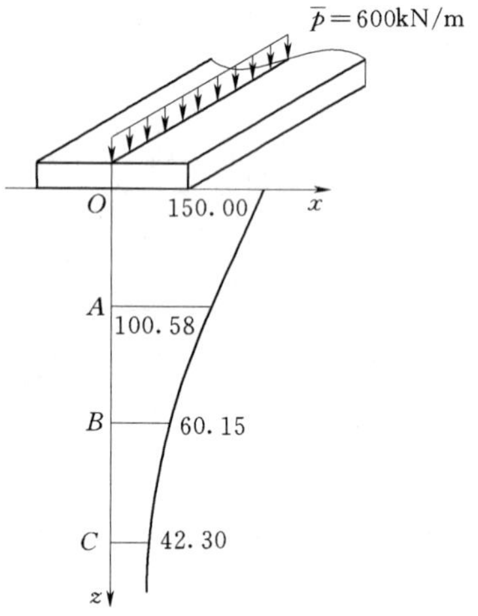

【解】 中心荷载作用基底压力简化为均匀分布，则

$$p = \frac{\bar{p}}{B} = \frac{600\mathrm{kN/m}}{4\mathrm{m}} = 150(\mathrm{kPa})$$

按图 8.16 建立坐标系，坐标原点在基础中心处，z 轴向下，x 轴向右（或左），取 $z=3\mathrm{m}$、$6\mathrm{m}$、$9\mathrm{m}$ 进行计算，分别以 A、B、C 标记。当 $z=3\mathrm{m}$ 时，$x/B=0$，$z/B=3/4=0.75$，附加应力系数 α_z^s 由表 8.5 经线性内插而得

$$\alpha_z^s = 0.642 + \frac{0.8-0.75}{0.8-0.6} \times (0.756-0.642)$$
$$= 0.6705$$
$$\sigma_z = 0.6705 \times 150 = 100.58(\mathrm{kPa})$$

图 8.16　[例 8.4] 图

同理可得其他点的附加应力 σ_z，见表 8.6。

表 8.6　σ_z 计 算 表

点位	z/m	z/B	α_z^s	σ_z/kPa
O	0	0	1	150.00
A	3	0.75	0.6705	100.58
B	6	1.5	0.401	60.15
C	9	2.25	0.282	42.30

8.3.6 条形基础在竖向三角形分布荷载作用下地基中的附加应力

如图 8.17 所示，设宽度为 B 的条形基础上作用三角形分布荷载，最大强度 p_t，土中任一点的竖向附加应力 σ_z 可表示为如下形式

$$\sigma_z = \alpha_z^t p_t \qquad (8.15)$$

式中　p_t——竖向三角形分布荷载最大强度值，kPa；

α_z^t——条形基础在竖向三角形分布荷载作用下地基中的附加应力系数，它是 x/B 和 z/B 的函数，可由表 8.7 查得。注意此时坐标系的原点在荷载强度为零的一侧，x 正向指向强度增大一侧。

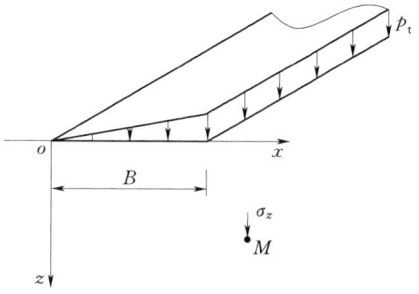

图 8.17　条形基础在竖向三角形分布荷载作用下的附加应力

表 8.7　条形基础在竖向三角形分布荷载作用下的附加应力系数 α_z^t 值

z/B \ x/B	−0.50	−0.25	0.00	+0.25	+0.50	+0.75	+1.00	+1.25	+1.50
0.01	0.000	0.000	0.003	0.249	0.500	0.750	0.497	0.000	0.000
0.1	0.000	0.002	0.032	0.251	0.498	0.737	0.468	0.010	0.002
0.2	0.003	0.009	0.061	0.255	0.489	0.682	0.437	0.050	0.009
0.4	0.010	0.036	0.110	0.263	0.441	0.534	0.379	0.137	0.043
0.6	0.030	0.066	0.140	0.258	0.378	0.421	0.328	0.177	0.080
0.8	0.050	0.089	0.155	0.243	0.321	0.343	0.285	0.188	0.106
1.0	0.065	0.104	0.159	0.224	0.275	0.286	0.250	0.184	0.121
1.2	0.070	0.111	0.154	0.204	0.239	0.246	0.221	0.176	0.126
1.4	0.080	0.114	0.151	0.186	0.210	0.215	0.198	0.165	0.127
2.0	0.090	0.108	0.127	0.143	0.153	0.155	0.147	0.134	0.115

8.3.7 条形基础在水平均布荷载作用下地基中的附加应力

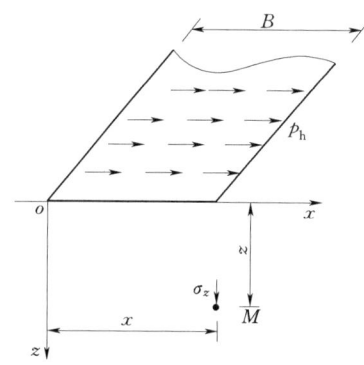

图 8.18　条形基础在水平均布荷载作用下的附加应力

如图 8.18 所示，宽度为 B 的条形基础上作用水平均布荷载 p_h 时，土中任一点的竖向附加应力 σ_z 可表示为如下形式

$$\sigma_z = \alpha_z^h p_h \qquad (8.16)$$

式中　p_h——水平均布荷载，kPa；

α_z^h——条形基础在水平均布荷载作用时土中任一点的附加应力系数，它是 x/B 和 z/B 的函数，可由表 8.8 查得。注意坐标原点建在荷载起始端一侧，x 轴正向与荷载方向一致。

表 8.8 条形基础在水平均布荷载作用下的附加应力系数 α_{cz}^h 值

z/B \ x/B	-0.25	0.00	$+0.25$	$+0.50$	$+0.75$	$+1.00$	$+1.25$	$+1.50$
0.01	-0.001	-0.318	-0.001	0.000	0.001	0.318	0.001	0.0001
0.1	-0.042	-0.315	-0.039	0.000	0.039	0.315	0.042	0.011
0.2	-0.116	-0.306	-0.103	0.000	0.103	0.306	0.116	0.038
0.4	-0.199	-0.274	-0.159	0.000	0.159	0.274	0.199	0.103
0.6	-0.212	-0.234	-0.147	0.000	0.147	0.234	0.212	0.144
0.8	-0.197	-0.194	-0.121	0.000	0.121	0.194	0.197	0.158
1.0	-0.175	-0.159	-0.096	0.000	0.096	0.159	0.175	0.157
1.2	-0.153	-0.131	-0.078	0.000	0.078	0.131	0.153	0.147
1.4	-0.132	-0.108	-0.061	0.000	0.061	0.108	0.132	0.133
2.0	-0.085	-0.064	-0.034	0.000	0.034	0.064	0.085	0.096

对于竖向梯形荷载和水平均布荷载共同作用的情况，可将其分解为竖向三角形荷载、竖向均布荷载和水平均布荷载分布进行计算，再将各荷载进行叠加。

小 结

本单元主要学习了土的自重应力及附加应力的计算及其分布规律。土中自重应力的计算可归纳为 $\sigma_{cz} = \sum_{i=1}^{n} \gamma_i h_i$，而土中附加应力的计算可归纳为 $\sigma_z = \alpha p_0$。土中应力是引起土体变形的外因，对自重作用沉积稳定的土层来说，在附加应力作用下会产生新的沉降，使建筑物发生沉降、倾斜以及水平位移等。另外，土中应力过大时，可能使土体因强度不足发生破坏，甚至使土体发生滑动失去稳定。

值得注意的是，土是三相体，具有明显的各向异性和非线性特征。为简便起见，目前计算土中应力的方法仍采用弹性理论公式，将地基土视为均匀的、连续的、各向同性的半无限体，这种假定同土体的实际情况有差别，不过其计算结果尚能满足实际工程的要求。

练 习 题

一、思考题

1. 土的自重应力分布有何规律？分布图如何绘制？成层土的自重应力分布图中各层斜率受什么影响？地下水和不透水层对自重应力有何影响？
2. 基底压力和基底附加压力有何区别？为何要计算基底附加压力？
3. 偏心荷载作用下的基底压力简化计算应注意什么？
4. 土中附加应力分布有何规律？如何计算？
5. 土中附加应力的计算对于矩形基础和条形基础有何区别？为什么？

6. 角点法计算附加应力应注意什么？

二、计算题

1. 如图 8.19 所示，某地基土层剖面，各层土的厚度及重度见图，试绘制土的自重应力分布图。

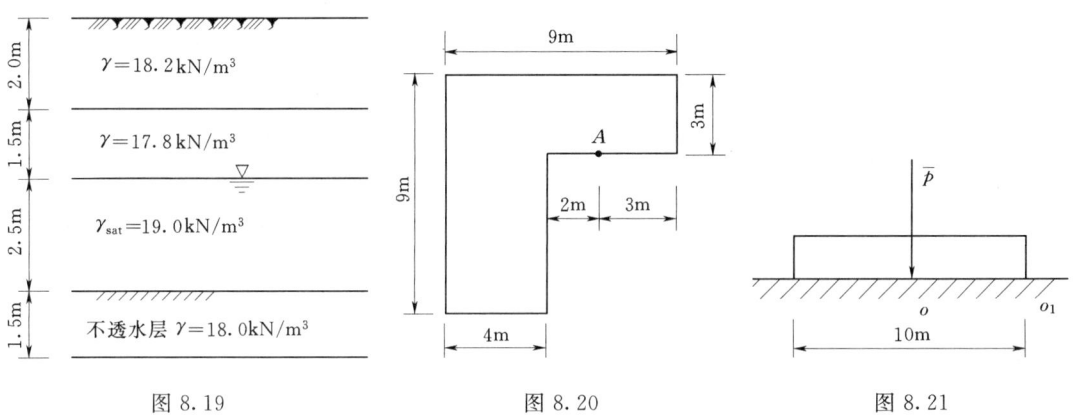

图 8.19　　　　　　图 8.20　　　　　　图 8.21

2. 如图 8.20 所示形状基础，其上作用着均布荷载 $p=140\text{kPa}$，试求图中 A 点以下 6m 深处的附加应力 σ_z。

3. 如图 8.21 所示，某条形基础的宽度 $B=10\text{m}$，受竖直中心荷载 $\bar{p}=1200\text{kN/m}$ 的作用，试求基础中点 O 及一侧 O_1 点下 12m 深度范围内的附加应力 σ_z，并绘制附加应力分布图。

三、选择题

1. 图 8.22 中自重应力分布线正确的是（　　）。

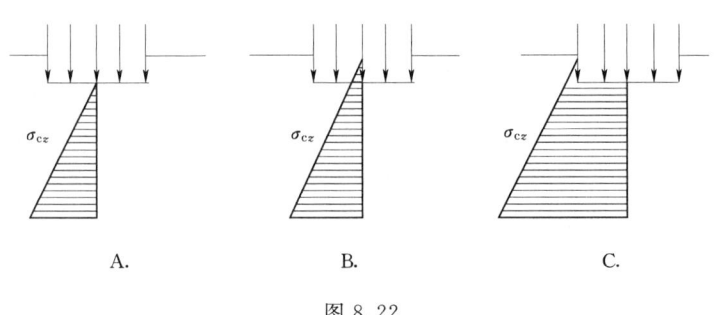

图 8.22

2. 当 $e<L/6$ 时，基地压力呈（　　）分布。
A. 三角形　　　　B. 梯形　　　　C. 均匀

3. 条形基础水平荷载作用下，基础中心点下土中附加应力系数为（　　）。
A. 0　　　　　　B. 0.5　　　　　C. 1.0

4. 条形基础水平荷载作用下，箭头一侧的边下土中附加应力为（　　）。
A. 0　　　　　　B. 压力　　　　　C. 拉力

第 9 单元 地基变形计算

【学习目标】 了解土的压缩性的概念及产生压缩的原因，掌握土的压缩性指标；在学习分层总和法的计算地基沉降变形的基础上，掌握应力面积法的计算方法及地基变形与时间的关系。

【重点】 土的压缩性指标的确定；分层总和法计算地基变形；应力面积法计算地基变形；地基变形量与时间的关系。

【难点】 分层总和法和应力面积法计算地基变形。

9.1 土 的 压 缩 性

土的压缩性是指土在压力作用下体积缩小而被压密的性能，在建筑物荷载作用下，土体会产生压缩变形，当荷载 $p<600\text{kPa}$ 时，土粒和水本身的变形很小，可以忽略不计。因而土体发生变形主要由于孔隙中孔隙水和气体被挤出，孔隙体积随之减小引起的，其变形主要是竖向的压缩变形。土的压缩性的大小，工程上一般采用压缩试验来确定。

9.1.1 土的压缩试验与压缩性指标

1. 室内压缩试验

土的室内压缩试验亦称固结试验，是研究土压缩性的最基本的方法。试验主要仪器为侧限压缩仪（又称固结仪），如图 9.1 所示。试验时将切有土样的环刀置于刚性护环中，由于金属环刀及刚性护环的限制，使得土样在竖向压力作用下只能发生竖向变形，而无侧向变形。在土样上下放置的透水石是土样受压后排出孔隙水的两个界面。压缩过程中竖向压力通过刚性板施加给土样，土样产生的压缩量可通过百分表量测。常规压缩试验通过逐级加荷进行试验，常用的分级加荷量 p 为 50kPa、100kPa、200kPa、300kPa、400kPa。

根据压缩过程中土样变形与土的三相指标的关系（图 9.2），可以导出试验过程孔隙比 e_i 与压缩量 $\sum \Delta H_i$ 的关系，即

$$e_i = e_0 - \frac{\sum \Delta H_i}{H_0}(1+e_0) \tag{9.1}$$

式中 e_i——第 i 级荷载作用下稳定后土样的孔隙比；
e_0——压缩前土样的孔隙比；
$\sum \Delta H_i$——第 i 级荷载作用稳定后相应的总变形量；
H_0——压缩前土样的原始高度。

这样，根据式（9.1）即可得到各级荷载 p 下对应的孔隙比 e，从而可绘制出土样压

缩试验的 $e-p$ 曲线（图 9.3）及 $e-\lg p$ 曲线（图 9.4）等。

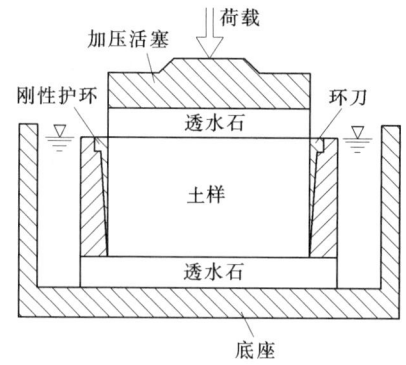

图 9.1　侧限压缩试验示意图

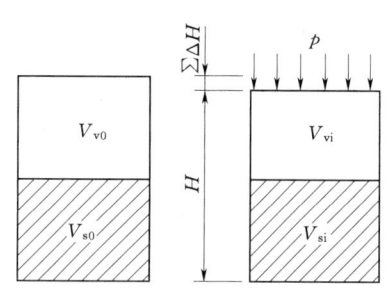

图 9.2　土的压缩试验原理

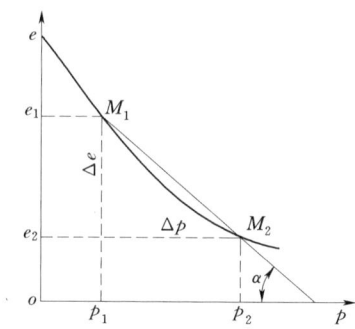

图 9.3　$e-p$ 曲线确定压缩系数

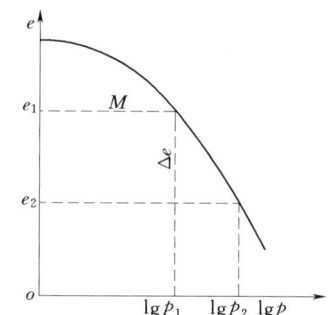

图 9.4　$e-\lg p$ 曲线确定压缩指数

2. 压缩性指标

（1）压缩系数 a。通常可将常规压缩试验所得的 $e-p$ 数据采用普通直角坐标绘制成 $e-p$ 曲线（图 9.3）。设压力由 p_1 增至 p_2，相应的孔隙比由 e_1 减小到 e_2，当压力变化范围不大时，可将 M_1M_2 段曲线用割线来代替，用割线 M_1M_2 的斜率来表示土在这一段压力范围的压缩性，即

$$a = \tan\alpha = -\frac{\Delta e}{\Delta p} = \frac{e_1 - e_2}{p_2 - p_1} \tag{9.2}$$

式中　a——压缩系数，kPa^{-1} 或 MPa^{-1}；

　　　p_1——增压前的压力，kPa；

　　　p_2——增压后的压力，kPa；

　　　e_1——增压前土体在 p_1 作用下压缩稳定后的孔隙比；

　　　e_2——增压后土体在 p_2 作用下压缩稳定后的孔隙比；

　　　Δp——所施加的压力增量，kPa；

　　　Δe——相应于压力增量所对应的土体孔隙比减小量。

从图 9.3 可以看出，压缩系数 a 越大，曲线越陡，土的压缩性越高；压缩系数 a 值与土所受的荷载大小有关。GB 50007—2011《建筑地基基础设计规范》中规定，工程中一

般采用 $100\sim200\text{kPa}$ 压力区间内对应的压缩系数 a_{1-2} 来评价土的压缩性。即

低压缩性土 $a_{1-2}<0.1\text{MPa}^{-1}$
中压缩性土 $0.1\text{MPa}^{-1}\leqslant a_{1-2}<0.5\text{MPa}^{-1}$
高压缩性土 $a_{1-2}\geqslant 0.5\text{MPa}^{-1}$

（2）压缩模量 E_s。土在完全侧限的条件下竖向应力增量 Δp（如从 p_1 增至 p_2）与相应的竖向应变 ε 的比值，称为土的压缩模量，即

$$E_s=\frac{\Delta p}{\varepsilon} \tag{9.3}$$

压力增量 $\Delta p=p_2-p_1$，竖向应变 $\varepsilon=(H_1-H_2)/H_1$，可以导出压缩系数 a 与压缩模量 E_s 之间的关系为

$$E_s=\frac{\Delta p}{\Delta H/H_1}=\frac{\Delta p}{\Delta e/(1+e_1)}=\frac{1+e_1}{a} \tag{9.4}$$

同样，可以用 $100\sim200\text{kPa}$ 压力区间内对应的压缩模量 E_s 值评价土的压缩性，即

高压缩性土 $E_s<4\text{MPa}$
中压缩性土 $4\text{MPa}\leqslant E_s\leqslant 15\text{MPa}$
低压缩性土 $E_s>15\text{MPa}$

（3）压缩指数 C_c。将 $e-\lg p$ 曲线直线段的斜率用 C_c 来表示，称为压缩指数，即

$$C_c=\frac{e_1-e_2}{\lg p_2-\lg p_1}=\frac{e_1-e_2}{\lg\dfrac{p_2}{p_1}} \tag{9.5}$$

压缩指数 C_c 与压缩系数 a 不同，它在压力较大时为常数，不随压力变化而变化。C_c 值越大，土的压缩性越高，低压缩性土的 C_c 值一般小于 0.2，高压缩性土的 C_c 值一般大于 0.4。

9.1.2 土的应力历史

目前工程上所谓应力历史，是指土层在地质历史发展过程中所形成的先期应力状态以及这个状态对土层强度与变形的影响。

1. 先期固结压力

土层在历史上所曾经承受过的最大固结压力，称为先期固结压力，用 p_c 表示。目前对先期固结压力 p_c 通常是根据室内压缩试验获得的 $e-\lg p$ 曲线来确定，较简便明了的方法是卡萨格兰德于1936年提出的经验作图法（图9.5）。

（1）在 $e-\lg p$ 曲线拐弯处找出曲率半径最小的点 A，过 A 点作水平线 $A1$ 和切线 $A2$。

（2）作 $\angle 1A2$ 的平分线 $A3$，与 $e-\lg p$ 曲线直线段的延长线交于 B 点。

（3）B 点所对应的有效应力即为前期固结压力。

必须指出，采用这种简易的经验作图法，要求取

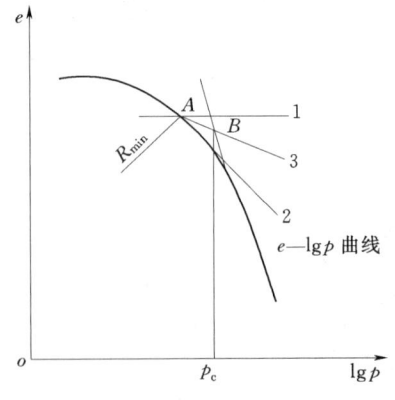

图 9.5 求 p_c 的卡萨格兰德的经验作图法

土质量较高,绘制 e—$\lg p$ 曲线时还应注意选用合适的比例,否则,很难找到曲率半径最小的点 A,就不一定能得出可靠的结果。还应结合现场的调查资料综合分析确定。

2. 土的固结状态

工程中可根据超固结比 OCR 将土分为三种,超固结比 OCR 是先期固结压力 p_c 与现有固结压力 σ_c 的比值,即

$$OCR = \frac{p_c}{\sigma_c} \tag{9.6}$$

(1) 正常固结土（$p_c = \sigma_c$,即 $OCR = 1.0$）。土在形成和存在的历史中只受过目前土层所受的自重应力,并在其应力作用下完全固结的土,如图 9.6（a）所示。

(2) 超固结土（$p_c > \sigma_c$,即 $OCR > 1.0$）。土层在历史上曾经沉积并在自重应力作用下固结稳定到图 9.6（b）中虚线所示的地面,由于地质作用,上部土层被剥蚀而形成现在地表的土。

(3) 欠固结土（$p_c < \sigma_c$,即 $OCR < 1.0$）。未经夯实的新填土或新近沉积的在自重应力 p_c 作用下尚未完全固结的堆积物,如图 9.6（c）所示。

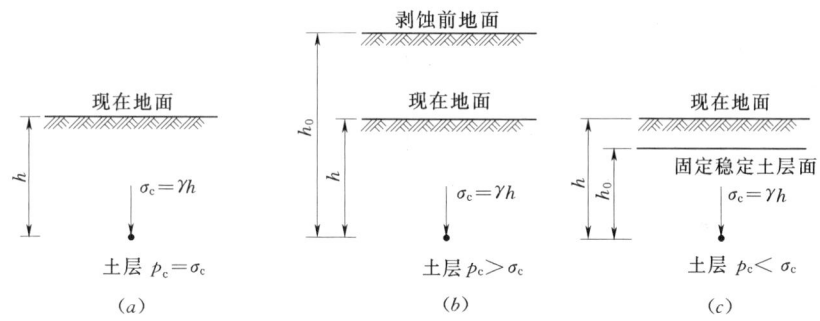

图 9.6　土层按先期固结压力的分类

9.2　地基最终沉降量计算

由于地基土体在建筑物荷载作用下会产生压缩变形,使得建筑物发生沉降,沉降量或沉降差较大时,影响建筑物的正常使用,严重时还会使建筑物开裂、倾斜,甚至倒塌。因此,为了保证建筑物的安全和正常使用,必须计算地基土体的沉降量、沉降差,把地基的变形值控制在容许的范围内。

地基土层在建筑物荷载作用下达到固结稳定时的最大沉降量,称为地基最终沉降量。通常采用分层总和法和规范法（应力面积法）计算地基最终沉降量。

9.2.1　分层总和法

1. 计算原理

分层总和法一般取基底中心点下地基附加应力来计算各分层土的竖向压缩量,认为基础的平均沉降量 s 为各分层上竖向压缩量 s_i 之和。在计算出 s_i 时,假设地基土只在竖向

发生压缩变形，没有侧向变形，故可利用室内侧限压缩试验成果进行计算。

$$s = \sum_{i=1}^{n} s_i \tag{9.7}$$

式中　s——地基最终沉降量，mm；

　　　s_i——第 i 分层土的竖向压缩量，mm。

2. 计算公式

各分层的沉降量可按下式计算

$$s_i = \Delta H_i = \frac{e_{1i} - e_{2i}}{1 + e_{1i}} H_i = \frac{\Delta e_i}{1 + e_{1i}} H_i \tag{9.8}$$

式中　ΔH_i——施加荷载达沉降稳定后第 i 分层土的沉降量，mm；

　　　H_i——施加荷载前第 i 分层土的厚度，mm；

　　　e_{1i}——对应于第 i 分层土应力 p_{1i} 从土的压缩曲线上得到的孔隙比；p_{1i} 即第 i 分层土上下层面自重应力值的平均值；

　　　e_{2i}——对应于第 i 分层土应力 p_{2i} 从土的压缩曲线上得到的孔隙比；p_{2i} 即第 i 分层土自重应力平均值 p_{1i} 与应力增量 Δp_i（上下层面附加应力值的平均值）之和。

若引入压缩系数 a，压缩模量 E_s，上式可变为

$$s_i = \frac{a_i}{1 + e_{1i}} \Delta p_i H_i \tag{9.9}$$

式中　a_i——第 i 分层土的压缩系数，kPa^{-1} 或 MPa^{-1}。

$$s_i = \frac{\Delta p_i}{E_{si}} H_i \tag{9.10}$$

式中　E_{si}——第 i 分层土的压缩模量，kPa 或 MPa。

3. 计算步骤

（1）地基土分层。成层土的层面（不同土层的压缩性及重度不同）及地下水位面（水位下土受到浮力）是天然的分层界面，其中较厚土层需再分，分层厚度一般不宜大于 0.4B（工民建地基，B 为基底宽度）或 0.25B（水工闸或坝地基）。

（2）计算各分层界面处土的自重应力，土的自重应力应从天然地面起算。

（3）计算基底压力及基底附加压力。

（4）计算各分层界面处附加应力。

（5）确定计算深度（压缩层厚度）。一般取地基附加应力等于自重应力的 20% 深度处作为沉降计算深度的限值（即 $\sigma_z/\sigma_{cz} \leqslant 0.2$）；若在该深度以下为高压缩性土，则应取地基附加应力等于自重应力的 10% 深度处作为沉降计算深度的限值（即 $\sigma_z/\sigma_{cz} \leqslant 0.1$）。

（6）计算各分层土的压缩量 s_i：$s_i = \frac{e_{1i} - e_{2i}}{1 + e_{1i}} H_i$。

（7）计算总变形量：$s = \sum s_i = \sum_{i=1}^{n} \frac{e_{1i} - e_{2i}}{1 + e_{1i}} H_i$。

【例 9.1】 墙下条形基础宽度为 2.0m,传至地面的荷载为 100kN/m,基础埋置深度为 1.2m,地下水位在基底以下 0.6m,如图 9.7 所示,计算时黏土层的饱和重度与天然重度取值相同,地基土的室内压缩试验 e—p 数据见表 9.1,用分层总和法求基础中点的沉降量。

表 9.1 地基土的室内压缩试验 e—p 数据

p e	0	50	100	200	300
①黏土	0.651	0.625	0.608	0.587	0.570
②粉质黏土	0.978	0.889	0.855	0.809	0.773

【解】

(1) 地基分层。考虑分层厚度不超过 $0.4b=0.8$m 以及地下水位,基底以下厚 1.2m 的黏土层分成两层,层厚均为 0.6m,其下粉质黏土层分层厚度均取为 0.8m。

(2) 计算自重应力。计算分层处的自重应力,地下水位以下取浮重度进行计算。

计算各分层上下界面处自重应力的平均值,作为该分层受压前所受侧限竖向应力 p_1,各分层点的自重应力值及各分层的平均自重应力值见图 9.7 及表 9.2。

(3) 计算竖向附加应力。基底平均附加应力为

$$p_0 = \frac{100 + 20 \times 2.0 \times 1.2}{2.0 \times 1.0} - 1.2 \times 17.6 = 52.9 \text{(kPa)}$$

查条形基础竖向应力系数表,可得应力系数 K_z^s 及计算各分层点的竖向附加应力,并计算各分层上下界面处附加应力的平均值,见图 9.7 及表 9.2。

(4) 将各分层自重应力平均值和附加应力平均值之和作为该分层受压后的总应力 p_{2i}。

(5) 确定压缩层深度。一般可按 $\sigma_z/\sigma_{cz}=0.2$ 来确定压缩层深度,在 $Z=4.4$m 处,$\sigma_z/\sigma_{cz}=15.0/62.8=0.239>0.2$,在 $Z=5.2$m 处,$\sigma_z/\sigma_{cz}=12.7/69.4=0.183<0.2$,所以压缩层深度可取为基底以下 5.2m。

(6) 计算各分层的压缩量。其中 e_{1i}、e_{2i} 由表 9.1 内插求得或制成 e—p 曲线,由曲线上查得。

如第③层

$$s_3 = \frac{e_{1i} - e_{2i}}{1 + e_{1i}} H_3 = \frac{0.907 - 0.873}{1 + 0.907} \times 800 = 14.3 \text{(mm)}$$

各分层的压缩量列于表 9.2。

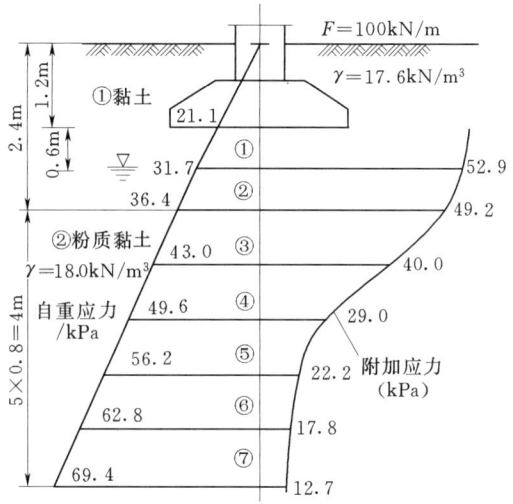

图 9.7 [例 9.1] 图

表 9.2 分层总和法计算地基最终沉降

分层点	深度 z_i /m	自重应力 σ_{cz} /kPa	附加应力 σ_z /kPa	层号	层厚 H_i /m	自重应力平均值 p_{1i} /kPa	附加应力平均值 Δp_i /kPa	总应力平均值 p_{2i} /kPa	受压前孔隙比 e_{1i}（对应 p_{1i}）	受压后孔隙比 e_{2i}（对应 p_{2i}）	分层压缩量 s_i /mm
0	0	21.1	52.9	①	0.6	26.4	51.1	77.5	0.637	0.616	7.7
1	0.6	31.7	49.2	②	0.6	34.1	44.6	78.7	0.633	0.615	6.6
2	1.2	36.4	40.0	③	0.8	39.7	34.5	74.2	0.907	0.873	14.3
3	2.0	43.0	29.0	④	0.8	46.3	25.6	71.9	0.896	0.874	9.3
4	2.8	49.6	22.2	⑤	0.8	52.9	20.0	72.9	0.887	0.874	5.9
5	3.6	56.2	17.8	⑥	0.8	59.5	16.3	75.9	0.883	0.873	5.1
6	4.4	62.8	15.0	⑦	0.8	66.1	13.8	80.0	0.878	0.871	3.8
7	5.2	69.4	12.7								

（7）计算基础平均最终沉降量。

$$s = \sum_{i=1}^{7} s_i = 7.7 + 6.6 + 14.3 + 9.3 + 5.9 + 5.1 + 3.8 = 52.7 \text{(mm)}$$

9.2.2 应力面积法

1. 计算原理

应力面积法是《建筑地基基础设计规范》中推荐使用的一种计算地基最终沉降量的方法，故又称为规范法。应力面积法一般按地基土的天然分层面划分计算土层，引入土层平均附加应力的概念，通过平均附加应力系数，将基底中心以下地基中 $z_{i-1} \sim z_i$ 深度范围的附加应力按等面积原则化为相同深度范围内矩形分布时的分布应力大小，再按矩形分布应力情况计算土层的压缩量，如图 9.8 所示，各土层压缩量的总和即为地基的计算沉降量。

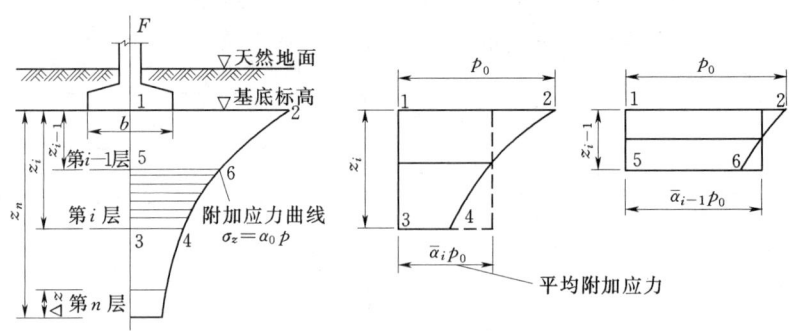

图 9.8 应力面积法的计算原理图

理论上基础的平均沉降量可表示为

$$s' = \sum_{i=1}^{n} \Delta s'_i = \sum_{i=1}^{n} \frac{1}{E_{si}} (z_i \bar{\alpha}_i p_0 - z_{i-1} \bar{\alpha}_{i-1} p_0) \tag{9.11}$$

式中　　n——沉降计算深度范围划分的土层数；

p_0——基底附加压力，kPa；

$\bar{\alpha}_i, \bar{\alpha}_{i-1}$——平均竖向附加应力系数，对于矩形面积上均布荷载作用时角点下平均竖向附加应力系数$\bar{\alpha}$值，可从表9.3查得；

$\bar{\alpha}_i p_0, \bar{\alpha}_{i-1} p_0$——将基底中心以下地基中$z_{i-1} \sim z_i$深度范围附加应力，按等面积化为相同深度范围内矩形分布时分布应力的大小。

表9.3 矩形面积受铅直均布荷载作用下基础中心点下地基的平均附加应力系数$\bar{\alpha}$

z/b	l/b												
	1.0	1.2	1.4	1.6	1.8	2.0	2.4	2.8	3.2	3.6	4.0	5.0	>10
0.0	1.000	1.000	1.000	1.000	1.000	1.000	1.000	1.000	1.000	1.000	1.000	1.000	1.000
0.1	0.997	0.998	0.998	0.998	0.998	0.998	0.998	0.998	0.998	0.998	0.998	0.998	0.998
0.2	0.987	0.990	0.991	0.992	0.992	0.992	0.993	0.993	0.993	0.993	0.993	0.993	0.993
0.3	0.967	0.973	0.976	0.978	0.979	0.979	0.980	0.980	0.981	0.981	0.981	0.981	0.982
0.4	0.936	0.947	0.953	0.956	0.958	0.965	0.961	0.962	0.962	0.963	0.963	0.963	0.963
0.5	0.900	0.915	0.924	0.929	0.933	0.935	0.937	0.939	0.939	0.940	0.940	0.940	0.940
0.6	0.858	0.878	0.890	0.898	0.903	0.906	0.910	0.912	0.913	0.914	0.914	0.915	0.915
0.7	0.816	0.840	0.855	0.865	0.871	0.876	0.881	0.884	0.885	0.886	0.887	0.887	0.888
0.8	0.775	0.801	0.819	0.831	0.839	0.844	0.851	0.855	0.857	0.858	0.859	0.860	0.860
0.9	0.735	0.764	0.784	0.797	0.806	0.813	0.821	0.826	0.829	0.830	0.831	0.832	0.833
1.0	0.698	0.723	0.749	0.764	0.775	0.783	0.792	0.798	0.801	0.803	0.804	0.806	0.807
1.1	0.663	0.694	0.717	0.733	0.744	0.753	0.764	0.771	0.775	0.777	0.779	0.780	0.782
1.2	0.631	0.663	0.686	0.703	0.715	0.725	0.737	0.744	0.749	0.752	0.754	0.756	0.758
1.3	0.601	0.633	0.657	0.674	0.688	0.698	0.711	0.719	0.725	0.728	0.730	0.733	0.735
1.4	0.573	0.605	0.629	0.648	0.661	0.672	0.687	0.696	0.701	0.705	0.708	0.711	0.714
1.5	0.548	0.580	0.604	0.622	0.637	0.643	0.664	0.676	0.679	0.683	0.686	0.690	0.693
1.6	0.524	0.556	0.580	0.599	0.613	0.625	0.641	0.651	0.658	0.663	0.666	0.670	0.675
1.7	0.502	0.533	0.558	0.577	0.591	0.603	0.620	0.631	0.638	0.643	0.646	0.651	0.656
1.8	0.482	0.513	0.537	0.556	0.571	0.583	0.600	0.611	0.619	0.624	0.629	0.633	0.638
1.9	0.463	0.493	0.517	0.536	0.551	0.563	0.581	0.593	0.601	0.606	0.610	0.616	0.622
2.0	0.446	0.475	0.499	0.518	0.533	0.545	0.563	0.575	0.584	0.590	0.594	0.600	0.606
2.1	0.429	0.459	0.482	0.500	0.515	0.528	0.546	0.559	0.567	0.574	0.578	0.585	0.591
2.2	0.414	0.443	0.466	0.484	0.499	0.511	0.530	0.543	0.552	0.558	0.563	0.570	0.577
2.3	0.400	0.428	0.451	0.469	0.484	0.496	0.515	0.528	0.537	0.544	0.548	0.556	0.564
2.4	0.387	0.414	0.436	0.454	0.469	0.481	0.500	0.513	0.523	0.530	0.535	0.543	0.551
2.5	0.374	0.401	0.423	0.441	0.455	0.468	0.486	0.500	0.509	0.516	0.522	0.530	0.539
2.6	0.362	0.389	0.410	0.428	0.442	0.455	0.473	0.487	0.496	0.504	0.509	0.518	0.528
2.7	0.351	0.377	0.398	0.416	0.430	0.442	0.461	0.474	0.484	0.492	0.497	0.506	0.517

续表

z/b	l/b											
	1.0	1.2	1.4	1.6	1.8	2.0	2.4	2.8	3.2	3.6	4.0	5.0	>10
2.8	0.341	0.366	0.387	0.404	0.418	0.430	0.449	0.463	0.472	0.480	0.486	0.495	0.506
2.9	0.331	0.356	0.377	0.393	0.407	0.419	0.438	0.451	0.461	0.469	0.475	0.485	0.496
3.0	0.322	0.346	0.366	0.383	0.397	0.409	0.427	0.441	0.451	0.459	0.465	0.474	0.487
3.1	0.313	0.337	0.357	0.373	0.387	0.398	0.417	0.430	0.440	0.448	0.454	0.464	0.477
3.2	0.305	0.328	0.348	0.364	0.377	0.389	0.407	0.420	0.431	0.439	0.445	0.455	0.468
3.3	0.297	0.320	0.339	0.355	0.368	0.379	0.397	0.411	0.421	0.429	0.436	0.446	0.460
3.4	0.289	0.312	0.331	0.346	0.359	0.371	0.388	0.402	0.412	0.420	0.427	0.437	0.452
3.5	0.282	0.304	0.323	0.338	0.351	0.362	0.380	0.393	0.403	0.412	0.418	0.429	0.444
3.6	0.276	0.297	0.315	0.330	0.343	0.354	0.372	0.385	0.395	0.403	0.410	0.421	0.436
3.7	0.269	0.290	0.308	0.323	0.335	0.346	0.364	0.377	0.387	0.395	0.402	0.413	0.429
3.8	0.263	0.284	0.301	0.316	0.328	0.339	0.356	0.369	0.379	0.388	0.394	0.405	0.422
3.9	0.257	0.277	0.294	0.309	0.321	0.332	0.349	0.362	0.372	0.380	0.387	0.398	0.415
4.0	0.251	0.271	0.288	0.302	0.314	0.325	0.342	0.355	0.365	0.373	0.379	0.391	0.408
4.1	0.246	0.265	0.282	0.296	0.308	0.318	0.335	0.348	0.358	0.366	0.372	0.384	0.402
4.2	0.241	0.260	0.276	0.290	0.302	0.312	0.328	0.341	0.352	0.359	0.366	0.377	0.396
4.3	0.236	0.255	0.270	0.284	0.296	0.306	0.322	0.335	0.345	0.363	0.359	0.371	0.390
4.4	0.231	0.250	0.265	0.278	0.290	0.300	0.316	0.329	0.339	0.347	0.353	0.365	0.384
4.5	0.226	0.245	0.260	0.273	0.285	0.294	0.310	0.323	0.333	0.341	0.347	0.359	0.378
4.6	0.222	0.240	0.255	0.268	0.279	0.289	0.305	0.317	0.327	0.335	0.341	0.353	0.373
4.7	0.218	0.235	0.250	0.263	0.274	0.284	0.299	0.312	0.321	0.329	0.336	0.347	0.367
4.8	0.214	0.231	0.245	0.258	0.269	0.279	0.294	0.306	0.316	0.324	0.330	0.342	0.362
4.9	0.210	0.227	0.241	0.253	0.265	0.274	0.289	0.301	0.311	0.319	0.325	0.337	0.357
5.0	0.206	0.223	0.237	0.249	0.260	0.269	0.284	0.296	0.306	0.313	0.320	0.332	0.352

注：l、b 分别为矩形的长边与短边；z 为计算点距基础底面的垂直距离。

2. 沉降计算经验系数 ψ_s

为提高计算准确度，规范规定按式（9.11）计算得到的沉降 s' 尚应乘以一个沉降计算经验系数 ψ_s。ψ_s 定义为根据地基沉降观测资料推算的最终沉降量 s 与由式（9.11）计算得到的 s' 之比，一般根据地区沉降观测资料及经验确定，也可按表9.4查取。

表9.4 沉降计算经验系数 ψ_s

基底附加压力 p_0/kPa	$\overline{E_s}$				
	2.5	4.0	7.0	15.0	20.0
$p_0 \geq f_{ak}$	1.4	1.3	1.0	0.4	0.2
$p_0 \leq 0.75 f_{ak}$	1.1	1.0	0.7	0.4	0.2

注：f_{ak} 为地基承载力特征值。

表 9.4 中 $\overline{E_s}$ 为沉降计算深度范围内压缩模量当量值,按下式计算

$$\overline{E_s} = \frac{\sum_{i=1}^{n} A_i}{\sum_{i=1}^{n} A_i / E_{si}} \tag{9.12}$$

式中 A_i——第 i 层土附加应力曲线所围的面积。

综上所述,应力面积法的地基最终沉降量计算公式为

$$s = \psi_s s' = \psi_s \sum_{i=1}^{n} \frac{p_0}{E_{si}} (z_i \overline{\alpha_i} - z_{i-1} \overline{\alpha_{i-1}}) \tag{9.13}$$

3. 沉降计算深度的确定

GB 50007—2011《建筑地基基础设计规范》规定沉降计算深度 z_n 由下列要求确定

$$\Delta s'_n \leqslant 0.025 \sum_{i=1}^{n} s'_i \tag{9.14}$$

式中 $\Delta s'_n$——自试算深度往上 Δz 厚度范围的压缩量(包括考虑相邻荷载的影响),Δz 的取值按表 9.5 确定;
s'_i——在计算深度范围内,第 i 层土的计算变形值。

表 9.5 Δz 的取值表

b/m	$b \leqslant 2$	$2 < b \leqslant 4$	$4 < b \leqslant 8$	$8 < b$
Δz/m	0.3	0.6	0.8	1.0

如确定的沉降计算深度下部仍有较软弱土层时,应继续往下进行计算,同样也应满足式 (9.14) 为止。

当无相邻荷载影响,基础宽度在 1~30m 范围内时,地基沉降计算深度也可按下列简化公式计算

$$z_n = b(2.5 - 0.4 \ln b) \tag{9.15}$$

式中 b——基础宽度。

在计算深度范围内存在基岩时,z_n 取至基岩表面;当存在较厚的坚硬黏性土层,其孔隙比小于 0.5,压缩模量大于 50MPa,或存在较厚的密实砂卵石层,其压缩模量大于 80MPa 时,z_n 可取至该层土表面。

【例 9.2】 设基础底面尺寸为 4.8 m×3.2m,埋深为 1.5m,传至地面的中心荷载 $F=1800$kN,地基的土层分层及各层土的侧限压缩模量(相应于自重应力至自重应力加附加应力段)如图 9.9 所示,持力层的地基承载力为 $f_{ak}=180$kPa,用应力面积法计算基础中点的最终沉降。

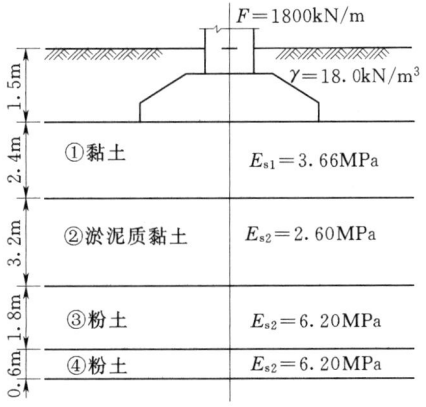

图 9.9 [例 9.2] 图

【解】

(1) 基底附加压力。

$$p_0 = \frac{1800 + 4.8 \times 3.2 \times 1.5 \times 20}{4.8 \times 3.2} - 18 \times 1.5 = 120 \text{(kPa)}$$

(2) 取计算深度为 8m，计算过程见表 9.6，计算沉降量为 123.4mm。

表 9.6 应力面积法计算地基最终沉降

z /m	l/b	z/b	$\overline{\alpha_i}$	$z_i \overline{\alpha_i}$	$z_i \overline{\alpha_i} - z_{i-1}\overline{\alpha_{i-1}}$	E_{si} /MPa	s_i' /mm	s' /mm
0.0	4.8/3.2=1.5	0.0/3.2=0.0	4×0.2500=1.0000	0.000				
2.4	1.5	2.4/3.2=0.75	4×0.2108=0.8432	2.024	2.204	3.66	66.3	
5.6	1.5	5.6/3.2=1.75	4×0.1392=0.5568	3.118	1.094	2.60	50.5	123.4
7.4	1.5	7.4/3.2=2.3125	4×0.1145=0.4580	3.389	0.271	6.20	5.3	
8.0	1.5	8.0/3.2=2.5	4×0.1080=0.4320	3.456	0.067	6.20	1.3≤0.025×123.4	

(3) 确定沉降计算深度 z_n。根据 $b=3.2$m 查表 9.5 上可得 $\Delta z = 0.6$m 相应于往上取 Δz 厚度范围（即 7.4~8.0m 深度范围）的土层计算沉降量为 1.3mm≤0.025×123.4mm=3.08mm，满足要求，故沉降计算深度可取为 8.0m。

(4) 确定修正系数 ψ_s。

$$\overline{E_s} = \frac{\sum_{i=1}^{n} A_i}{\sum_{i=1}^{n} A_i / E_{si}}$$

$$= \frac{z_4 \overline{\alpha_4} - 0}{\frac{z_1 \overline{\alpha_1} - 0}{E_{s1}} + \frac{z_2 \overline{\alpha_2} - z_1 \overline{\alpha_1}}{E_{s2}} + \frac{z_3 \overline{\alpha_3} - z_2 \overline{\alpha_2}}{E_{s3}} + \frac{z_4 \overline{\alpha_4} - z_3 \overline{\alpha_3}}{E_{s4}}}$$

$$= \frac{3.456}{\frac{2.024}{3.66} + \frac{1.094}{2.60} + \frac{0.271}{6.20} + \frac{0.067}{6.20}}$$

$$= 3.36 \text{(MPa)}$$

由于 $p_0 \leq 0.75 f_{ak} = 135$kPa，查表 9.4 得：$\psi_s = 1.04$。

(5) 计算基础中点最终沉降量 s。

$$s = \psi_s s' = 1.04 \times 123.4 = 128.3 \text{(mm)}$$

9.3 地基变形与时间关系

饱和黏性土地基在建筑物荷载作用下要经过相当长时间才能达到最终沉降，不是瞬时完成的。与时间有关的压缩过程称为土的固结。为了建筑物的安全与正常使用,对于一些重要或特殊的建筑物应在工程实践和分析研究中掌握沉降与时间关系的规律性,这是因为较快的沉降速率对于建筑物有较大的危害。

固结的时间有长有短。碎石土和砂土的压缩性小而渗透性大,在受荷后固结稳定所需的时间很短,可以认为在外荷载施加完毕时,其固结变形就已经基本完成。饱和黏性土与粉土地基在建筑物荷载作用下需要经过相当长时间才能达到最终沉降,例如厚的饱和软黏土层,其固结变形需要几年甚至几十年才能完成。因此,工程中一般只考虑黏性土和粉土的变形与时间的关系。

饱和土体在荷载作用下,土孔隙中的自由水随着时间的推移缓慢渗出,土的体积逐渐减小的过程,称为土的渗透固结。

9.3.1 饱和土的有效应力原理

有效应力原理是太沙基1936年首次论述的,其研究对象是饱和土。作用于饱和土体内某截面上总的正应力 σ 由两部分组成:一部分为孔隙水压力 u,它沿着各个方向均匀作用于土颗粒上,不会使土颗粒移动,其中由孔隙水自重引起的称为静水压力,由附加应力引起的称为超静孔隙水压力(通常简称为孔隙水压力);另一部分为有效应力 σ',它作用于土的骨架(土颗粒)上,其中由土粒自重引起的即为土的自重应力,由附加应力引起的称为附加有效应力。饱和土中总应力与孔隙水压力、有效应力之间存在如下关系

$$\sigma = \sigma' + u \tag{9.16}$$

式中 σ——作用于任意面上的总应力(自重应力与附加应力);

σ'——有效应力,作用于同一平面的土的骨架上,也称粒间应力;

u——孔隙水压力,作用于同一平面的孔隙水上,性质与普通静水压力相同。

上式称为饱和土的有效应力公式,加上有效应力在土中的作用,可以进一步表述成如下的有效应力原理:

(1)饱和土体内任一平面上受到的总应力等于有效应力与孔隙水压力之和。

(2)土的强度的变化和变形只取决于土中有效应力的变化。

9.3.2 渗透固结与时间的关系

渗透固结是指饱和黏性土在压力作用下孔隙水向外排出的时间过程。

对于地基的变形,上一节讲的是最终变形量,产生最终变形量的时间长短即固结速度与土体的渗透性、周边排水条件以及土的压缩性等有关,主要是土体的渗透性,对于砂土和碎石土等压缩性小、渗透性强的土体,固结稳定所需时间很短,而对饱和的黏性土而言,固结稳定所需时间很长,对于这种情况,往往还需了解其一定时间内的变形量。

1. 两类问题

对于渗透固结与时间的关系,一般需要解决两类问题,即求某一时间 t 的变形量 s_t 或求某一变形量 s_t 所需的时间 t。

2. 固结度概念

固结度是指土层在固结过程中任一时刻的压缩量 s_t 与最终压缩量 s 之比,即

$$U_t = \frac{s_t}{s} \tag{9.17}$$

因最终压缩量 s 可由上节的分层总和法或规范法求得,所以只要知道 U_t 和时间 t 的关系,便可解决上述两类问题。

3. U_t 和 t 的关系

根据太沙基一维渗透固结理论,对于一定假设条件下的固结情况,可得固结度 U_t 与时间 t 的关系。

基本假设:①土是均质的、完全饱和的;②土粒和水是不可压缩的;③土层的压缩和土中水的渗流只沿竖向发生,是单向(一维)的;④土中水的渗流服从达西定律,且土的渗透系数 k 和压缩系数 a 在渗流过程中保持不变;⑤外荷载是一次瞬时施加的。

U_t 和 t 的关系可通过中间变量时间因数 T_v 联系起来,即 $U_t - T_v - t$。

(1) T_v 与 t 的关系。T_v 与 t 的关系可通过以下公式换算

$$T_v = \frac{C_v t}{H'^2} \tag{9.18}$$

式中 C_v——土的固结系数,cm^2/a,$C_v = \frac{k(1+e_1)}{a\gamma_w}$,$k$ 为渗透系数,e_1 为土的初始孔隙比,a 为压缩系数;

H'——压缩土层中孔隙水的最大渗径,单面排水时为土层厚度,即 $H'=H$,双面排水时为土层厚度之半,即 $H'=H/2$。

(2) U_t 与 T_v 的关系。U_t 与 T_v 的关系可由表 9.7 查得,图中 α 值的确定方法:①单面排水时,$\alpha = \frac{\sigma'_z}{\sigma_z}$,即透水侧的附加应力值比不透水侧的附加应力值;②双面排水时,$\alpha = 1$。

表 9.7 单面排水不同 α 下的 $U_t - T_v$ 关系表

T_v \ U_t \ α	0.0	0.1	0.2	0.3	0.4	0.5	0.6	0.74	0.8	0.9	1.0
0.0	0.0	0.049	0.100	0.154	0.217	0.290	0.380	0.500	0.660	0.950	∞
0.2	0.0	0.027	0.073	0.126	0.186	0.26	0.35	0.46	0.63	0.92	∞
0.4	0.0	0.016	0.056	0.106	0.164	0.24	0.33	0.44	0.60	0.90	∞
0.6	0.0	0.012	0.042	0.092	0.148	0.22	0.31	0.42	0.58	0.88	∞
0.8	0.0	0.010	0.036	0.079	0.134	0.20	0.29	0.41	0.57	0.86	∞
1.0	0.0	0.008	0.031	0.071	0.126	0.20	0.29	0.40	0.57	0.85	∞
1.5	0.0	0.008	0.024	0.058	0.107	0.17	0.26	0.38	0.54	0.83	∞
2.0	0.0	0.006	0.019	0.050	0.095	0.16	0.24	0.36	0.52	0.81	∞
3.0	0.0	0.005	0.016	0.041	0.082	0.14	0.22	0.34	0.50	0.79	∞
4.0	0.0	0.004	0.014	0.040	0.080	0.13	0.21	0.33	0.49	0.78	∞
5.0	0.0	0.004	0.013	0.034	0.069	0.12	0.20	0.32	0.48	0.77	∞

续表

T_v \ U_t / α	0.0	0.1	0.2	0.3	0.4	0.5	0.6	0.74	0.8	0.9	1.0
7.0	0.0	0.003	0.012	0.030	0.065	0.12	0.19	0.31	0.47	0.76	∞
10.0	0.0	0.003	0.011	0.028	0.060	0.11	0.18	0.30	0.46	0.75	∞
20.0	0.0	0.003	0.010	0.026	0.060	0.11	0.17	0.29	0.45	0.74	∞
∞	0.0	0.002	0.009	0.024	0.048	0.09	0.16	0.23	0.44	0.73	∞

4. 解决两类问题的步骤

（1）已知土层的最终变形量 s，求某一固结历时 t 的变形量 s_t。

1）由资料 k、a、e_1，求固结系数 C_v，$C_v = \dfrac{k(1+e_1)}{a\gamma_w}$。

2）求时间因数 T_v，$T_v = \dfrac{C_v t}{H'^2}$。

3）确定 α，$\alpha = \dfrac{\sigma_z'}{\sigma_z''}$（双面排水时 $\alpha=1$）。

4）由 α 和 T_v 查表 9.7 得 U_t。

5）求 s_t，$s_t = sU_t$。

（2）已知土层的最终变形量 s，求土层达到某一变形量 s_t 时所需的时间 t。

1）求 U_t，$U_t = \dfrac{s_t}{s}$。

2）确定 α，$\alpha = \dfrac{\sigma_z'}{\sigma_z''}$（双面排水时 $\alpha=1$）。

3）由 U_t 和 α 查表 9.7 得 T_v。

4）求 C_v，$C_v = \dfrac{k(1+e_1)}{a\gamma_w}$；

5）求 t，$t = \dfrac{T_v H'^2}{C_v}$。

【例 9.3】 一地基为饱和黏土层，层厚为 10m，上、下为砂层。由基底压力在黏土层中引起的附加应力 σ_z 的分布如图 9.10 所示。已知黏土层的物理力学指标为：压缩系数 $a=0.25\text{MPa}^{-1}$，加荷之前的孔隙比 $e_1=0.8$，渗透系数 $k=2.0\text{cm/a}$。试求：

（1）加荷一年后地基的沉降量？

（2）地基沉降达 25cm 所需的时间？

【解】

（1）求土层最终沉降量 s。

地基的平均附加应力为

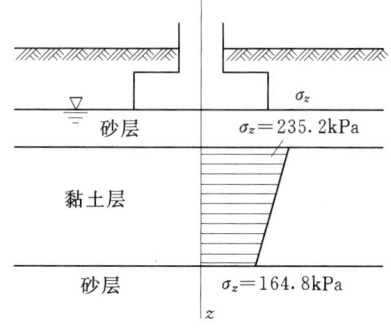

图 9.10 ［例 9.3］图

$$\sigma_z = \frac{235.2+164.8}{2} = 200 (\text{kPa})$$

$$s = \frac{a}{1+e_1}\overline{\sigma_z}H = \frac{0.25}{1+0.8}\times 200\times 10\times 10^{-3}\times 10^2 = 27.78(\text{cm})$$

黏土层的竖向固结系数

$$C_v = \frac{k(1+e_1)}{a\gamma_w} = \frac{2\times(1+0.8)}{0.25\times 10^{-3}\times 9.8\times 10^{-2}} = 1.47\times 10^5 (\text{cm}^2/\text{a})$$

由于是双面排水,则竖向固结时间因数 T_v

$$T_v = \frac{C_v t}{\left(\frac{H}{2}\right)^2} = \frac{1.47\times 10^5 \times 1}{\left(\frac{1000}{2}\right)^2} = 0.588$$

对于双面排水,$\alpha=1$,查表 9.7 知加荷一年的固结度 $U_t=0.81$,故

$$s_t = U_t s = 0.81\times 27.78 = 22.50(\text{cm})$$

(2) 沉降 25cm 时

$$U_t = \frac{s_t}{s} = \frac{25}{27.78} = 90\% = 0.90$$

由 $\alpha=1$,查表 9.7 知 $T_v=0.85$。

由式 $T_v = \frac{C_v t}{\left(\frac{H}{2}\right)^2}$ 得沉降达 25cm 时所需的时间为

$$t = \frac{T_v\left(\frac{H}{2}\right)^2}{C_v} = \frac{0.85\times\left(\frac{1000}{2}\right)^2}{1.47\times 10^5} = 1.45(\text{a})$$

小 结

在地基上建造建筑物后,地基土将在附加应力作用下产生新的变形,这种变形一般包括体积变形和形状变形。前者通常表现为体积缩小,而这种在外力作用下土体积缩小的特性称为土的压缩性。

对于土体,在一般工程压力(100~600kPa)作用下,土的变形主要是由于孔隙水和空气的排出而造成孔隙体积减小而引起的。其排水与压缩过程需要一定时间才能完成,土的这种压缩随时间而增长的过程称为土的固结。饱和黏性土的渗透固结,实际为孔隙水压力向有效应力转化的过程。本章在侧限压缩试验的基础上介绍了土的压缩性指标及计算土的最终变形量的理论和规范方法。

练 习 题

一、思考题

1. 为什么可以说土的压缩变形实际上是土的孔隙体积的减小?

2. 何谓土体的压缩曲线？它是如何获得的？
3. 压缩系数的物理意义是什么？怎样用 a_{1-2} 判别土的压缩性？
4. 为何有了压缩系数还要定义压缩模量？两者之间有何关系？
5. 饱和土的太沙基一维固结理论考虑的主要因素有哪些？
6. 土的应力历史对土的压缩性有何影响？
7. 有效应力和孔隙水压力的物理概念是什么？在固结过程中两者怎样变化？
8. 研究地基沉降与时间的关系有何意义？何谓固结度？

二、计算题

1. 对一土样做压缩试验，已知试验土样的天然重度 $\gamma=18.2\text{kN/m}^3$，天然含水率 $\omega=38\%$，土粒相对密度 $G_s=2.75$，试样高度 $H=20\text{mm}$，试样在各级荷载作用下压缩稳定后的总变形量见表 9.8，试绘制 $e-p$ 曲线并求压缩系数及评定土的压缩性大小。

表 9.8 各级荷载作用下压缩稳定后的总变形量

压力 p/kPa	0	50	100	200	300	400
试样总变形量 $\sum\Delta H_i$ /mm	0	0.926	1.308	1.886	2.310	2.564

2. 某基础宽度为 6m，长为 18m，基础埋深为 1.5m，承受垂直中心荷载 $F=12960\text{kN}$。地基为均质土，且自重作用下已压缩稳定。地下水位在地面以下 8m 深处，地基土的湿重度 $\gamma=18.6\text{kN/m}^3$，饱和重度为 $\gamma_{\text{sat}}=20.6\text{kN/m}^3$，地基土的压缩曲线如图 9.11 所示，试求基础中点下的最终沉降量。

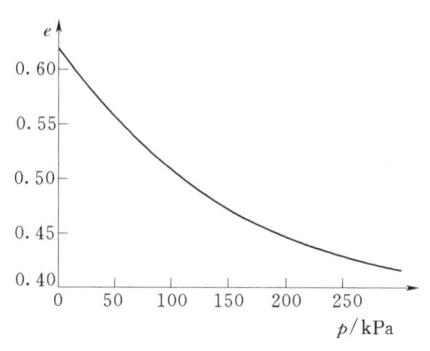

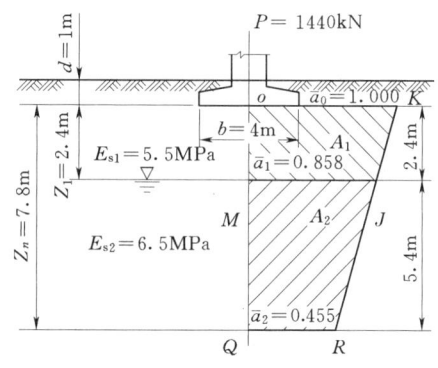

图 9.11 地基土的压缩曲线　　　　图 9.12 建筑物的柱基础

3. 图 9.12 所示为建筑物的柱基础，基底为正方形，边长为 4.0m，基础埋置深度 $d=1.0\text{m}$，上部结构传至基础顶面的荷载 $F=1440\text{kN}$，地基为粉质黏土，其天然重度 $\gamma=16.0\text{kN/m}^3$，土的天然孔隙比 $e=0.97$，地下水位埋深 3.4m，地下水位以下土体的饱和重度 $\gamma_{\text{sat}}=18.2\text{kN/m}^3$。土的压缩模量为：地下水位以上 $\overline{E_{s1}}=5.5\text{MPa}$，地下水位以下 $\overline{E_{s2}}=6.5\text{MPa}$。地基土的承载力特征值 $f_{ak}=94\text{kPa}$，试用应力面积法（规范法）计算柱基中点的沉降量。

4. 某地基压缩层为厚 10m 的饱和软黏土层，下部为隔水层，软黏土加荷之前的孔隙

比 $e_1=0.7$，渗透系数 $k=2.0$cm/a，压缩系数 $a=0.25$MPa^{-1}，附加应力分布如图 9.13 所示。求：

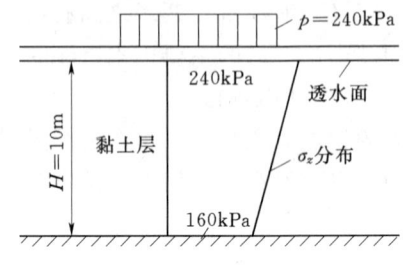

图 9.13　某地基附加应力分布

(1) 一年后地基沉降量为多少？
(2) 加荷多长时间，地基固结度可达 80%？

三、选择题

1. 关于土的压缩系数的说法错误的是（　　）。
   A. 土的压缩曲线平缓，压缩系数较小，土的压缩性较低
   B. 土的压缩系数是无量纲的
   C. 工程上常采用压缩系数 a_{1-2} 来判别土的压缩性

2. 关于土的压缩模量的说法正确的是（　　）。
   A. 土的压缩曲线越陡，压缩模量越大
   B. 土的压缩模量越大，土的压缩性越高
   C. 土的压缩模量与压缩系数成反比

3. 下列指标中，数值越大，表明土的压缩性越小的指标是（　　）。
   A. 压缩系数　　　B. 压缩指数　　　C. 压缩模量

4. 关于土的压缩指数的说法正确的是（　　）。
   A. 土的压缩指数越大，土的压缩性越低　　B. 土的压缩指数是有量纲的
   C. 压缩指数可以在 $e—\lg P$ 曲线上得到

5. 已知某土层的压缩系数为 2MPa^{-1}，则该土属于（　　）。
   A. 低压缩性土　　　B. 中压缩性土　　　C. 高压缩性土

6. 关于土的压缩性的说法不正确的是（　　）。
   A. 土的压缩主要是由于水和气体的排出所引起的
   B. 土的压缩主要是土中孔隙体积的减小引起的
   C. 土体的压缩量不会随时间的增长而变化

第 10 单元 土的抗剪强度与地基承载力

【学习目标】 了解土的抗剪强度概念及地基破坏的基本类型和特点；理解库仑定律的表达式及含义，能熟练利用土的极限平衡条件判别土体状态，掌握土的抗剪强度的几种测定方法和地基承载力的几种确定方法。

【重点】 库仑定律、土的极限平衡条件及抗剪强度指标的测定方法，地基承载力的几种确定方法。

【难点】 库仑定律、土的极限平衡条件。

土的抗剪强度是指土体对于外荷载所产生的剪应力的极限抵抗能力。在外荷载作用下，土体中将产生剪应力和剪切变形，当土中某点由外力所产生的剪应力达到土的抗剪强度时，土就沿着剪应力作用方向产生相对滑动，该点便发生剪切破坏。剪切破坏是土体强度破坏的重要特点。因此，土的强度问题实质上就是土的抗剪强度问题。

在工程实践中与土的抗剪强度有关的工程问题主要有三类：第一类是以土作为建造材料的土工构筑物的稳定性问题［图 10.1 (a)］；第二类是土作为工程构筑物环境的安全性问题，即土压力问题［图 10.1 (b)］；第三类是土作为建筑物地基的承载力问题［图 10.1 (c)］。因此，为了进行地基承载力计算、边坡稳定分析、挡土结构上土压力的估算、基坑支护设计、地基稳定性评价等，都需要认真研究土的抗剪强度。

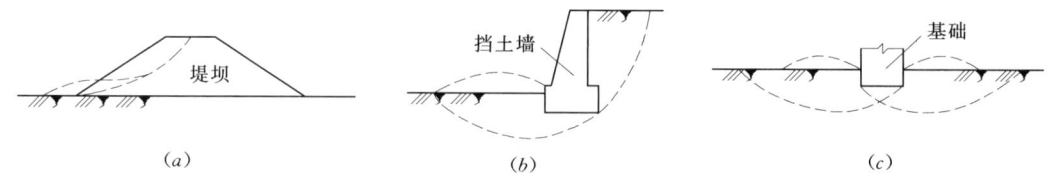

图 10.1 土体的剪切破坏现象

10.1 库 仑 定 律

10.1.1 抗剪强度的库仑定律

土体发生剪切破坏时，将沿着其内部某一曲面（滑动面）产生相对滑动，而该滑动面上的剪应力就等于土的抗剪强度。1776 年，法国学者库仑根据砂土的试验结果［图 10.2 (a)］，将土的抗剪强度表达为滑动面上法向应力的函数，即

$$\tau_f = \sigma \tan\varphi \tag{10.1}$$

以后库仑又根据黏性土的试验结果［图 10.2 (b)］，提出更为普遍的抗剪强度表达形

式，即

$$\tau_f = c + \sigma\tan\varphi \tag{10.2}$$

式中 τ_f——土的抗剪强度，kPa；
σ——剪切滑动面上的法向应力，kPa；
c——土的黏聚力，kPa；
φ——土的内摩擦角，(°)。

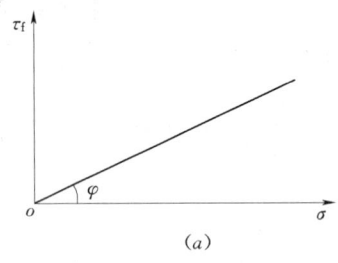 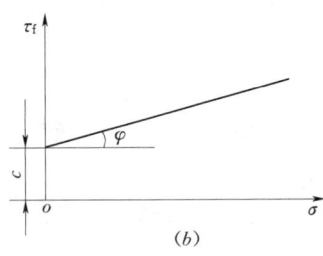

图 10.2 抗剪强度与法向应力的关系曲线
(a) 无黏性土；(b) 黏性土

上述土的抗剪强度数学表达式，也称为库仑定律，它表明在一般应力水平下，土的抗剪强度与滑动面上的法向应力之间呈直线关系。这一基本关系式能满足一般工程的精度要求，是目前研究土的抗剪强度的基本定律。

上述土的抗剪强度表达式中采用的法向应力为总应力 σ，称为总应力表达式。根据有效应力原理，土中某点的总应力 σ 等于有效应力 σ' 和孔隙水压力 u 之和，即 $\sigma = \sigma' + u$。

若法向应力采用有效应力 σ'，则可以得到如下抗剪强度的有效应力表达式

$$\tau_f = c' + \sigma'\tan\varphi' \tag{10.3}$$

或

$$\tau_f = c' + (\sigma - u)\tan\varphi' \tag{10.4}$$

式中 c'、φ'——有效黏聚力和有效内摩擦角，统称为有效应力抗剪强度指标。

10.1.2 土的抗剪强度的构成及抗剪强度指标

由土的抗剪强度表达式可以看出，砂土的抗剪强度由内摩擦力构成，而黏性土的抗剪强度则由内摩擦力和黏聚力两个部分所构成。

库仑定律中的 c、φ 称为土的抗剪强度指标。c、φ 与土的性质有关，需根据试验确定。

砂土的内摩擦角 φ 变化范围不是很大，中砂、粗砂、砾砂一般取 $\varphi = 32° \sim 40°$；粉砂、细砂一般取 $\varphi = 28° \sim 36°$。孔隙比越小，φ 越大，但含水饱和的粉砂、细砂很容易失去稳定，因此对其内摩擦角的取值应慎重，有时规定取 $\varphi = 20°$ 左右。

黏性土的抗剪强度指标的变化范围很大，它与土的种类有关，并且与土的天然结构是否破坏、试样在法向压力下的排水固结程度及试验方法等因素有关。内摩擦角的变化范围为 $\varphi = 0° \sim 30°$；黏聚力则可从小于 10kPa 变化到 200kPa 以上。

10.2 土的极限平衡条件

10.2.1 土中一点的应力状态

设某一土体单元上作用着的大、小主应力分别为 σ_1 和 σ_3，根据材料力学理论，此土体单元内与大主应力 σ_1 作用平面成 α 角的平面上的正应力 σ 和切应力 τ 可分别表示如下

$$\left.\begin{array}{l}\sigma=\dfrac{1}{2}(\sigma_1+\sigma_3)+\dfrac{1}{2}(\sigma_1-\sigma_3)\cos2\alpha\\[2mm]\tau=\dfrac{1}{2}(\sigma_1-\sigma_3)\sin2\alpha\end{array}\right\} \quad (10.5)$$

上述关系也可用直角坐标系中直径为 $(\sigma_1-\sigma_3)$、圆心坐标为 $\left(\dfrac{\sigma_1+\sigma_3}{2},0\right)$ 的莫尔应力圆上一点的坐标大小来表示，如图 10.3 中的 A 点。

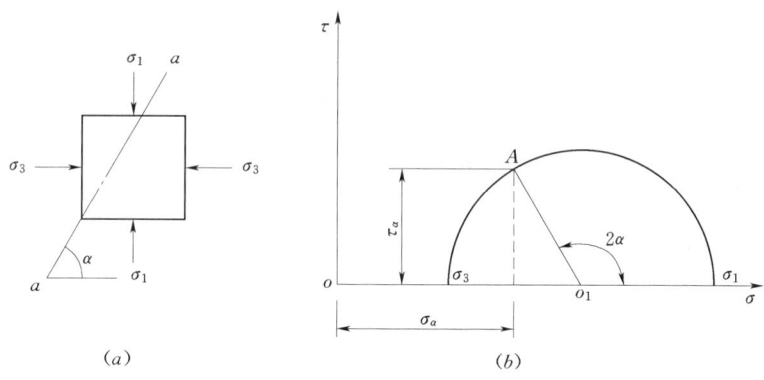

图 10.3　土中应力状态
(a) 单元体应力；(b) 莫尔应力圆

10.2.2 土中应力与土的平衡状态

将抗剪强度包络线与莫尔应力圆画在同一个坐标图上，观察应力圆与抗剪强度包络线之间的位置关系，如图 10.4 所示。随着土中应力状态的改变，应力圆与强度包络线之间的位置关系将发生三种变化，土中也将出现相应的三种平衡状态：

（1）当整个莫尔应力圆位于抗剪强度包络线的下方时，表明通过该点的任意平面上的切应力都小于土的抗剪强度，此时该点处于稳定平衡状态，不发生剪切破坏。

（2）当莫尔应力圆与抗剪强度包络线相切时（切点如图 10.4 中的 A 点），表明在相切点所代

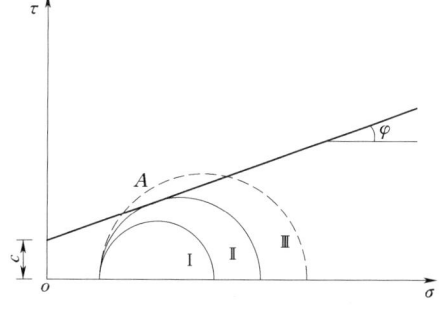

图 10.4　土中应力与土的平衡状态

表的平面上,切应力正好等于土的抗剪强度,此时该点处于极限平衡状态,相应的应力圆称为极限应力圆。

(3) 当莫尔应力圆与抗剪强度包络线相割时,表明该点某些平面上的切应力已超过了土的抗剪强度,此时该点已发生剪切破坏(由于此时地基应力将发生重分布,事实上该应力圆所代表的应力状态并不存在)。

10.2.3 土的极限平衡条件

根据应力圆与抗剪强度包络线相切时的几何关系,可建立土的极限平衡条件如下

$$\sin\varphi = \frac{\sigma_1 - \sigma_3}{2c\cot\varphi + \sigma_1 + \sigma_3} \tag{10.6}$$

经三角函数变换得

$$\sigma_1 = \sigma_3 \tan^2\left(45° + \frac{\varphi}{2}\right) + 2c\tan\left(45° + \frac{\varphi}{2}\right) \tag{10.7}$$

或

$$\sigma_3 = \sigma_1 \tan^2\left(45° - \frac{\varphi}{2}\right) - 2c\tan\left(45° - \frac{\varphi}{2}\right) \tag{10.8}$$

土的极限平衡条件同时表明,土体剪切破坏时的破裂面不是发生在最大剪应力 τ_{max} 的作用面上,而是发生在与最大主应力的作用面成 $\left(45° + \frac{\varphi}{2}\right)$ 的平面上。

10.2.4 土的极限平衡条件的应用

土的极限平衡条件常用来评判土中某点的平衡状态,具体方法是根据实际最小主应力 σ_3 及土的极限平衡条件式 (10.7),可推求土体处于极限平衡状态时所能承受的最大主应力 σ_{1f},或根据实际最大主应力 σ_1 及土的极限平衡条件式 (10.8),推求出土体处于极限平衡状态时所能承受的最小主应力 σ_{3f},再通过比较计算值与实际值即可评判该点的平衡状态:

(1) 当 $\sigma_1 < \sigma_{1f}$ 或 $\sigma_3 > \sigma_{3f}$ 时,土体中该点处于稳定平衡状态。
(2) 当 $\sigma_1 = \sigma_{1f}$ 或 $\sigma_3 = \sigma_{3f}$ 时,土体中该点处于极限平衡状态。
(3) 当 $\sigma_1 > \sigma_{1f}$ 或 $\sigma_3 < \sigma_{3f}$ 时,土体中该点处于破坏状态。

【例 10.1】 土样内摩擦角为 $\varphi = 23°$,黏聚力为 $c = 18$kPa,土中大主应力和小主应力分别为 $\sigma_1 = 300$kPa,$\sigma_3 = 120$kPa,试判断该土样是否达到极限平衡状态。

【解】 应用土的极限平衡条件,可得土体处于极限平衡状态时,当大主应力 $\sigma_1 = 300$kPa 时所对应的小主应力计算值 σ_{3f} 为

$$\begin{aligned}
\sigma_{3f} &= \sigma_1 \tan^2\left(45° - \frac{\varphi}{2}\right) - 2c\tan\left(45° - \frac{\varphi}{2}\right) \\
&= 300 \times \tan^2\left(45° - \frac{23°}{2}\right) - 2 \times 18 \times \tan\left(45° - \frac{23°}{2}\right) \\
&= 107.6 \text{(kPa)}
\end{aligned}$$

计算结果表明 $\sigma_3 > \sigma_{3f}$,可判定该土样处于稳定平衡状态。上述计算也可以根据实际最小主应力 σ_3 计算 σ_{1f} 的方法进行。采用应力圆与抗剪强度包络线相互位置关系来评判的

图解法也可以得到相同的结果。

10.3 土的抗剪强度指标的试验方法

测定土的抗剪强度指标的试验方法主要有室内剪切试验和现场剪切试验两大类,室内剪切试验常用的方法有直接剪切试验、三轴剪切试验等,现场剪切试验常用的方法主要有十字板剪切试验。

10.3.1 直接剪切试验

直接剪切试验简称直剪试验,有施加垂直压力和水平剪力两个过程,通过控制两个过程的时间,便会得到相应的三种试验方法,即快剪、固结快剪和慢剪。

(1) 快剪。快剪试验是在对试样施加垂直压力后,立即以 0.8mm/min 的剪切速率快速施加剪应力,使试样剪切破坏,一般从加荷到土样剪坏只用 3~5min,强度指标用 c_q、φ_q 表示。主要用于分析地基排水条件不好、施工速度快的建筑物地基。

(2) 固结快剪。固结快剪是在对试样施加竖向压力后,让试样充分排水固结,待沉降稳定后,再以 0.8mm/min 的剪切速率快速施加水平剪应力,使试样剪切破坏,强度指标用 c_{cq}、φ_{cq} 表示。可用于验算水库水位骤降时土坝边坡稳定安全系数或使用期建筑物地基的稳定问题。

(3) 慢剪。慢剪试样是在对试样施加竖向压力后,让试样充分排水固结,待沉降稳定后,以小于 0.02mm/min 的剪切速率施加水平剪应力,直至试样剪切破坏,强度指标用 c_s、φ_s 表示。通常用于分析透水性较好、施工速度较慢的建筑物地基的稳定性。

由上述试验方法可知,即使在同一垂直压力作用下,由于试验时的排水条件不同,故作用在受剪面积上的有效应力也不同,所以测得的抗剪强度指标也不同。在一般情况下,$\varphi_s > \varphi_{cq} > \varphi_q$。

直剪试验具有设备简单、土样制备及试验操作方便等优点,因而至今仍为国内一般工程所广泛使用。但也存在不少缺点,主要有:剪切面人为地限定在上下盒之间的平面,而不是沿土样最薄弱的面剪切破坏;剪切面上剪应力分布不均匀,且竖向荷载会发生偏心;在剪切过程中,土样剪切面积逐渐缩小,而在计算抗剪强度时仍按土样的原截面面积计算;不能严格控制排水条件,并且不能量测孔隙水压力;试验时上下盒之间的缝隙中易嵌入砂粒,使试验结果偏大等。

由于直剪试验的上述缺点,无论在工程适用或科学研究方面的使用都受到很大的限制。

10.3.2 三轴剪切试验

三轴剪切试验的理论根据是莫尔—库仑强度理论。试验使用的仪器称为三轴剪切仪(三轴压缩仪)。三轴剪切仪核心部位是三轴压力室,如图 10.5 所示。

试验用的试样为圆柱形,试验时,先通过水压力对试样三个轴向施加周围压力 σ_3,并保持不变,然后在轴向施加压力 σ_y,在保持 σ_3 不变的情况下,逐渐增大 σ_y,直到试样

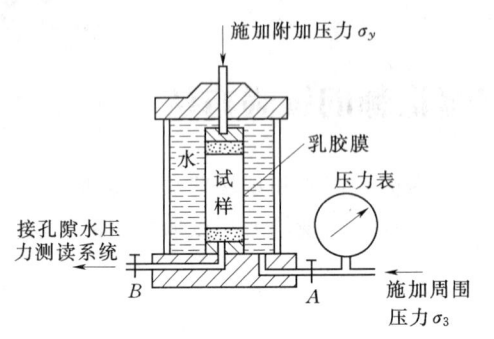
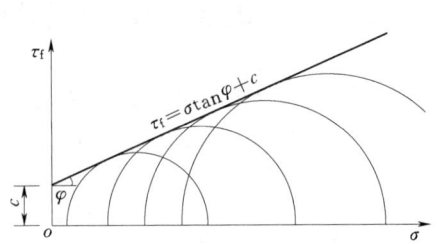

图 10.5　三轴剪切仪压力室示意图　　图 10.6　三轴剪切试验成果

被剪切破坏。此时，作用于试样的垂直压力 $\sigma_1=\sigma_3+\sigma_y$ 为最大主应力，周围压力 σ_3 为最小主应力，由 σ_1 和 σ_3 可以绘得一个极限应力圆。对于同一种土，取 3～4 个试样，在不同的周围压力 σ_3 作用下，进行剪切直至破坏，可得到相应的 σ_1，便可绘出几个不同的极限应力圆，如图 10.6 所示。这些极限应力圆的公切线即为该土的抗剪强度线，通常称为强度包络线。强度包络线的倾角为该土的内摩擦角 φ，与纵坐标的截距为该土的黏聚力 c。

通过控制土样在周围压力作用下固结条件和剪切时的排水条件，可形成如下三种三轴剪切试验方法。

1. 不固结不排水剪（UU 试验）

试样在施加周围压力和随后施加轴向应力，直至剪坏的整个试验过程中都不允许排水，即从开始加压直至试样剪坏，土中的含水量始终保持不变，孔隙水压力也不会消散。UU 试验得到的抗剪强度指标用 c_u、φ_u 表示，这种试验方法所对应的实际工程条件，相当于饱和软黏土中快速加荷时的应力状况。

2. 固结不排水剪（CU 试验）

在施加周围压力 σ_3 时，将排水阀门打开，允许试样充分排水，待固结稳定后关闭排水阀门，然后再施加轴向应力，使试样在不排水的条件下剪切破坏。在剪切过程中，试样没有任何体积变形。若要在受剪过程中量测孔隙水压力，则要打开试样与孔隙水压力量测系统间的管路阀门。CU 试验得到的抗剪强度指标用 c_{cu}、φ_{cu} 表示，其适用的实际工程条件为一般正常固结土层在工程竣工或在使用阶段受到大量、快速的活荷载或新增荷载的作用下所对应的受力情况，在实际工程中经常采用这种试验方法。

3. 固结排水剪（CD 试验）

在施加周围压力及随后施加轴向应力直至剪坏的整个试验过程中都将排水阀门打开，并给予充分的时间让试样中的孔隙水压力能够完全消散。CD 试验得到的抗剪强度指标用 c_d、φ_d 表示。

因三轴剪切试验的诸多优点，现行 GB 50007—2011《建筑地基基础设计规范》推荐采用本方法，特别是对于一级建筑物地基土应予采用。

10.3.3　十字板剪切试验

十字板剪切试验是一种土的抗剪强度的原位测试方法，这种试验方法适合于在现场测定饱和黏性土的原位不排水抗剪强度，特别适用于均匀饱和软黏土。

十字板剪切试验采用的试验设备主要是十字板剪力仪。十字板剪力仪通常由十字板头、扭力装置和量测装置三部分组成。试验时，先把套管打到要求测试深度以下 75 cm，将套管内的土清除，再通过套管将安装在钻杆下的十字板压入土中至测试的深度。加荷是由地面上的扭力装置对钻杆施加扭矩，使埋在土中的十字板扭转，直至土体剪切破坏（破坏面为十字板旋转所形成的圆柱面）。

设土体剪切破坏时所施加的扭矩为 M，则它应该与剪切破坏圆柱面（包括侧面和上下面）上土的抗剪强度所产生的抵抗力矩相等，即

$$M = \frac{1}{2}\pi D^2 H \tau_v + \frac{1}{6}\pi D^3 \tau_H \tag{10.9}$$

式中 M——剪切破坏时的扭矩，kN·m；
τ_v、τ_H——剪切破坏时圆柱体侧面和上下面土的抗剪强度，kPa；
H——十字板的高度，m；
D——十字板的直径，m。

天然状态的土体是各向异性的，但实用上为了简化计算，假定土体为各向同性体，即 $\tau_v = \tau_H$，并记作 τ_+，则式（10.9）可写成

$$\tau_+ = \frac{2M}{\pi D^2 \left(H + \dfrac{D}{3}\right)} \tag{10.10}$$

式中 τ_+——十字板测定的土的抗剪强度，kPa。

十字板剪切试验由于是直接在原位进行试验，不必取土样，故土体所受的扰动较小，被认为是比较能反映土体原位强度的测试方法，但如果在软土层中夹有薄层粉砂，则十字板剪切试验结果可能会偏大。

10.4 地基承载力

在地基基础设计时，应该控制建筑物的基底压力在地基土所允许的范围之内，地基在同时满足变形和强度两个条件下，单位面积所能承受的最大荷载，称为地基承载力。

10.4.1 地基破坏的形式和特点

地基受到外荷载作用时，首先在基础边缘产生应力集中，地基土出现塑性变形。随着荷载加大，塑性变形区自基础边缘向基底中心以及地基深处发展，最后造成地基失稳破坏。试验研究表明，地基剪切破坏的形式一般可分为整体剪切破坏、局部剪切破坏和冲剪破坏形式（图 10.7）。

地基的破坏形式主要与土的压缩性有关，一般地说，对于密实砂土和坚硬黏土将出现整体剪切破坏，而对于压缩性比较大的松砂和软黏土，将可能出现局部剪切或冲剪破坏。

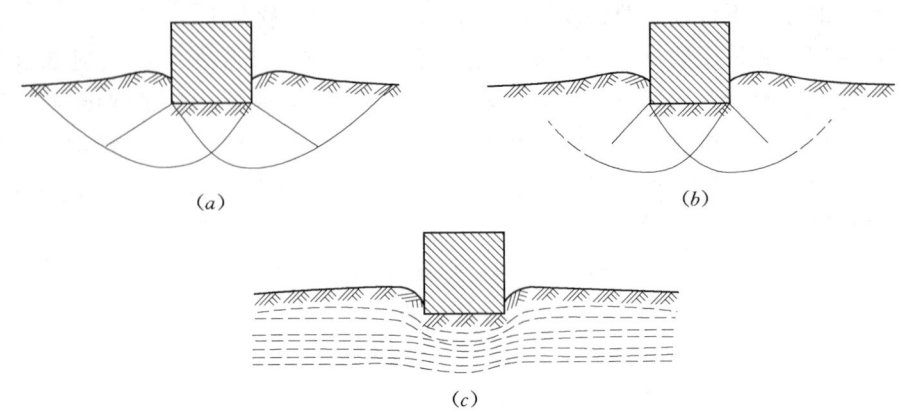

图 10.7 地基的破坏形式
(a) 整体剪切破坏；(b) 局部剪切破坏；(c) 冲剪破坏

此外，破坏形式还与基础埋深、加荷速率等因素有关。

10.4.2 地基土整体剪切破坏的三个阶段

通过地基土现场载荷试验可得到其荷载 p 与沉降 s 的关系曲线（即 $p—s$ 曲线），从 $p—s$ 曲线形态来看，地基整体剪切破坏的过程一般将经历如下三个阶段。

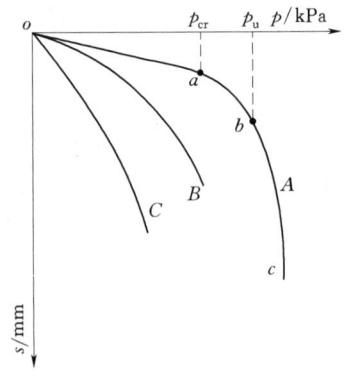

图 10.8 地基土 $p—s$ 曲线

1. 压密阶段（或称线弹性变形阶段）

在这一阶段，$p—s$ 曲线接近于直线，土中各点的剪应力均小于土的抗剪强度，土体处于弹性平衡状态。在这一阶段，荷载板的沉降主要是由于土的压密变形引起的，如图 10.8 中 $p—s$ 曲线上的 oa 段。通常将 $p—s$ 曲线上相应于 a 点的荷载称为临塑荷载 p_{cr}（或比例界限荷载）。

2. 剪切阶段（或称弹塑性变形阶段）

在这一阶段，$p—s$ 曲线已不再保持线性关系，沉降的增长率随荷载的增大而增加。地基土中局部范围内（首先在基础边缘处）的剪应力达到土的抗剪强度，土体发生剪切破坏，这些区域也称塑性区。随着荷载的继续增加，土中塑性区的范围也逐步扩大，直到土中形成连续的滑动面。因此，剪切阶段也是地基中塑性区的发生与发展阶段。剪切阶段相当于图 10.8 中 $p—s$ 曲线上的 ab 段，而 b 点对应的荷载称为极限荷载 p_u（或地基极限承载力）。

3. 破坏阶段

当荷载超过极限荷载后，荷载板急剧下沉，即使不增加荷载，沉降也不能稳定，这表明地基进入了破坏阶段。在这一阶段，由于土中塑性区范围的不断扩展，最后在土中形成连续滑动面，土从载荷板四周挤出隆起，基础急剧下沉或向一侧倾斜，地基发生整体剪切破坏。破坏阶段相当于图 10.8 中 $p—s$ 曲线上的 bc 段。

10.4.3 确定地基承载力的方法

地基承载力特征值，是指由载荷试验测定的地基土压力变形曲线线性变形内规定的变形所对应的压力值，其最大值为比例界限值。

地基承载力特征值可由载荷试验或其他原位测试、公式计算，并结合工程实践经验等方法综合确定。

1. 按现场载荷试验确定地基承载力

确定地基承载力最直接的方法是现场载荷试验方法。载荷试验是一种基础受荷的模拟试验，是在现场试坑中设计基底标高处的天然土层放置一块刚性载荷板（面积为 0.25～0.50m²），然后在其上逐级施加荷载，同时测定在各级荷载下载荷板的沉降量，并观察周围土位移情况，直到地基土破坏失稳为止。根据试验结果可绘出载荷试验的 p—s 曲线（图10.8）。可以按下列方法确定试验点的地基承载力特征值 f_{ak}。

（1）当 p—s 曲线上能够明显地区分其承载过程的三个阶段，则可以较方便地定出该地基的比例界限荷载 p_{cr} 和极限承载力 p_u。此时取该比例界限荷载 p_{cr} 为地基承载力特征值。

（2）当极限荷载小于对应比例界限的荷载值的两倍时，取极限荷载值的一半为地基承载力特征值。

（3）当 p—s 曲线上没有明显的三个阶段，根据 GB 50007—2011《建筑地基基础设计规范》，按载荷板沉降与载荷板宽度或直径之比即 s/b 的值确定，可取 $s/b=0.01$～0.015 所对应的压力为地基承载力特征值，但其值不应大于最大加载量的一半。

同一土层参加统计的试验点不应少于三点，当试验实测值的极差不超过其平均值的30%时，取此平均值作为该土层的地基承载力特征值 f_{ak}。

2. 承载力特征值的修正

当基础宽度大于3m或埋置深度大于0.5m时，从载荷试验或其他原位测试、经验值等方法确定的地基承载力特征值，尚应按下式修正

$$f_a = f_{ak} + \eta_b \gamma (b-3) + \eta_d \gamma_m (d-0.5) \tag{10.11}$$

式中　f_a——修正后的地基承载力特征值；

f_{ak}——地基承载力特征值；

η_b、η_d——基础宽度和埋深的地基承载力修正系数，按基底下土的类别查表10.1取值；

γ、γ_m——基础底面以下土的重度、基础底面以上土的加权平均重度，地下水位以下取浮重度；

b——基础底面宽度，m，当基宽小于3m按3m取值，大于6m按6m取值；

d——基础埋置深度，m，一般自室外地面标高算起。在填方整平地区，可自填土地面标高算起，但填土在上部结构施工后完成时，应从天然地面标高算起。对于地下室，如采用箱形基础或筏基时，基础埋置深度自室外地面标高算起；当采用独立基础或条形基础时，应从室内地面标高算起。

表 10.1　承载力修正系数表

土的类别		η_b	η_d
淤泥和淤泥质土		0	1.0
人工填土、e 或 I_L 不小于 0.85 的黏性土		0	1.0
红黏土	含水比 $\alpha_w>0.8$	0	1.2
	含水比 $\alpha_w\leqslant 0.8$	0.15	1.4
大面积压实填土	压实系数大于 0.95、黏粒含量 $\rho_c\geqslant 10\%$ 的粉土	0	1.5
	最大干密度大于 2.1t/m^3 的级配砂石	0	2.0
粉土	黏粒含量 $\rho_c\geqslant 10\%$ 的粉土	0.3	1.5
	黏粒含量 $\rho_c<10\%$ 的粉土	0.3	2.0
e 及 I_L 均小于 0.85 的黏性土		0.3	1.6
粉砂、细砂（不包括很湿与饱和时的稍密状态）		2.0	3.0
中砂、粗砂、砾砂和碎石土		3.0	4.4

注：强风化和全风化的岩石，可参照所风化成的相应土类取值；其他状态下的岩石不修正。

【例 10.2】 某建筑物的箱形基础宽 8.5m，长 20m，埋深 4m，土层情况见表 10.2，由载荷试验确定的黏土持力层承载力特征值 $f_{ak}=189\text{kPa}$，已知地下水位线位于地表下 2m 处。试修正该地基的承载力特征值。

表 10.2　土工试验成果表

层次	土类	层底埋深/m	土工试验结果
1	填土	1.80	$\gamma=17.8\text{kN/m}^3$
2	黏土	2.00	$\omega=32.0\%$，$\omega_L=37.5\%$，$\omega_P=17.3\%$，$G_s=2.72$
		7.80	水位以上：$\gamma=18.9\text{kN/m}^3$；水位以下：$\gamma_{sat}=19.2\text{kN/m}^3$

【解】

（1）先确定计算参数。因箱形基础宽度 $b=8.5\text{m}>6.0\text{m}$，故按 6m 考虑；箱形基础埋深 $d=4\text{m}$。

由于持力层为黏性土，根据 GB 50007—2011《建筑地基基础设计规范》，确定修正系数 η_b、η_d 的指标为孔隙比 e 和液性指数 I_L，它们可以根据土层条件分别求得，即

$$e=\frac{G_s(1+\omega_0)\gamma_w}{\gamma}-1=\frac{2.72\times(1+0.32)\times 9.8}{19.2}-1=0.83$$

$$I_L=\frac{\omega-\omega_P}{\omega_L-\omega_P}=\frac{32.0-17.3}{37.5-17.3}=0.73$$

由于 $I_L=0.73<0.85$，$e=0.83<0.85$，从表 10.1 查得 $\eta_b=0.3$，$\eta_d=1.6$。

因基础埋在地下水位以下，故持力层的取浮重度为

$$\gamma'=19.2-9.8=9.4(\text{kN/m}^3)$$

而基底以上土层的加权平均重度为

$$\gamma_m=\frac{\sum_1^3\gamma_i h_i}{\sum_1^3 h_i}=\frac{17.8\times 1.8+18.9\times 0.2+(19.2-9.8)\times 2.0}{1.8+0.2+2.0}=\frac{54.62}{4}=13.66(\text{kN/m}^3)$$

(2) 修正后的地基承载力特征值。

$$f_a = f_{ak} + \eta_b \gamma'(b-3) + \eta_d \gamma_m (d-0.5)$$
$$= 189 + 0.3 \times 9.4 \times (6-3) + 1.6 \times 13.66 \times (4-0.5)$$
$$= 189 + 8.46 + 76.50$$
$$= 273.96 (\text{kPa})$$

3. 用理论公式计算地基承载力

根据 GB 50007—2011《建筑地基基础设计规范》，对轴心荷载作用或荷载作用偏心距 $e \leqslant 0.033b$（b 为基础底面宽度）的基础，根据土的抗剪强度指标确定地基承载力特征值的公式为

$$f_a = M_b \gamma b + M_d \gamma_m d + M_c c_k \tag{10.12}$$

式中　f_a——由土的抗剪强度指标确定的地基承载力特征值，kPa；

M_b、M_d、M_c——承载力系数，根据基底下一倍短边宽深度内土的内摩擦角标准值 φ_k 按表 10.3 确定；

　　　　γ——持力层土的重度；

　　　　γ_m——基底以上土层的加权平均重度；

　　　　b——基础底面宽度，m，当基础宽度大于 6m 时按 6m 取值，对于砂土，小于 3m 时按 3m 取值；

　　　　d——基础埋置深度，m，一般自室外地面标高算起，特殊情况将根据规范确定；

　　　　c_k——基底下一倍短边宽深度内土的黏聚力标准值，kPa。

表 10.3　承载力系数 M_b、M_d、M_c

土的内摩擦角标准值 $\varphi_k/(°)$	M_b	M_d	M_c	土的内摩擦角标准值 $\varphi_k/(°)$	M_b	M_d	M_c
0	0	1.00	3.14	22	0.61	3.44	6.04
2	0.03	1.12	3.32	24	0.80	3.87	6.45
4	0.06	1.25	3.51	26	1.10	4.37	6.90
6	0.10	1.39	3.71	28	1.40	4.93	7.40
8	0.14	1.55	3.93	30	1.90	5.59	7.95
10	0.18	1.73	4.17	32	2.60	6.35	8.55
12	0.23	1.94	4.42	34	3.40	7.21	9.22
14	0.29	2.17	4.69	36	4.20	8.25	9.97
16	0.36	2.43	5.00	38	5.00	9.44	10.80
18	0.43	2.72	5.31	40	5.80	10.84	11.73
20	0.51	3.06	5.66				

适用本公式计算地基承载力的要点如下：

(1) 公式计算的地基承载力已考虑了基础的深度与宽度效应，在用于地基承载力验算

时无需进行深、宽修正。

（2）采用本理论公式确定地基承载力时，在验算地基承载力的同时必须进行地基的变形计算。

（3）本公式中的抗剪强度指标 c_k、φ_k，一般应采用不固结不排水三轴压缩试验的结果，当考虑实际工程中有可能是地基产生一定的固结度时，也可以采用固结不排水试验指标。

（4）在位于地下水以下的土层，γ、γ_m 应取浮重度 γ'。

【例 10.3】 某基础基底宽度为 1.5m，埋深 1.5m。地下水位在地面下 1.0m。地基为粉土，地下水位以上土的重度 $\gamma=17.5 kN/m^3$，水位以下土的重度 $\gamma_{sat}=18.5 kN/m^3$，土样内摩擦角 $\varphi_k=22°$，黏聚力为 $c_k=12 kPa$，试确定该地基的承载力特征值。

【解】 由 $\varphi_k=22°$ 查表 10.3 得：$M_b=0.61$，$M_d=3.44$，$M_c=6.04$，则

$$f_a = M_b \gamma b + M_d \gamma_m d + M_c c_k$$
$$= 0.61 \times (18.5-9.8) \times 1.5 + 3.44 \times$$
$$\frac{17.5 \times 1.0 + (18.5-9.8) \times 0.5}{1.5} \times 1.5 + 6.04 \times 12$$
$$= 155.6 \text{ (kPa)}$$

小　　结

本单元主要介绍了土的抗剪强度公式、土的极限平衡条件和抗剪强度指标的试验测定方法及地基承载力的几种计算方法。

土的抗剪强度理论是研究与计算地基承载力和分析地基承载稳定性的基础。土的抗剪强度可以采用库仑公式表达，基于莫尔—库仑强度理论导出的土的极限平衡条件是判定土中一点平衡状态的基准。土的抗剪强度指标 c、φ 值一般通过试验确定，试验条件尤其是排水条件对强度指标将带来很大的影响，故在选择抗剪强度指标时应尽可能符合工程实际的受力条件和排水条件。

练　习　题

一、思考题

1. 土的抗剪强度是不是一个定值？
2. 解释土的内摩擦角和黏聚力的含义。
3. 土中达到极限平衡状态是否地基已经破坏？
4. 直剪试验与三轴试验的实际使用情况如何？
5. 为什么直剪试验要分快剪、固结快剪及慢剪？这三种试验结果有何差别？
6. 何谓极限平衡条件？
7. 土体中发生剪切破坏的平面为什么不是剪应力值最大的平面？
8. 地基变形的三个阶段各有什么特点？地基的破坏形式中分别在什么情况下容易

发生？

9. 什么是地基承载力？什么是地基承载力特征值？

10. 确定地基承载力常用的方法有哪些？

二、计算题

1. 某天然地基，取原状土样，用直剪仪进行快剪试验，试验结果见表 10.4，试求土样的内摩擦角 φ 和黏聚力 c。

表 10.4 剪切试验 σ—τ_f 结果   单位：kPa

法向应力 σ	抗剪强度 τ_f	法向应力 σ	抗剪强度 τ_f
100	105	300	207
200	151	400	260

2. 某土样的 $\varphi=26°$，$c=20\text{kPa}$，承受的最大主应力 $\sigma_1=450\text{kPa}$，最小主应力 $\sigma_3=100\text{kPa}$。试判别该土样是否达到极限平衡状态。

3. 某基础基底为 1.5m×2.5m，埋深 1.5 m。地下水位在地面下 1.0m。地基为粉质黏土，地下水位以上土的重度 $\gamma=17.8\text{kN/m}^3$，水位以下土的重度 $\gamma_{sat}=18.0\text{kN/m}^3$，土样内摩擦角 $\varphi=20°$，黏聚力为 $\varphi_k=1.0\text{kPa}$，试按《建筑地基基础设计规范》确定该地基的承载力特征值。

4. 某建筑物采用独立基础，基础底面尺寸 3m×4m，基础埋深 1.5m，拟建场地地下水位距地表 1.0m，地基土分层分布及主要物理力学指标见表 10.5。按《建筑地基基础设计规范》的理论公式计算基础持力层地基承载力特征值 f_a。

表 10.5 地基土分层分布及主要物理力学指标

层序	土 名	层底深度 /m	含水量 ω /%	天然重度 γ /(kN·m^{-3})	孔隙比 e	液性指数 I_L	黏聚力 c /kPa	内摩擦角 φ (°)	压缩模量 E_s /MPa
①	填土	1.00		18.0					
②	粉质黏土	3.00	30.5	18.7	0.80	0.70	18	20	7.5
③	淤泥质黏土	7.50	48.0	17.0	1.38	1.20	10	11	2.5
④	砂质粉土	16.00	20.5	18.7	0.78	—	5	35	15.8

三、选择题

1. 土体剪切破坏面与最小主应力作用面的夹角为（　　）。

A. 45°　　　　　　B. $45°+\dfrac{\varphi}{2}$　　　　C. $45°-\dfrac{\varphi}{2}$

2. 已知土体中某点所受的最大主应力为 500kPa，最小主应力为 200kPa，则与最大主应力作用面成 30°角的平面上的正应力为（　　）kPa。

A. 130　　　　　　B. 425　　　　　　C. 700

3. 土中某点最大主应力为 450kPa，最小主应力为 140kPa，土的内摩擦角为 26°，黏聚力为 20kPa，试判断该点处于（　　）。

A. 稳定状态　　　　B. 极限平衡状态　　　C. 破坏状态

4. 饱和软黏土的不排水抗剪强度等于其无侧限抗压强度的（　　）倍。
   A. 2　　　　　　　B. 1　　　　　　　C. 0.5
5. 十字板剪切试验常用于测定（　　）的原位不排水抗剪强度。
   A. 砂土　　　　　　B. 粉土　　　　　　C. 饱和软黏土
6. 当施工周期较长，地基土的透水性较好，土的抗剪强度宜选择三轴压缩试验的（　　）。
   A. 不固结不排水剪　　B. 固结排水剪　　C. 固结不排水剪
7. 当施工周期长，建筑物使用时加荷较快时，土的抗剪强度宜选择直接剪切试验的（　　）。
   A. 直接快剪　　　　B. 固结快剪　　　　C. 不固结不排水剪
8. 当分析透水性较好、施工速度较慢的建筑地基稳定性时，抗剪强度指标可选直剪试验中的（　　）。
   A. 快剪　　　　　　B. 固结快剪　　　　C. 慢剪
9. 当分析正常固结土层在使用期间大量快速增载建筑物地基的稳定问题时，为获得其抗剪强度指标，可选择三轴压缩试验中的（　　）。
   A. 快剪　　　　　　B. 固结排水剪　　　C. 固结不排水剪

第11单元 挡土墙与土压力

【学习目标】 了解三种土压力的概念及发生条件,了解挡土墙的几种形式和重力式挡土墙的设计过程;理解朗肯土压力理论和库仑土压力理论的基本假设和计算原理;掌握两种理论的计算方法。

【重点】 土压力类型及发生条件;朗肯土压力理论;库仑土压力理论;几种特殊情况下朗肯土压力的计算方法。

【难点】 几种特殊情况下朗肯土压力的计算方法。

11.1 三种土压力

挡土墙是防止土体坍塌的构筑物,在房屋建筑、水利工程、铁路工程以及桥梁中得到广泛应用,如图 11.1 所示。在这些构筑物与土体的接触面处均存在侧向压力的作用,这种侧向压力就是土压力。土压力是指挡土墙后的填土因自重或外荷载作用对墙背产生的侧向压力。由于土压力是挡土墙的主要外荷载,因此,设计挡土墙时首先要确定土压力的性质、大小、方向和作用点。

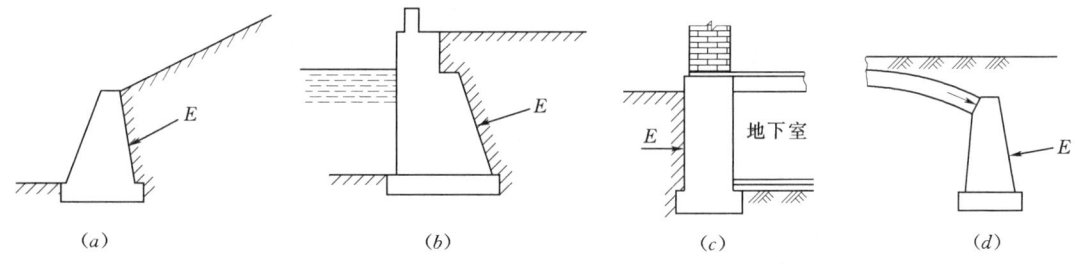

图 11.1 工程中的挡土墙
(a) 支撑土坡的挡土墙;(b) 堤岸挡土墙;(c) 地下室侧墙;(d) 拱桥桥台

11.1.1 土压力类型

作用在挡土结构上的土压力,按挡土结构的位移方向、大小及土体所处的三种极限平衡状态,可分为三种:静止土压力、主动土压力和被动土压力。

1. 静止土压力

如果挡土结构在土压力的作用下,其本身不发生变形和任何位移(移动或转动),土体处于弹性平衡状态,则这时作用在挡土结构上的土压力称为静止土压力[图 11.2 (a)]。

2. 主动土压力

挡土结构在土压力作用下向离开土体的方向位移,随着这种位移的增大,作用在挡土结构上的土压力将从静止土压力逐渐减小。当土体达到主动极限平衡状态时,作用在挡土结构上的土压力称为主动土压力[图 11.2 (b)]。

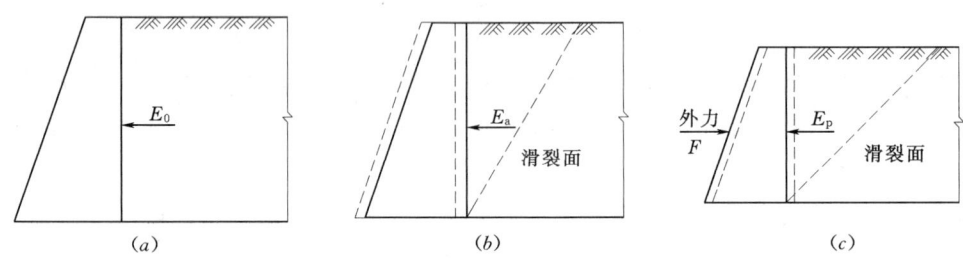

图 11.2 土压力分类
(a) 静止土压力;(b) 主动土压力;(c) 被动土压力

3. 被动土压力

挡土结构在荷载作用下向土体方向位移,使土体达到被动极限平衡状态时的土压力称为被动土压力[图 11.2 (c)]。

11.1.2 三种土压力的相互关系

在实际工程中,大部分情况下的土压力值均介于上述两种极限状态下的土压力值之间。土压力的大小及分布与作用在挡土结构上的土体性质、挡土结构本身的材料及挡土结构的位移有关,其中挡土结构的位移情况是影响土压力性质的关键因素。图 11.3 表示了土压力与挡土结构位移之间的关系,通常,达到主动土压所需的相对位移 δ/H 为 0.1%~0.5%;而达到被动土压所需的相对位移 δ/H 为 1%~5%,这是一个较大的值,在实际工程中是不容许发生的,因此设计时常按被动土压力的 30%~50%来设计挡土结构。显然,被动土压力>静止土压力>主动土压力。

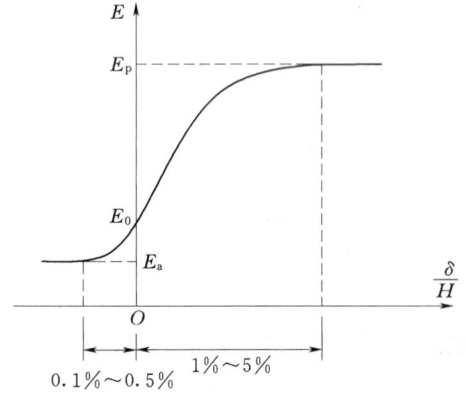

图 11.3 土压力与挡土结构位移 δ 的关系

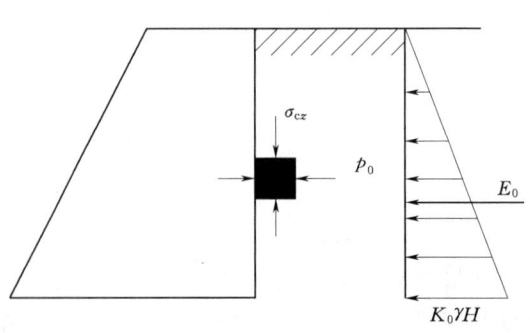

图 11.4 墙背竖直时的静止土压力

11.1.3 静止土压力计算

1. 土压力计算

静止土压力可根据半无限弹性体的应力状态进行计算。在土体表面下任意深度 z 处取一微小单元体，其上作用着竖向自重应力和侧压力（图 11.4），这个侧压力的反作用力就是静止土压力。根据半无限弹性体在无侧移的条件下侧压力与竖向应力之间的关系，该处的静止土压力强度 p_0 可按下式计算

$$p_0 = K_0 \gamma z \tag{11.1}$$

式中 K_0——静止土压力系数，其值可用室内或原位试验确定；
γ——土体重度，kN/m^3。

土的静止土压力系数 K_0 值可在室内用三轴仪测得；在原位则可用自钻式旁压仪测试得到。在缺乏试验资料时，可用下述经验公式估算：

砂土 $\qquad\qquad\qquad K_0 = 1 - \sin\varphi'$

黏性土 $\qquad\qquad\quad K_0 = 0.95 - \sin\varphi'$

超固结黏土 $\qquad\qquad K_0 = OCR^{0.5}(1 - \sin\varphi')$

式中 φ'——土的有效内摩擦角，$(°)$；
OCR——土的超固结比。

2. 土压力分布

由式（11.1）可知，静止土压力沿挡土结构竖向为三角形分布，如图 11.4 所示。如果取单位挡土结构长度，则作用在挡土结构上的静止土压力 E_0 为

$$E_0 = \frac{1}{2}\gamma h^2 K_0 \tag{11.2}$$

式中 h——挡土结构高度，m。

E_0 的作用点距墙底 $h/3$。

11.2 朗肯土压力理论

11.2.1 基本假设与适用条件

朗肯土压力理论是朗肯于 1857 年提出的。他假定挡土墙背垂直、光滑，其后土体表面水平并无限延伸，这时土体内的任意水平面和墙的背面均为主平面（在这两个平面上的剪应力为零），作用在该平面上的法向应力即为主应力。朗肯根据墙后土体处于极限平衡状态，应用极限平衡条件，推导出了主动土压力和被动土压力计算公式。

11.2.2 朗肯主动土压力计算

考察挡土墙后土体表面下深度 z 处的微小单元体的应力状态变化过程。当挡土墙在土压力的作用下向远离土体的方向位移时，作用在微元体上的竖向应力 σ_{cz} 保持不变，而水平向应力 σ_x 逐渐减小，直至达到土体处于极限平衡状态。土体处于极限平衡状态时的最

大主应力为 $\sigma_1 = \sigma_{cz} = \gamma z$，而最小主应力 $\sigma_3 = \sigma_x$ 即为主动土压力强度 p_a。根据土的极限平衡条件，可推导出主动土压力强度 p_a 的计算公式如下

$$p_a = \sigma_{cz} K_a - 2c \sqrt{K_a} \tag{11.3}$$

其中
$$K_a = \tan^2\left(45° - \frac{\varphi}{2}\right)$$

式中　p_a——墙背任一点处的主动土压力强度，kPa；

K_a——朗肯主动土压力系数。

由朗肯主动土压力计算公式（11.3）可知，无黏性土中主动土压力强度 p_a 与深度 z 成正比，沿墙高的土压力强度呈三角形分布（图 11.5）。作用在单位长度挡墙上的土压力为三角形分布面积，即

$$E_a = \frac{1}{2} \gamma h^2 K_a \tag{11.4}$$

土压力作用点距墙底 $h/3$。

黏性土中的土压力强度由两部分组成：一部分是由土体自重引起的土压力 $\gamma z K_a$；另一部分是黏聚力 c 引起的负侧压力 $2c\sqrt{K_a}$。两部分的叠加结果如图 11.6 所示，其中 aed 部分是负侧压力，对墙背是拉应力，但实际上土与墙背在很小的拉应力作用下即会分离，故在计算土压力时，这部分的压力应设为零，因此黏性土的土压力分布仅是 abc 部分。令式（11.3）为零即可求得临界深度 z_0

$$p_a|_{z=z_0} = \gamma z_0 K_a - 2c\sqrt{K_a} = 0$$

得
$$z_0 = \frac{2c}{\gamma \sqrt{K_a}} \tag{11.5}$$

单位长度挡墙上的主动土压力可由土压力实际分布面积计算（图 11.6 中 abc 部分的面积）。

$$E_a = \frac{1}{2}(\gamma h K_a - 2c\sqrt{K_a})(h - z_0) \tag{11.6}$$

主动土压力 E_a 的作用点通过三角形的形心，即作用在离墙底 $\dfrac{h - z_0}{3}$ 高度处。

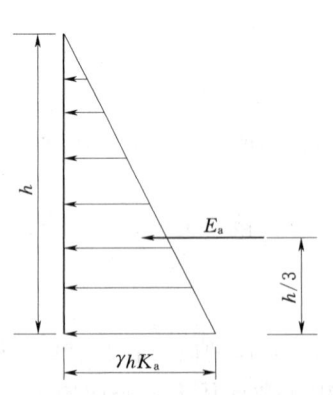
图 11.5　无黏性土的 p_a 分布

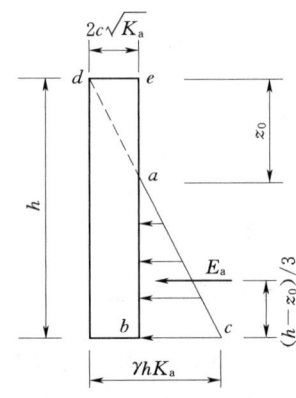
图 11.6　黏性土的 p_a 分布

11.2 朗肯土压力理论

【**例 11.1**】 有一挡土墙高 6m，墙背竖直、光滑，墙后填土面水平，填土的物理力学指标为：$c=15\text{kPa}$，$\varphi=15°$，$\gamma=18\text{kN/m}^3$。求主动土压力及其作用点并绘出主动土压力分布图。

【**解**】

（1）计算墙顶处的主动土压力强度 p_{a1}。

$$p_{a1}=\gamma z\tan^2\left(45°-\frac{\varphi}{2}\right)-2c\tan\left(45°-\frac{\varphi}{2}\right)$$
$$=18\times0\times\tan^2\left(45°-\frac{15°}{2}\right)-2\times15\times\tan\left(45°-\frac{15°}{2}\right)$$
$$=-23.0(\text{kPa})<0$$

（2）计算临界深度 z_0。

$$z_0=\frac{2c}{\gamma}\frac{1}{\sqrt{K_a}}=\frac{2\times15}{18\times\tan\left(45°-\frac{15°}{2}\right)}=2.17(\text{m})$$

（3）计算墙底处的主动土压力强度 p_{a2}。

$$p_{a2}=\gamma z\tan^2\left(45°-\frac{\varphi}{2}\right)-2c\tan\left(45°-\frac{\varphi}{2}\right)$$
$$=18\times6\times\tan^2\left(45°-\frac{15°}{2}\right)-2\times15\times\tan\left(45°-\frac{15°}{2}\right)$$
$$=40.6(\text{kPa})$$

（4）绘出主动土压力的分布图如图 11.7 所示。

（5）计算主动土压力值。主动土压力值按分布面积计算如图 11.7 所示，得

$$E_a=\frac{1}{2}\times40.6\times(6-2.17)=77.8(\text{kN/m})$$

主动土压力 E_a 的作用点离墙底的距离为

$$\frac{h-z_0}{3}=\frac{6-2.17}{3}=1.28(\text{m})$$

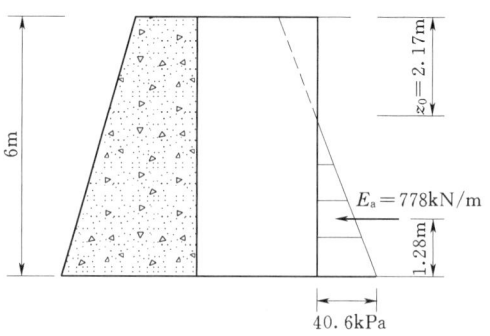

图 11.7 土压力分布图

11.2.3 朗肯被动土压力

被动土压力是填土处于被动极限平衡时作用在挡土墙上的土压力。由朗肯土压力原理可知，被动极限平衡时最小主应力为 $\sigma_3=\sigma_z=\gamma z$，而最大主应力 $\sigma_1=\sigma_x$ 即为被动土压力强度 p_p。代入极限平衡条件，整理后可得被动土压力强度为

$$p_p=\sigma_{cz}K_p+2c\sqrt{K_p} \tag{11.7}$$

其中 $$K_p=\tan^2\left(45°+\frac{\varphi}{2}\right)$$

式中 p_p——墙背任一点处的被动土压力强度，kPa；

K_p——朗肯被动土压力系数。

计算朗肯被动土压力时，无论何种情况，首先按式（11.7）计算出各土层上、下层面

第11单元 挡土墙与土压力

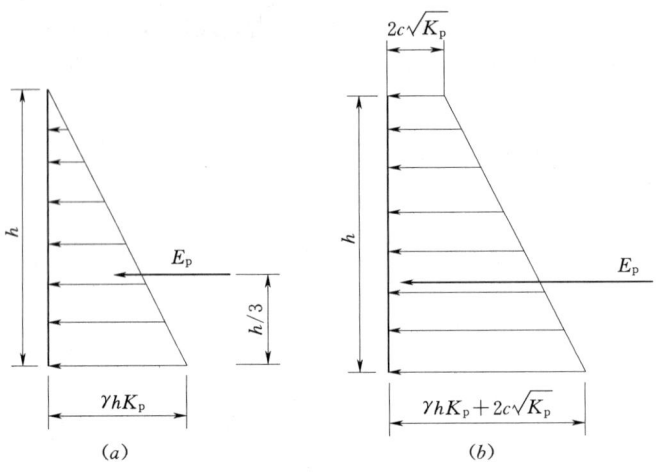

图 11.8　被动土压力分布
(a) 无黏性土；(b) 黏性土

处的土压力强度 p_p，绘出被动土压力强度分布图（图 11.8），填土为无黏性土时呈三角形分布，黏性填土时呈梯形分布。作用在单位长度挡土墙上的土压力 E_p 同样可由土压力实际分布面积计算，E_p 的作用线通过土压力强度分布图的形心。

11.2.4　几种情况朗肯土压力的计算

1. 成层土体中的土压力计算

一般情况下墙后土体均由几层不同性质的水平土层组成。在计算各点的土压力时，可先计

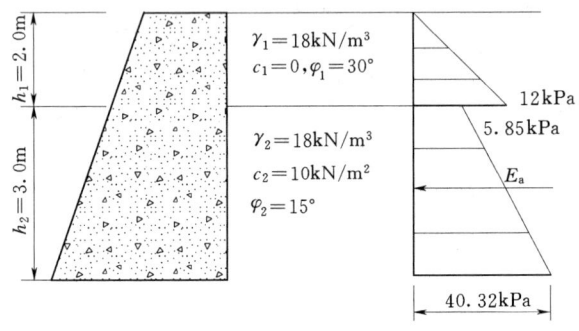

图 11.9　[例 11.2] 图

算其相应的自重应力，在土压力公式中 $\sigma_{cz}=\sum\gamma_i h_i$，需注意的是土压力系数应采用各点对应土层的土压力系数值。

【**例 11.2**】挡土墙高 5m，墙背直立、光滑，墙后土体表面水平，共分两层，各层土的物理力学指标如图 11.9 所示，求主动土压力并绘出土压力分布图。

【**解**】

(1) 第一层的土压力强度。

层顶面处：$p_{a0}=0$

层底面处：
$$p_{a1}=\gamma_1 h_1 \tan^2\left(45°-\frac{\varphi_1}{2}\right)=18\times 2\times \tan^2\left(45°-\frac{30°}{2}\right)=12(\text{kPa})$$

(2) 第二层的土压力强度。

层顶面处：
$$p_{a2}=\gamma_1 h_1 \tan^2\left(45°-\frac{\varphi_2}{2}\right)-2c\tan\left(45°-\frac{\varphi_2}{2}\right)$$

11.2 朗肯土压力理论

$$= 18 \times 2 \times \tan^2\left(45° - \frac{15°}{2}\right) - 2 \times 10 \times \tan\left(45° - \frac{15°}{2}\right)$$
$$= 5.85 \text{(kPa)}$$

层底面处：

$$p_{a3} = (\gamma_1 h_1 + \gamma_2 h_2)\tan^2\left(45° - \frac{\varphi_2}{2}\right) - 2c\tan\left(45° - \frac{\varphi_2}{2}\right)$$
$$= (18 \times 2 + 19.5 \times 3) \times \tan^2\left(45° - \frac{15°}{2}\right) - 2 \times 10 \times \tan\left(45° - \frac{15°}{2}\right)$$
$$= 40.32 \text{(kPa)}$$

主动土压力合力为

$$E_a = \frac{1}{2}p_{a1}h_1 + \frac{1}{2}(p_{a2} + p_{a3})h_2$$
$$= \frac{1}{2} \times 12 \times 2 + \frac{1}{2} \times (5.85 + 40.32) \times 3$$
$$= 81.26 \text{(kPa)}$$

主动土压力分布图如图 11.9 所示。

2. 土体表面有均布荷载 q 作用

当墙后土体表面有连续均布荷载 q 作用时，均布荷载 q 在土中产生的上覆压力沿墙体方向矩形分布，主动土压力分布强度为 qK_a，如图 11.10 所示。土压力的计算方法是将上覆压力项 σ_{cz} 换以 $\gamma h + q$ 计算即可，如黏土的主动土压力强度 p_a 为

$$p_a = (\gamma h + q)K_a - 2c\sqrt{K_a} \qquad (11.8)$$

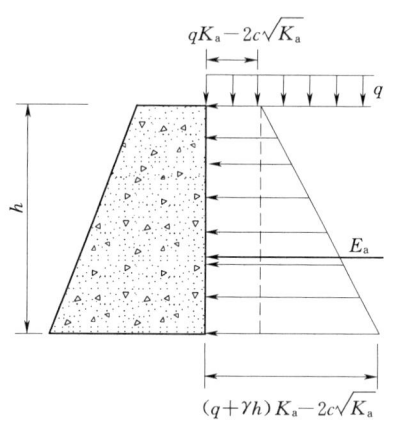

图 11.10 墙后土体表面荷载 q 作用下的土压力计算

【**例 11.3**】 有一挡土墙，高 5m，墙背直立、光滑，填土面水平，填土的指标为：$c = 20\text{kPa}$，$\varphi = 18°$，$\gamma = 18\text{kN/m}^3$。地面作用着均布荷载 $q = 20\text{kPa}$。求主动土压力合力的大小和作用点，并画出主动土压力分布图。

【**解**】

（1）本题符合朗肯条件，先求主动土压力系数。

$$K_a = \tan^2\left(45° - \frac{18°}{2}\right) = 0.528$$

当 $z = z_0 = \dfrac{2c\sqrt{K_a} - qK_a}{\gamma K_a} = \dfrac{2 \times 20\sqrt{0.528} - 20 \times 0.52}{18 \times 0.528} = 1.95$ （m）时，$p_a = 0$。

当 $z = 5\text{m}$ 时

$$p_a = (q + \gamma h)K_a - 2c\sqrt{K_a} = (20 + 18 \times 5) \times 0.528 - 2 \times 20 \times \sqrt{0.528} = 29\text{(kPa)}$$

墙背主动土压力分布如图 11.11 所示。

（2）求合力 E_a 的大小和作用点。

$$E_a = \frac{1}{2} \times 29 \times (5 - 1.95) = 44.4 \text{(kN/m)}$$

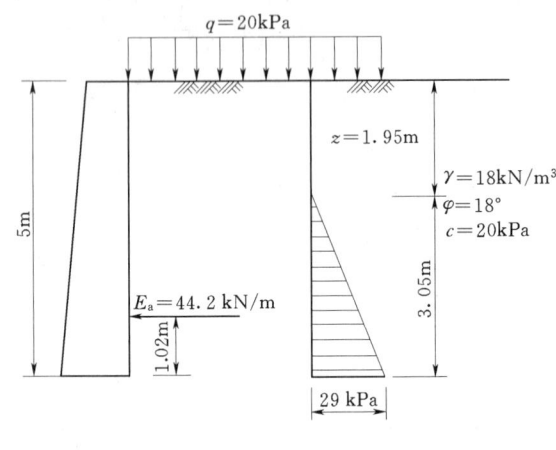

图 11.11　[例 11.3]图

方向垂直于墙背，作用点在距墙脚 $\dfrac{5-1.95}{3}=1.02$（m）处。

3. 墙后土体有地下水的土压力计算

当墙后土体中有地下水存在时，墙体除受到土压力的作用外，还将受到水压力的作用。通常所说的土压力是指土粒有效应力形成的压力，其计算方法是地下水位以下部分采用土的浮重度 γ' 计算，水压力按静水压力计算。但在实际工程中计算墙体上的侧压力时，考虑到土质条件的影响，可分别采用"水土分算"或"水土合算"的计算方法。所谓"水土分算"法是将土压力和水压力分别计算后再叠加的方法，这种方法比较适合渗透性大的砂土层情况；"水土合算"法在计算土压力时则将地下水位以下的土体重度取为饱和重度，水压力不再单独计算叠加，这种方法比较适合渗透性小的黏性土层情况。

11.3　库仑土压力理论

11.3.1　基本假设

库仑 1773 年建立了库仑土压力理论，其基本假定为：

（1）挡土墙后土体为均匀各向同性无黏性土（$c=0$）。

（2）挡土墙后产生主动或被动土压力时墙后土体形成滑动土楔，其滑裂面为通过墙踵的平面。

（3）滑动土楔可视为刚体。

库仑土压力理论根据滑动土楔处于极限平衡状态时的静力平衡条件来求解主动土压力和被动土压力。

11.3.2　库仑主动土压力

1. 库仑主动土压力计算

如图 11.12（a）所示，设挡土墙高为 h，墙

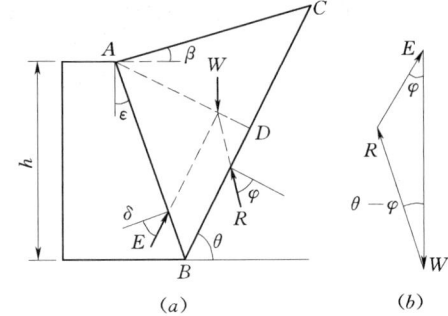

图 11.12　库仑主动土压力计算
(a) 挡土墙与滑动土楔；(b) 力矢三角形

背俯斜，与垂线的夹角为 ε，墙后土体为无黏性土（$c=0$），土体表面与水平线夹角为 β，墙背与土体的摩擦角为 δ。挡土墙在土压力作用下将向远离主体的方向位移（平移或转动），最后土体处于极限平衡状态，墙后土体将形成一滑动土楔，其滑裂面为平面 BC，滑裂面与水平面成 θ 角。

沿挡土墙长度方向取1m进行分析，并取滑动土楔ABC为隔离体，作用在滑动土楔上的力有土楔体的自重W，滑裂面BC上的反力R和墙背面对土楔的反力E（土体作用在墙背上的土压力与E大小相等、方向相反）。滑动土楔在W、R、E的作用下处于平衡状态，因此三力必形成一个封闭的力矢三角形，如图11.12（b）所示。根据正弦定理并求出E的最大值即为墙背的库仑主动土压力，即

$$E_a = \frac{1}{2}\gamma h^2 K_a \tag{11.9}$$

其中

$$K_a = \frac{\cos^2(\varphi-\varepsilon)}{\cos^2\varepsilon\cos(\varepsilon+\delta)\left[1+\sqrt{\frac{\sin(\varphi+\delta)\sin(\varphi-\beta)}{\cos(\varepsilon+\delta)\cos(\varepsilon-\beta)}}\right]^2}$$

式中 K_a——库仑主动土压力系数，由上式计算，也可以查相应规范表；

δ——填土对挡土墙的摩擦角（外摩擦角），可按以下规定取值：俯斜的混凝土或砌体墙，取 $\left(\frac{1}{2} \sim \frac{2}{3}\right)\varphi$；台阶形墙背，取 $\frac{2}{3}\varphi$；垂直混凝土或砌体墙，$\left(\frac{1}{2} \sim \frac{2}{3}\right)\varphi$。

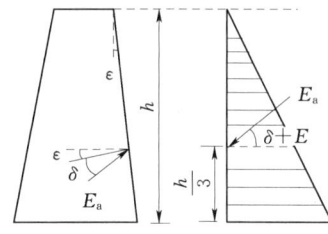

图11.13 库仑主动土压力分布

2. 库仑主动土压力分布

库仑主动土压力强度分布图为三角形，E_a 的作用方向与墙背法线逆时针成 δ 角，作用点在距墙底 $h/3$ 处，与水平面（线）成 $\delta+\varepsilon$ 夹角，如图11.13所示。

【例11.4】 挡土墙高5m，墙背倾斜角 $\varepsilon=10°$（俯角），填土坡角 $\beta=20°$，填土重度 $\gamma=18\text{kN/m}^3$，$\varphi=30°$，$c=0$，填土与墙背的摩擦角 $\delta=(2/3)\varphi$，按库仑土压力理论计算主动土压力及其作用点。

【解】 根据 $\varepsilon=10°$，$\beta=20°$，$\gamma=18\text{kN/m}^3$，$\varphi=30°$，$c=0$ 和 $\delta=(2/3)\varphi$ 的条件，可求得主动土压力系数 $K_a=0.540$。

由于主动土压力沿墙背垂直面为三角形分布，故主动土压力的合力为

$$E_a = \frac{1}{2}\gamma h^2 K_a = \frac{1}{2} \times 18 \times 5^2 \times 0.540 = 121.5 (\text{kN/m})$$

主动土压力作用点在离墙底 $h/3=5.0/3=1.67$（m）处。与水平线成 $\delta+\varepsilon=20°+10°=30°$，指向墙背。

11.3.3 库仑被动土压力

库仑被动土压力计算公式的推导与库仑主动土压力的方法相似，计算简图如图11.14所示，计算公式为

$$E_p = \frac{1}{2}\gamma h^2 K_p \tag{11.10}$$

式中 K_p——库仑被动土压力系数，其值为

$$K_p = \frac{\cos^2(\varphi+\varepsilon)}{\cos^2\varepsilon\cos(\varepsilon-\delta)\left[1-\sqrt{\dfrac{\sin(\varphi+\delta)\sin(\varphi+\beta)}{\cos(\varepsilon-\delta)\cos(\varepsilon-\beta)}}\right]^2}$$

库仑被动土压力强度分布图也为三角形，E_p 的作用方向与墙背法线顺时针成 δ 角，作用点在距墙底 $h/3$ 处。

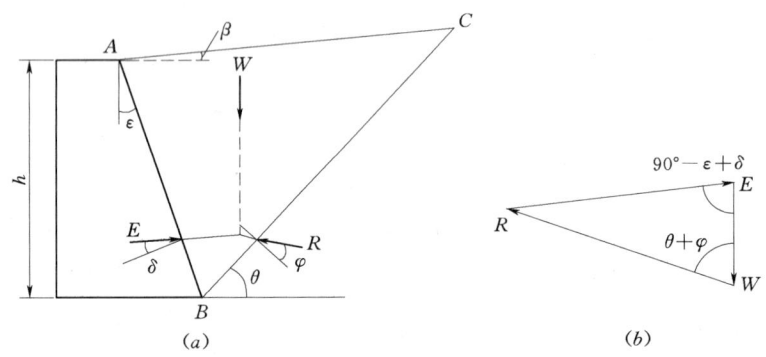

图 11.14　库仑被动土压力计算
(a) 挡土墙与滑动土楔；(b) 力矢三角形

当墙背垂直（$\varepsilon=0$）、光滑（$\delta=0$）、土体表面水平（$\beta=0$）时，库仑土压力计算公式与朗肯土压力公式一致。

库仑土压力理论是从无黏性土出发推导得到的，故不能直接用于计算黏性土中的土压力。

11.3.4　黏性土与成层土中的库仑土压力计算

1. 黏性土中的库仑土压力计算

在实际工程中，为了利用库仑公式计算黏性土中的土压力，通常采用等代内摩擦角 φ_d 来综合考虑 c、φ_d 值对土压力的影响，即适当增大内摩擦角来反映内聚力的影响，然后按砂性土的计算公式计算土压力。等代内摩擦角 φ_d 一般根据经验确定，地下水位以上的黏性土可取 $\varphi_d=30°\sim35°$，地下水位以下的黏性土可取 $\varphi_d=25°\sim30°$。也有如下的经验公式

$$\varphi_d = \arctan\left(\tan\varphi + \frac{c}{\gamma h}\right)$$

$$\varphi_d = 45° - 2\arctan\left[\tan\left(45°-\frac{\varphi}{2}\right) - \frac{2c}{\gamma h}\right]$$

上述经验公式计算出的等代内摩擦角 φ_d 并非定值，而与挡土墙的高度有关，这可能导致土压力计算值出现较大的误差，具体计算中应结合原位土层和挡土墙的具体情况，确定一个比较合理的 φ_d 值。

2. 成层土中的库仑土压力计算

对实际工程中的成层土地基，设挡土墙后各土层的重度、内摩擦角和土层厚度分别为 γ_i、φ_i 和 h_i，通常可将各土层的重度、内摩擦角按土层厚度进行加权平均，即

$$\gamma_m = \frac{\sum \gamma_i h_i}{\sum h_i}$$

$$\varphi_m = \frac{\sum \varphi_i h_i}{\sum h_i}$$

然后按均值土情况采用 γ_m、φ_m 值近似计算其库仑土压力值。

工程实践表明，墙后土体破坏时的滑动面只有主动状态下在墙背斜度不大且墙背与土体之间的摩擦角很小时才接近于平面，库仑公式的平面假设引起的误差在计算主动土压力时比较小，为 2%～10%；而在计算被动土压力时的误差较大，且误差随 δ 角的增大而增大，有时可达 2～3 倍，故工程中计算被动土压力一般不使用库仑公式。

11.4 常见挡土结构类型和重力式挡土墙设计

11.4.1 挡土墙结构类型

1. 重力式挡土墙

重力式挡土墙一般由块石或素混凝土砌筑而成。靠自身重力来维持墙体稳定，墙体的抗拉、抗剪强度都较低。墙身截面尺寸较大，一般用于低挡土墙。它具有结构简单、施工方便、取材较易等优点，是工程中应用较广的一种挡土墙 [图 11.15（a）]。

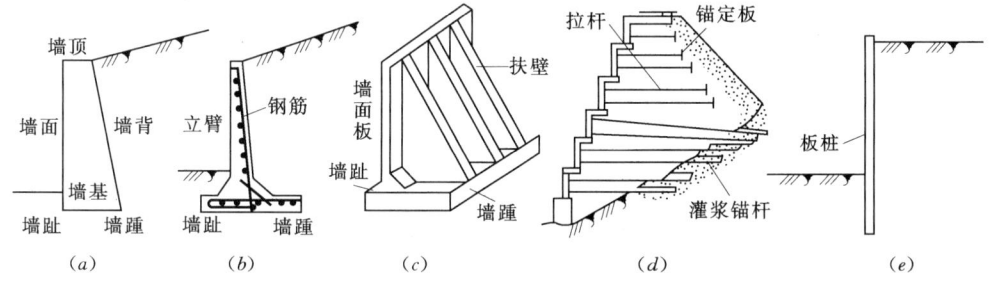

图 11.15 挡土墙主要类型图
(a) 重力式挡土墙；(b) 悬臂式挡土墙；(c) 扶壁式挡土墙；(d) 锚杆、锚定板式挡土墙；(e) 板桩墙

2. 悬臂式挡土墙

悬臂式挡土墙一般用钢筋混凝土建造，它由三个悬臂板组成，即立臂、墙趾悬臂和墙踵悬臂。墙体的稳定性主要靠墙踵悬臂上的土重维持，墙体内的拉应力由钢筋承担。这类挡土墙的优点是能充分利用钢筋混凝土的受力特性，故这类挡土墙截面尺寸较小，在市政工程以及厂矿储库中较常采用 [11.15（b）]。

3. 扶壁式挡土墙

当墙高较大，悬臂式挡土墙的立壁受推力作用产生的弯矩与挠度均较大时，为了增加立壁的抗弯性能和减少钢筋用量，可在悬臂式挡土墙的墙长方向每隔一定间距 [（0.8～1.08）h，h 为挡土墙高] 设一道扶壁，挡土墙稳定性由扶壁间填土重维持 [图 11.15（c）]。

4. 锚定板与锚杆式挡土墙

锚定板挡土墙是由预制的钢筋混凝土面板立柱，钢拉杆和埋入土中的锚定板组成，挡土墙板的稳定性由拉杆和锚定板来保证。锚杆式挡土墙则是利用伸入岩层的灌浆锚杆承受土压力的挡土结构［图 11.15（d）］。这两种结构一般单独采用，有时也联合使用。

5. 板桩墙

板桩墙是深基坑开挖的一种临时性支护结构，由统长的钢板桩或预制钢筋混凝土板桩组成。也可在板桩上加设支撑，以改善其受力性能［图 11.15（e）］。

11.4.2 重力式挡土墙的设计

1. 重力式挡土墙的设计内容

设计挡土墙时，一般是先根据荷载大小、地基土工程地质条件、填土的性质、建筑材料等条件凭经验初步拟定截面尺寸，然后逐项进行验算。若不满足，则修改截面尺寸或采取其他措施。

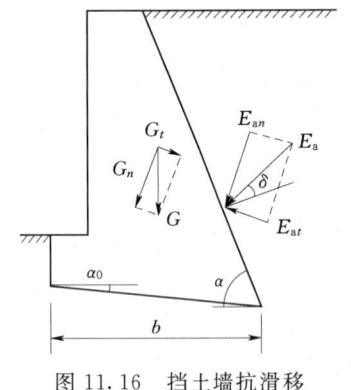

图 11.16 挡土墙抗滑移
稳定验算示意图

挡土墙的验算一般包括下列内容：

（1）稳定性验算。包括抗倾覆和抗滑移验算两大内容。必要时应进行地基的深层稳定性验算（可采用圆弧滑动面法）。

（2）地基承载力验算。

（3）墙身强度验算（参见 GB 50010—2011《混凝土结构设计规范》）。

2. 挡土墙的稳定性验算

（1）抗滑移稳定性验算。如图 11.16 所示，在土压力作用下，挡土墙有可能沿基础底面发生滑动。验算时，将土压力 E_a 及墙重力 G 各分解为平行和垂直于基底的分力（E_{at}、E_{an} 及 G_t、G_n）。分力 E_{at} 和 G_t 的合力使墙沿基底平面滑移，E_{an} 及 G_n 产生摩擦力抵抗滑移，抗滑移稳定性应按下式验算

$$\frac{(G_n + E_{an})\mu}{E_{at} - G_t} \geqslant 1.3 \tag{11.11}$$

$$G_n = G\cos\alpha_0$$

$$G_t = G\sin\alpha_0$$

$$E_{at} = E_a \sin(\alpha - \alpha_0 - \delta)$$

$$E_{an} = E_a \cos(\alpha - \alpha_0 - \delta)$$

式中　G——挡土墙每延米自重，kN/m；

α_0——挡土墙基底的倾角，(°)；

α——挡土墙墙背的倾角（°）；

δ——土对挡土墙墙背的摩擦角，(°)，可按表 11.1 选用；

μ——土对挡土墙基底的摩擦系数，由试验确定，也可按表 11.2 选用。

11.4 常见挡土结构类型和重力式挡土墙设计

表 11.1 土对挡土墙墙背的摩擦角 δ

挡土墙情况	摩擦角 δ	挡土墙情况	摩擦角 δ
墙背平滑，排水不良	$(0\sim0.33)\varphi_k$	墙背很粗糙，排水良好	$(0.50\sim0.67)\varphi_k$
墙背粗糙，排水良好	$(0.33\sim0.50)\varphi_k$	墙背与填土间不可能滑动	$(0.67\sim1.00)\varphi_k$

注：φ_k 为墙背填土的内摩擦角标准值。

表 11.2 土对挡土墙基底的摩擦系数 μ

土 的 类 别		摩擦系数 μ
黏性土	可塑	0.25～0.30
	硬塑	0.30～0.35
	坚硬	0.35～0.45
粉土		0.30～0.40
中砂、粗砂、砾砂		0.40～0.50
碎石土		0.40～0.60
软质岩		0.40～0.60
表面粗糙的硬质岩		0.65～0.75

注：1. 对易风化的软质岩和塑性指数 I_P 大于 22 的黏性土，基底摩擦系数应通过试验确定。
2. 对碎石土，可根据其密实程度、填充物状况、风化程度等确定。

(2) 抗倾覆稳定性验算。如图 11.17 所示，挡土墙在土压力作用下可能绕墙趾 o 点向外转动而倾覆，将 E_a 分解成水平及垂直两个分力。水平分力 E_{ax} 使墙发生倾覆，垂直分力 E_{az} 及墙重力 G 抵抗倾覆。抗倾覆稳定性应按下式验算

$$\frac{Gx_0+E_{az}x_f}{E_{ax}z_f}\geqslant 1.6 \quad (11.12)$$

$$E_{ax}=E_a\sin(\alpha-\delta)$$
$$E_{az}=E_a\cos(\alpha-\delta)$$
$$x_f=b-z\cot\alpha$$
$$z_f=z-b\tan\alpha_0$$

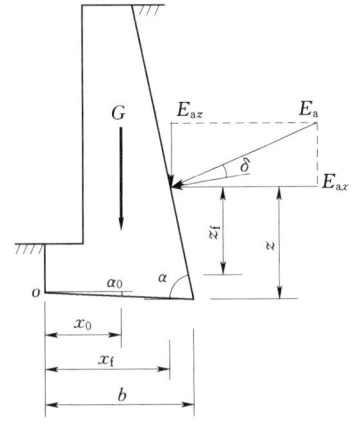

图 11.17 挡土墙抗倾覆稳定性
验算示意图

式中 G——挡土墙每延米自重，kN/m；
α_0——挡土墙基底的倾角，(°)；
α——挡土墙墙背的倾角，(°)；
z——土压力作用点离墙踵的高度，m；
x_0——挡土墙重心离墙趾的水平距离，m；
b——基底的水平投影宽度，m。

3. 重力式挡土墙的构造

(1) 重力式挡土墙适用于高度小于 6m、地层稳定、开挖土石方时不会危及相邻建筑物安全的地段。

(2) 重力式挡土墙根据墙背的倾角不同可分为仰斜式（$\alpha>90°$）、垂直式（$\alpha=90°$）、

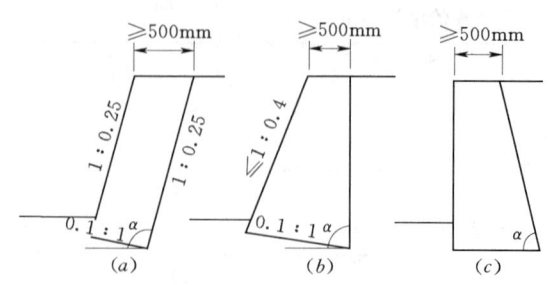

图 11.18 重力式挡土墙类型
(a) 仰斜式；(b) 垂直式；(c) 俯斜式

俯斜式（α<90°），如图 11.18 所示。墙背的倾斜型式应根据使用要求、地形和施工条件等综合考虑决定。如用相同的计算方法和计算指标，其主动土压力以仰斜式为最小，垂直式居中，俯斜式最大。在实际工程中若先开挖护坡再做挡土墙则仰斜式最为合理，若先做挡土墙再填土则俯斜式和垂直式较合理。

(3) 为了增加挡土墙的抗滑稳定性，重力式挡土墙可在基底设置逆坡。对于土质地基，基底逆坡坡度不宜大于 1:10；对于岩质地基，基底逆坡坡度不宜大于 1:5。

(4) 块石挡土墙的墙顶宽度不宜小于 400mm；混凝土挡土墙的墙顶宽度不宜小于 200mm。基底宽为墙高的 $\frac{1}{2} \sim \frac{1}{3}$。

(5) 重力式挡土墙的基础埋置深度，应根据地基承载力、水流冲刷、岩石裂隙发育及风化程度等因素进行确定。在特强冻胀、强冻胀地区应考虑冻胀的影响。在土质地基中，基础埋置深度不宜小于 0.5m；在软质岩地基中，基础埋置深度不宜小于 0.3m。

(6) 重力式挡土墙应每隔 10～20m 设置一道伸缩缝。当地基有变化时宜加设沉降缝。在挡土结构的拐角处，应采取加强的构造措施。

(7) 挡土墙常因雨水下渗而又排水不良，地表水渗入墙后填土，使填土的抗剪强度降低，土压力增大，这对挡土墙的稳定不利。如果墙后积水，则要产生水压力。积水自墙面渗出，还有产生渗流压力。水位较高时，静、动水压力对挡土墙的稳定更是较大威胁。因此挡土墙必须有良好的排水设施，以免墙后填土因积水而造成地基松软，从而导致承载力不足。若填土冻胀，则会使挡土墙开裂或倒塌。故常沿墙长设置间距为 2～3m，直径不小于 100mm 的泄水孔。墙后做好滤水层和必要的排水盲沟，在墙顶地面铺设防水层。当墙后有山坡时，还应在坡下设置截水沟（图 11.19）。

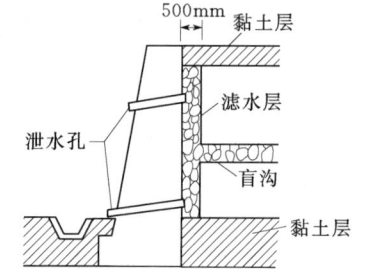

图 11.19 挡土墙排水设施

(8) 墙后填土宜选择透水性较强的填料，如砂土、砾石、碎石等，因为这类土的抗剪强度较稳定，易于排水。当采用黏性土作为填料时，宜掺入适量的块石。在季节性冻土地区，墙后填土应选用非冻胀性填料（如矿渣、碎石、粗砂等）。不应采用淤泥、耕植土、膨胀性黏土等作为填料，填料中还不应杂有大的冻结土块、木块或其他杂物。填土应分层夯实。

【例 11.5】 如图 11.20 所示，某挡土墙高 5m，墙背竖直光滑，填土面水平。采用 MU30 毛石和 M5 混合砂浆砌筑。已知砌体重度 $\gamma_0=22kN/m^3$，填土重度 $\gamma=16kN/m^3$，内摩擦角 $\varphi=30°$，黏聚力 $c=0$，地面荷载 $q=2kN/m^2$，基底摩擦系数 $\mu=0.5$，验算挡土墙的稳定性。

【解】

(1) 确定挡土墙的截面尺寸。因为该挡土墙是块石砌筑而成,根据构造要求,墙顶宽度为 0.8m>0.4m,墙底宽度为 $2.9 \text{m} \approx \left(\frac{1}{2} \sim \frac{1}{3}\right) h$。

(2) 计算挡土墙自重和土重。
$G_1 = 0.5 \times 2.9 \times 22 = 31.9 \text{(kN/m)}$
$G_2 = 0.5 \times 1.7 \times 4.5 \times 22 = 84.15 \text{(kN/m)}$
$G_3 = 0.8 \times 4.5 \times 22 = 79.2 \text{(kN/m)}$
$G_4 = 0.2 \times 4.5 \times 16 = 14.4 \text{(kN/m)}$
$G = G_1 + G_2 + G_3 + G_4 = 209.65 \text{(kN/m)}$

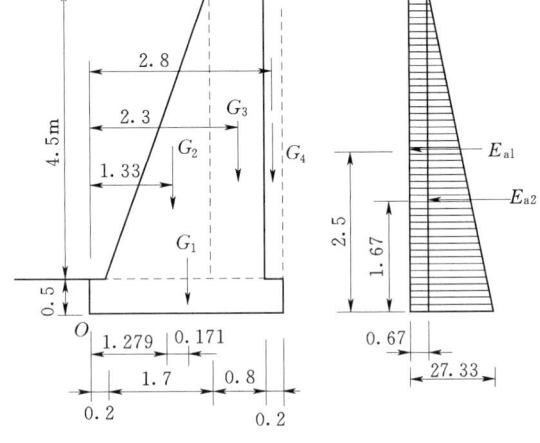

图 11.20 [例 11.5] 图

(3) 计算挡土墙受到的主动土压力。

$$K_a = \tan^2\left(45° - \frac{\varphi}{2}\right) = \tan^2\left(45° - \frac{30°}{2}\right) = \frac{1}{3}$$

墙顶处 $\sigma_a = (q + \gamma z) K_a = (2 + 0) \times \frac{1}{3} = 0.67 \text{(kPa)}$

墙底处 $\sigma_a = (q + \gamma z) K_a = (2 + 16 \times 5) \times \frac{1}{3} = 27.33 \text{(kPa)}$

主动土压力 $E_{a1} = 0.67 \times 5 = 3.35 \text{ (kN/m)}$

$$E_{a2} = \frac{1}{2} \times (27.33 - 0.67) \times 5 = 66.65 \text{(kN/m)}$$

(4) 抗滑移验算。

$$\frac{(G_n + E_{an})\mu}{E_{at} - G_t} = \frac{(209.65 + 0) \times 0.5}{3.35 + 66.65} = 1.50 > 1.3$$

(5) 抗倾覆验算。

$$M_{抗倾覆} = G x_0 + E_{az} x_f$$
$$= 31.9 \times 1.45 + 84.15 \times 1.33 + 79.2 \times 2.3 + 14.4 \times 2.8$$
$$= 380.65 \text{(kN·m)}$$

$$M_{倾覆} = E_{ax} z_f = 3.35 \times 2.5 + 66.65 \times \frac{5}{3} = 119.46 \text{(kN·m)}$$

$$\frac{G x_0 + E_{az} x_f}{E_{ax} z_f} = \frac{380.65}{119.46} = 3.2 > 1.6$$

所以挡土墙满足稳定性要求。

小　　结

本单元主要介绍了土压力的形成过程与土压力计算的朗肯理论和库仑理论。要求熟练掌握主动土压力计算方法。

土压力是支挡结构和其他地下结构中普遍存在的受力形式。土压力的大小与支挡结构位移有很大的依存关系，并由此形成了三种土压力：静止土压力、主动土压力和被动土压力。静止土压力的计算方法由水平向自重应力计算公式演变而来，而朗肯土压力计算公式是由土的极限平衡条件推导得出，库仑土压力公式则是由滑动土楔的静力平衡条件推导获得的。各种土压力公式都有其适用条件，在实际使用中对此应引起注意。

练 习 题

一、思考题

1. 土压力有哪几种类型？
2. 什么是静止土压力、主动土压力和被动土压力？它们产生的条件是什么？比较三者数值的大小。
3. 朗肯土压力理论与库仑土压力理论的假定条件是什么？
4. 地下水位升降对土压力的影响如何？

二、计算题

1. 高为 5m，墙背直立、光滑的挡土墙，填土表面水平，重度 $\gamma=18kN/m^3$，$c=0$，$\varphi=30°$，试分别求静止、主动、被动土压力。（$K=0.4$）

2. 某挡土墙墙高 4m，墙背直立、光滑，填土面水平，内摩擦角 $\varphi=30°$，黏聚力 $c=10kPa$，填土重度 $\gamma=18.4kN/m^3$，试求主动土压力，并画出土压力分布图。

3. 一俯斜式挡土墙高 7m，墙背与垂直面成 $100°$，填土面与水平面成 $10°$。填土重度 $\gamma=18.4kN/m^3$，$\varphi=30°$，黏聚力 $c=0$，墙与填土之间的摩擦角 $\delta=20°$，试用库仑理论求墙背主动土压力。

4. 某挡土墙墙高 6m，墙背直立、光滑，填土面水平，填土面上作用均布荷载 $q=20kPa$。墙后填土上层为中砂，$\gamma_1=17.27kN/m^3$，$\varphi_1=30°$，厚度 2m，下层为粗砂，$\gamma_2=19.63kN/m^3$，$\varphi_2=32°$。地下水在离墙顶 2m 位置。试按朗肯理论计算墙所受的总土压力，并绘制压力分布图。

三、选择题

1. 黏性土的朗肯主动土压力分布图为（　　　）。

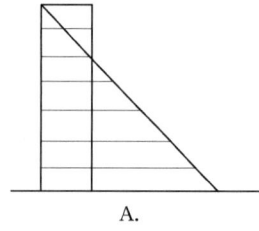
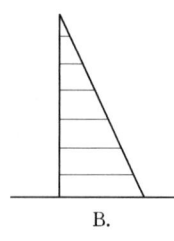
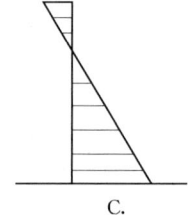

A.　　　　　　　　　B.　　　　　　　　　C.

图 11.21

2. 一般基岩上的土墙和拱座、地下室的外墙等，可按（　　　）计算。

A. 静止土压力　　　　　B. 主动土压力　　　　　C. 被动土压力

3. 墙后填土中有地下水时，墙背上作用的（　　　）。

A. 主动土压力减小，总压力减小　　B. 主动土压力增大，总压力增大

C. 主动土压力减小，总压力增大

4. 区分三种土压力的是根据（　　）。

A. 挡土墙的刚度　　　　　　B. 挡土墙的高度　　　　　C. 挡土墙的位移

5. 当墙后填土中的地下水位上升时，作用在墙背上的总压力（　　）。

A. 减小　　　　　　　　　　B. 增大　　　　　　　　　C. 不变

附录1　工程地质实验指导书

实验一　常见造岩矿物的肉眼鉴定

一、实验目的

(1) 学会观察描述矿物的形态、颜色、条痕、光泽、透明度等光学性质的方法；了解矿物各种光学性质之间的相互关系。

(2) 学会观察描述矿物解理、硬度、断口、相对密度等力学性质和其他性质。

(3) 掌握常见造岩矿物的肉眼鉴定方法和矿物的鉴定特征。

二、实验方法

本次造岩矿物的鉴定方法是矿物外表特征鉴定法，又称肉眼鉴定法。主要是根据矿物的物理性质即常见的外表特征，利用人的肉眼和日常生活中的小刀、小钢刀、铜钥匙、玻璃片和实验室的磁铁、条痕板、稀盐酸等简单工具、试剂，以及自己的手指甲对常见矿物进行鉴别区分，通过比较测试确定其类别和名称。

三、实验内容

主要是认识和熟悉常见的石英、正长石、斜长石、白云母、方解石、白云石、石膏、高岭石、黑云母、角闪石、辉石、橄榄石、绿泥石、滑石、石榴子石、黄铁矿、褐铁矿、赤铁矿等 20 余种造岩矿物。

四、实验步骤

1. 颜色

从观察颜色入手将矿物分成浅色、暗色、金属色三组，结合条痕、透明度和光泽等性质，初步将矿物分成三类，缩小鉴定范围。

2. 硬度

用指甲和小刀初试矿物硬度，将矿物分成软矿物、中矿物、硬矿物三组，进一步缩小鉴定范围。同时用小铁刀、小钢刀、铜钥匙、玻璃片、硬铅笔等小工具刻划矿物，或用矿物与矿物相互刻划，进一步确定矿物的相对硬度。一般精度可以达到 1 左右，通常可以将石英以下矿物用 1～7 个等级区分开。

3. 综合比较

进一步缩小范围，用矿物的形态、解理与断口、比重（相对密度）及其和稀盐酸反应情况来鉴别出每一种矿物和别的矿物区分的唯一特征——鉴定特征。

4. 查表命名

经过上述多次比较后，大多数常见矿物基本上都能轻易区分。少数矿物可以通过再进一步比较或查表得出。

五、实验报告

本次报告可参考附表 1.1 完成，要规范整洁并有所创新。

附表1.1 实验一 常见造岩矿物的肉眼鉴定报告表

编号	颜色	硬度	解理断口	其他性质	＋HCl后	鉴定特征	命名

责任栏 班级：   学号：   姓名：   日期：

实验二 常见岩浆岩的肉眼鉴定

一、实验目的
(1) 熟悉岩浆岩的一般特征。
(2) 学会肉眼鉴定岩浆岩的基本方法。
(3) 掌握常见岩浆岩的肉眼鉴定特征。

二、实验方法
常见岩浆岩肉眼鉴定的基本方法是在造岩矿物肉眼鉴定方法的基础上进行的，主要是根据岩石中矿物颜色等物理特征，先确定矿物成分，然后鉴别岩石的结构和构造，再判断岩石的产状后进一步比较分类命名。

三、实验内容
常见岩浆岩中的花岗岩、花岗斑岩、流纹岩、正长岩、正长斑岩、粗面岩、闪长岩、闪长玢岩、安山岩、辉长岩、辉绿岩、玄武岩、橄榄岩、浮岩、松脂岩、珍珠岩、黑曜岩等。

四、实验步骤
1. 观察岩石的颜色，将矿物进行成分分类
观察颜色时，把岩石标本距离眼睛稍远一点，以求看到岩石的整体颜色。岩石的颜色是指组成岩石的矿物颜色之总和，而非某一种或几种矿物的颜色。颜色描述同矿物鉴定一样，用二元色法，主要色调放在后面，次要的放在前面。可用深、浅等词来加以修饰，如形容安山岩为灰紫色，辉绿岩为深绿色或黑绿色等。也可用相似物体颜色代替，如花岗岩为肉红色等。

正确估计主要矿物含量，将岩石类别区分准确。每类岩浆岩中只有一种或两种主要矿物，酸性岩中是石英和正长石，中性岩中正长石多的是正长岩类，而角闪石和斜长石多的是闪长岩类，基性岩则以斜长石和辉石为主，超基性岩是辉石或橄榄石。

2. 确定岩石的结构构造，将矿物进行成因和产状分类
根据结构构造可以判断岩浆岩的大致产状，其表现分别为：

喷出岩：有气孔大且多，斑状结构，斑晶细粒，基质为隐晶质或玻璃质。
浅成岩：有气孔小且少，斑状结构，斑晶中粒，基质为微粒或隐晶质。
深成岩：无气孔或极少，似斑状结构，斑晶粗粒，基质为中细粒显晶质。
鉴别结构时，应注意矿物的结晶程度、颗粒的绝对大小和相对大小的区别。

岩浆岩常见的构造有块状、气孔、杏仁和流纹状构造等。有流纹状构造的应该是喷出岩。

岩浆岩的野外产状和粗粒结晶结构是区别沉积岩和变质岩的重要依据。

3. 对坐标

利用对坐标的办法可以在"常见岩浆岩分类及肉眼鉴定表"中方便地找到所鉴定矿物的位置，以颜色和矿物确定横坐标位置，以结构构造推断成因产状，确定岩石的纵坐标位置，然后对相似岩石再进行对比鉴别，对照常见岩浆岩肉眼鉴定表，确定岩石名称的确切位置。

4. 命名

岩浆岩命名原则如下：

（1）矿物。以主要矿物成分为主要命名依据，取岩石中主要矿物名字的第一个字合起来就是岩石的名字，如闪长岩、辉长岩。当主要矿物只有一种矿物时，用矿物的前两个字来命名，如正长岩、橄榄岩。这种命名多见于深成岩。

（2）结构。以主要结构为主要依据，主要是以斑状结构来命名。如花岗斑岩、正长斑岩、闪长玢岩等，"玢"这里是斑的意思，这种命名多见于浅成岩。其他如粗粒、细粒等结构有时也参加命名。

（3）构造外貌特征。以构造外貌特征命名多用于喷出岩，如流纹状构造的称流纹岩，气孔状的称气孔状××岩等。由于喷出岩易氧化且颗粒细小不易辨认，这时看其外貌像什么就叫什么，如松脂岩、珍珠岩、黑曜岩（像黑色玻璃），类似命名还有粗面岩等。

（4）习惯。以习惯为命名的岩石有：花岗岩是以特有的花岗状山岗地貌而命名，反映了其所含石英和正长石耐风化的特性；安山岩的安山是安第斯山地名；玄武岩是以特有的墨绿色的命名，玄武乃乌龟的别称；辉绿岩属特有命名，看似是辉石加绿色命名，实际上指一种特殊的斑状结构——辉绿结构，即由柱状的辉石构成三角框架中间充填长石的结构，该岩石风化裂解后多成三角形块体；浮岩的命名意为比水轻的岩石，多数可以浮于水面。

五、实验报告

在矿物鉴定报告的基础上，本次报告可参考附表 1.2 完成。注意内容要正确简洁、不得前后矛盾，表格布局要设计合理美观。

附表 1.2　实验二　常见岩浆岩的肉眼鉴定报告表

编号	颜色	主要矿物	结构	构造	化学分类	鉴定特征	命名

责任栏　　班级：　　学号：　　姓名：　　日期：

实验三　常见沉积岩的肉眼鉴定

一、实验目的
(1) 熟悉沉积岩的一般特征。
(2) 学会肉眼鉴定沉积岩的基本方法。
(3) 掌握常见沉积岩的肉眼鉴定特征,并能区别于岩浆岩。

二、实验方法
常见沉积岩肉眼鉴定的基本方法是在岩浆岩肉眼鉴定方法的基础上进行的,主要是根据岩石中碎屑颗粒的大小、形状、结构特征对沉积岩进行分类,再配合矿物成分、颜色和构造进一步比较分类命名。

三、实验内容
常见沉积岩的砾岩、角砾岩、砂岩、粉砂岩、泥质岩石(黏土岩、泥岩、页岩)、石灰岩、白云岩及生物化学岩类等。

四、实验步骤

1. 构造

野外看大的成层构造、确定所鉴定的岩性为沉积岩,手标本上看较小的层理层面构造、化石及结核构造等,这是区别岩浆岩的重要依据。

2. 结构

主要从辨认岩石中可见颗粒入手,然后确定沉积岩的结构类型。

3. 颗粒成分

沉积岩的碎屑成分有两类:矿物成分和岩石颗粒,不仅要正确估计沉积岩中主要成分的含量百分比。而且要进一步确定颗粒周围胶结物的成分(附表1.3)。

附表1.3　不同成分胶结物的区别

胶结物成分	颜色	岩石固结程度	胶结物成分	加稀盐酸
钙质	浅灰	中等	<小刀	剧烈起泡
硅质	浅灰	致密坚硬	>小刀	无反应
铁质	褐红、褐	致密坚硬	≈小刀	无反应
泥质	浅灰	松软	<小刀	无反应

4. 颜色

大致判断岩石的生成环境是氧化还是还原,进一步补充判断岩石的主要成分和次要成分,还可利用简单化学试剂(如 HCl)进行辅助鉴定。

5. 查表命名

命名的主要依据以结构为主,按四大结构作为岩石的基本名称,如碎屑岩、泥质岩、化学岩等。

进一步命名可以加上形状、构造、矿物等,如砾岩、砂岩、页岩、致密状石灰岩、竹叶状白云岩等。

进一步详细命名：石英砂岩、石灰岩角砾岩、含砾砂岩、硅藻土岩、油页岩、粗砂岩、细砂岩、红色泥岩、绿色页岩、砂质页岩、介壳石灰岩等。

五、实验报告

在岩浆岩鉴定报告的基础上，本次报告可参考附表 1.4 完成，要进一步提高鉴定水平，能清楚区分沉积岩和岩浆岩。注意沉积岩和岩浆岩鉴定方法的不同点。

附表 1.4 实验三 常见沉积岩的肉眼鉴定报告表

编号	颜色	主要成分	结构	+HCl	胶结物	鉴定特征	命名

责任栏   班级：   学号：   姓名：   日期：

实验四 常见变质岩的肉眼鉴定

一、实验目的

（1）要求在矿物、岩浆岩和沉积岩鉴定的基础上，进一步熟练掌握变质岩肉眼鉴定的方法，为岩石工程地质性质评价打好基础。

（2）学会变质岩肉眼鉴定的基本方法，并能区别于岩浆岩和沉积岩。

（3）要求能分析变质岩的构造，并根据矿物粗略判断变质岩的原岩。

二、实验方法

常见变质岩肉眼鉴定的基本方法是在岩浆岩和沉积岩肉眼鉴定方法的基础上进行的。第一，主要是根据岩石中矿物结晶程度及有无定向排列，按构造特征对变质岩进行分类；第二，注意变质作用标志，变质矿物是变质岩中特有的；第三，动力变质结构与构造破碎带是动力变质岩的分类依据；最后再配合矿物成分、颜色等进一步比较分类命名。

三、实验内容

常见变质岩有板岩、千枚岩、片岩、片麻岩、大理岩、石英岩、断层角砾岩、糜棱岩、硅卡岩等。

四、实验步骤

1. 构造

鉴定变质岩与岩浆岩、沉积岩有一个共同的特点，就是要首先注意观察岩石在野外的产状和宏观构造，再进一步确定岩石的大类。接触变质岩常位于岩浆岩与围岩接触带上，在找矿中有较强鉴定意义；动力变质岩在野外位于构造破碎带，十分容易区别于其他岩石；区域变质岩常具有片理构造。

实验室内鉴定变质岩也是先看构造，首先观察手标本的构造。大多数变质岩具有特殊的片理构造，片理是片状、柱状矿物具有定向排列，且断断续续；而沉积岩的层理是矿物或小岩石碎屑颗粒大小一致连续排列。

2. 矿物

变质岩中矿物有三种：一是新结晶的矿物，与岩浆岩等相同，无鉴定意义；二是继承性矿物，常具有重结晶结构，只具有显微镜下鉴定意义；三是变质矿物，如石榴子石、滑石、金刚石、蛇纹石、绿泥石等，这些矿物含量虽然不高却是变质岩中所特有的，是变质岩的标志。如蛇纹石是橄榄石的变质产物。

3. 结构

变质岩的变余结构（残余结构）、变晶结构、重结晶结构、碎裂结构中，只有碎裂结构具有肉眼鉴定意义。

4. 综合比较命名

变质岩的命名优先考虑片理构造，如板岩、千枚岩；第二考虑碎裂结构；第三是矿物，如石榴子石云母片岩；四是习惯命名，如大理岩、石英岩，大理是我国云南的地名；五是继承性命名，如变质石英砂岩、变质花岗岩、变质火山岩等。

五、实验报告

在岩浆岩、沉积岩报告的基础上，写好常见变质岩的肉眼鉴定报告，报告参考附表1.5完成，要进一步提高鉴定水平，能清楚地区分沉积岩、岩浆岩和变质岩。注意三大岩类鉴定方法的异同。

附表1.5 实验四 常见变质岩的肉眼鉴定报告表

编号	颜色	主要矿物	结构	构造	原岩	鉴定特征	命名

责任栏　班级：　　学号：　　姓名：　　日期：

附录2 土工试验指导书

试验一 环刀法密度试验

一、试验目的和适用范围
试验目的是测定土的湿密度,本试验方法适用于细粒土。

二、仪器设备
(1) 环刀:内径为 61.8mm±0.15mm 和 79.8mm±0.15mm,高度为 20mm±0.016mm。
(2) 天平:称量500g,分度值0.1g;称量200g,分度值0.01g。
(3) 其他:切土刀、钢丝锯、凡士林等。

三、操作步骤
(1) 按工程需要取原状土或制备所需状态的扰动土样,整平其两端。
(2) 将环刀置于天平上称量 m_1,将环刀内壁涂一薄层凡士林,刃口向下放在土样上。
(3) 用切土刀(或钢丝锯)将土样削成略大于环刀直径的土柱。然后将环刀垂直下压,边压边削,至土样伸出环刀为止。将两端余土削去修平,将剩余的代表土样测定含水率。
(4) 擦净环刀外壁称量 m_2。

四、计算
(1) 试样的湿密度,应按下式计算:

$$\rho = \frac{m}{V} = \frac{m_2 - m_1}{V}$$

式中 ρ——试样的湿密度,g/cm³;
　　m——湿土质量,g;
　　m_1——环刀质量,g;
　　m_2——环刀和湿土的质量,g;
　　V——环刀容积,cm³。
计算至0.01g/cm³。
(2) 环刀法密度试验应进行两次平行测定,其平行差值不得大于0.03g/cm³,取两次测值的算术平均值。

五、记录
本试验记录格式见附表2.1。

附表 2.1　环刀法密度试验记录表

工程名称_____　　　　　　　　　　　　　　　　试验者_____
土样说明_____　　　　　　　　　　　　　　　　计算者_____
试验日期_____　　　　　　　　　　　　　　　　校核者_____

试样编号	环刀号	环刀质量 /g	湿土+环刀质量 /g	湿土质量 /g	环刀容积 /cm³	密度 /(g·cm⁻³)	平均密度 /(g·cm⁻³)
		(1)	(2)	(3)=(2)-(1)	(4)	(5)=(3)/(4)	(6)

试验二　土的含水率试验

一、试验目的和适用范围

试验目的是测定土的含水率，了解土的含水情况。本试验方法适用于黏性土、砂土和有机质土类。以烘干法为室内试验的标准方法。

二、常用试验方法

（一）烘干法

1. 仪器设备

（1）烘箱：应能控制温度为 105～110℃。

（2）天平：称量 200g，分度值 0.01g。

（3）其他：干燥器、称量盒。

2. 试验步骤

（1）取具有代表性试样，黏性土为 15～30g，砂类土、有机质土为 50g，放入称量盒内，立即盖好盒盖，称湿土质量，精确至 0.01g。

（2）打开盒盖，将试样和盒放入烘箱内，在 105～110℃ 的恒温下烘至恒量。烘干时间对黏性土不得少于 8h，对砂类土不得少于 6h。对有机质超过 10% 的土，应将温度控制在 65～70℃ 的恒温下烘至恒量。

（3）将烘干后的试样和称量盒从烘箱中取出，盖上盒盖，放入干燥容器内冷却至室温，称干土质量，精确至 0.01g。

（二）酒精燃烧法

1. 仪器设备

（1）天平：称量 200g，分度值 0.01g。

（2）酒精：纯度 95%。

（3）其他：称量盒、滴管、火柴、调土刀等。

2. 试验步骤

（1）取具有代表性试样，黏性土为 15～20g，砂类土 20～30g、有机质土为 50g，放入称量盒内，立即盖上盒盖，称湿土质量，精确至 0.01g。

（2）打开盒盖，用滴管将酒精注入盒中，直至盒内出现自由液面为止。为使酒精在试样中充分混合均匀，可将盒底在桌面上轻轻敲击。

(3) 点燃盒内酒精，烧至自然熄灭。

(4) 按（2）、（3）规定再重复燃烧两次，当第三次火焰熄灭后，立即将称量盒盖上盒盖冷却至室温，称干土质量，精确至 0.01g。

三、计算

(1) 试样的含水率应按下式计算，精确至 0.1%。

$$\omega = \left(\frac{m}{m_d} - 1\right) \times 100\%$$

式中　　m——湿土质量，g；

　　　　m_d——干土质量，g。

(2) 含水率试验应进行两次平行测定，两次测定的差值，当含水率小于 10% 时不得大于 0.5%；当含水率在 10%～40% 时不得大于 1%；当含水率等于或大于 40% 时不得大于 2%。取两次测值的平均值。

四、记录

本试验的记录格式见附表 2.2。

附表 2.2　含 水 率 试 验 记 录 表

工程名称_____　　　　　　　　　　　　　　　试验者_____
试验方法_____　　　　　　　　　　　　　　　计算者_____
试验日期_____　　　　　　　　　　　　　　　校核者_____

试样编号	土样说明	盒号	盒质量/g	盒+湿土质量/g	盒+干土质量/g	水分质量/g	干土质量/g	含水率/%	平均含水率/%
			(1)	(2)	(3)	(4)=(2)-(3)	(5)=(3)-(1)	(6)=(4)/(5)	(7)

试验三　相对密度试验（比重瓶法）

一、试验目的和适用范围

测定土的相对密度，为计算土的孔隙比、饱和度以及为土的其他物理力学试验（如密度计法试验、固结试验等）提供必需的数据。本试验方法适用于粒径小于 5mm 的各类土。

二、仪器设备

(1) 比重瓶：容量 100mL 或 50mL，分长颈和短颈两种。

(2) 天平：称量 200g，分度值 0.001g。

(3) 其他：纯水、温度计、筛、漏斗、滴管、砂浴等。

三、操作步骤

(1) 取样称量。取通过 5mm 筛的烘干试样约 15g（如用 50mL 的比重瓶，可取干土约12g），用玻璃漏斗装入洗净烘干的100mL比重瓶内，称瓶与土的质量。

（2）煮沸排气。将纯水注入比重瓶内，约至瓶的一半摇动比重瓶，并将比重瓶放在砂浴上煮沸，使土料分散排气。煮沸时间自悬液沸腾时算起，砂及砂质粉土不少于30min；黏土及粉土不少于1h。煮沸时不能使土液从瓶内溢出瓶外。

（3）注水称量。将纯水注入比重瓶内至近满，待瓶内悬液温度稳定后及瓶内上部悬液澄清时，盖紧瓶塞，使多余的水分从瓶塞的毛细管中溢出，擦干瓶外的水分，称出瓶、水、土总质量。称量后立即测定瓶内水的温度。

（4）查取瓶、水质量。根据测得的温度，从已绘制的温度与瓶、水质量关系曲线（由实验室提供）查取瓶、水质量。

四、计算公式

用纯水测定时，按下式计算土粒的相对密度。

$$G_s = \frac{m_s}{m_1 + m_s - m_2} G_{wt}$$

式中 G_s——土粒的相对密度，计算精确至0.001；

m_s——干土质量，g；

m_1——瓶、水总质量，g；

m_2——瓶、水、土总质量，g；

G_{wt}——t℃时纯水的相对密度，准确至0.001，可查附表2.3得到（不同温度时水的相对密度）。

相对密度试验需进行两次平行测定，其平行差值不得大于0.02。

附表2.3 不同温度时水的相对密度（近似值）

水温/℃	4.0～12.5	12.5～19.0	19.0～23.5	23.5～27.5	27.5～30.5	30.5～33.5
水的相对密度	1.000	0.999	0.998	0.997	0.996	0.995

五、试验记录

试验记录见附表2.4。

附表2.4 相对密度试验（比重瓶法）

工程名称_____ 试验者_____

土样说明_____ 计算者_____

试验日期_____ 校核者_____

试样编号	比重瓶号	温度/℃	液体相对密度 G_{wt}	瓶质量/g	瓶土质量/g	干土质量/g	瓶、水的总质量/g	瓶、水、土的总质量/g	与干土同体积的水质量/g	相对密度 G_s	平均相对密度 G_s
		(1)	(2)	(3)	(4)	(5)	(6)	(7)	(8)	(9)	(10)
			附表2.3			(4)−(3)			(5)+(6)−(7)	$\frac{(5)}{(8)} \times (2)$	

试验四　界限含水率试验（液限、塑限联合测定法）

一、试验目的和适用范围

（1）本试验的目的是测定细粒土的液限、塑限，划分土类、计算塑性指数，供设计、施工使用。

（2）本试验方法适用于粒径小于 0.5mm 颗粒组成以及有机质含量不大于干土质量 5% 的土。

二、仪器设备

（1）液、塑限联合测定仪：锥质量为 76g，锥角为 30°，读数显示形式宜采用光电式，游标式，百分表式。光电式液、塑限联合测定仪如图附图 2.1 所示。

（2）试样杯：直径 40～50mm；高 30～40mm。

（3）天平：称量 200g，分度值 0.01g。

（4）其他：烘箱、干燥缸、铝盒、调土刀、筛（孔径 0.5mm）、凡士林等。

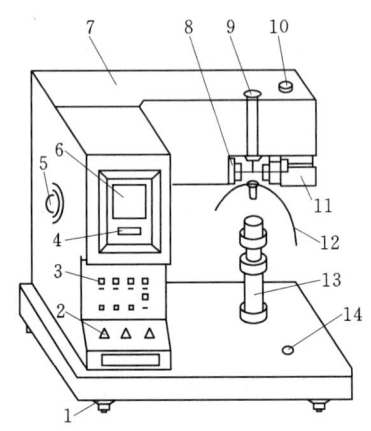

附图 2.1　光电式液、塑限联合测定仪示意图
1—水平调节螺钉；2—控制开关；3—指示灯；
4—零线调节螺钉；5—反光镜调节螺钉；
6—屏幕；7—机壳；8—物镜调节螺钉；
9—电磁装置；10—光源调节螺钉；
11—光源；12—圆锥仪；
13—升降台；14—水平泡

三、试验步骤

（1）液、塑限联合测定法宜采用天然含水率试样和风干试样，当试样中含有粒径大于 0.5mm 的土粒和杂物时，应过 0.5mm 的筛。

（2）取 0.5mm 筛下的代表性试样 200g，分成三份，分别放入三个盛土皿中，加入不同数量的纯水，调成均匀土膏，制成不同稠度的试样。试样的含水率宜分别接近液限、塑限和两者的中间状态。将试样调匀，盖上湿布（或放入密封的保湿缸中），湿润过夜（或静置 24h）。

（3）将制备的试样用调土刀充分搅拌均匀，密实地填入试样杯中，应使空气逸出，对较干的试样应充分搓揉，密实地填入试样杯中，用刮土刀将填满后的试样杯表面刮平。

（4）将试样杯放在联合测定仪的升降座上，在圆锥上抹一薄层凡士林，接通电源，使电磁铁吸住圆锥仪（对于游标式或百分表式，提起锥杆，用旋钮固定）。

（5）调节零点，调整升降座，使圆锥尖接触试样面，指示灯亮时圆锥在自重下沉入试样（游标式或百分表式用手扭动旋钮，松开锥杆），经 5s 后测读圆锥下沉深度，取出试样杆，取 10g 以上试样两个，分装在两个试盒中测定含水率。

（6）按（4）、（5）步以相同步骤分别测定其余两个试样的圆锥下沉深度和含水率。

各项含水率的测定按试验二（烘干法）进行。

四、计算和制图

(1) 含水率应按下式计算。

$$\omega = \left(\frac{m}{m_\mathrm{d}} - 1\right) \times 100$$

式中 ω——含水率，%；

m——湿土质量，g；

m_d——干土质量，g。

计算精确至 0.1%。

(2) 以含水率为横坐标，圆锥下沉深度为纵坐标，在双对数坐标纸上绘制关系曲线，三点连一直线上，如附图 2.2 中的 A 线。当三点不在一直线上时，通过高含水率的点与其余两点连成两条直线，在下沉深度为 2mm 处查得相应的两个含水率，当两个含水率的差值小于 2% 时，应以该两点含水率的平均值与高含水率的点连一直线，如附图 2.2 中的 B 线。当两个含水率的差值大于或等于 2% 时，应重做试验。

(3) 在含水率与圆锥下沉深度的关系图上，查得下沉深度为 17mm 所对应的含水率为 17mm 液限（另据 GB 50021—2001《岩土工程勘察规范》查得下沉深度为 10mm，所对应的含水率为 10mm 液限），查得下沉深度为 2mm 所对应的含水率为塑限，取值至整数。

(4) 塑、液性指数应按下式计算：

$$I_\mathrm{P} = \omega_\mathrm{L} - \omega_\mathrm{P}$$

$$I_\mathrm{L} = \frac{\omega - \omega_\mathrm{P}}{\omega_\mathrm{L} - \omega_\mathrm{P}}$$

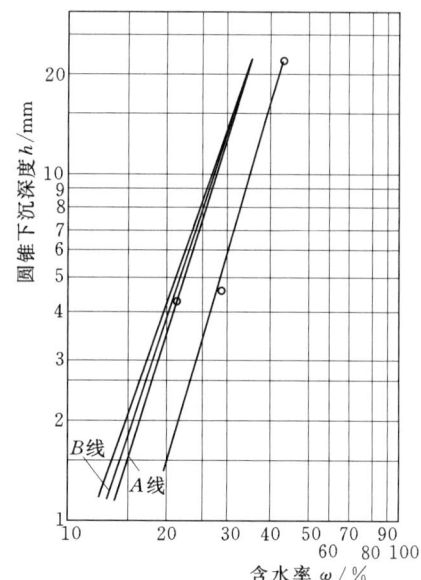

附图 2.2 圆锥下沉深度与含水率关系图

式中 I_P——塑性指数；

ω_L——液限，%；

ω_P——塑限，%；

I_L——液性指数，计算至 0.01；

ω——天然含水率，%。

五、记录

本试验的记录格式见附表 2.5。

附表 2.5 塑液限联合试验

工程名称_____　　　　　　　　　试验者_____
土样说明_____　　　　　　　　　计算者_____
试验日期_____　　　　　　　　　校核者_____

试样编号	圆锥下沉深度/mm	盒号	盒质量/g (1)	盒+湿土质量/g (2)	盒+干土质量/g (3)	湿土质量/g (4)=(2)-(1)	干土质量/g (5)=(3)-(1)	含水率/% $(6)=\left[\dfrac{(4)}{(5)}-1\right]\times 100$	平均含水率/%

试验五　击实试验

一、试验目的和应用范围

(1) 本试验的目的是采用标准的击实方法，测定土的密度与含水率的关系，从而确定土的最大干密度与最优含水率。为堤、坝等土工建筑物及填方工程等现场施工质量控制，以及碾压机械等参数的选择提供依据。

(2) 击实试验分为轻型击实试验和重型击实试验两种方法。轻型击实试验适用于粒径小于 5mm 的黏性土，其单位体积击实功能为 592.2kJ/m³；重型击实试验适用于粒径小于 20mm 的土，其单位体积击实功能为 2684.9kJ/m³。本次试验为轻型击实试验。

二、试验仪器设备

(1) 标准轻型击实仪：由击实筒（附图 2.3）、击锤（附图 2.4）和护筒组成。击锤锤

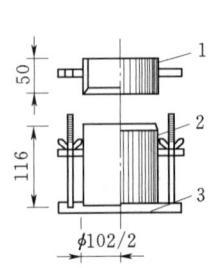

附图 2.3　轻型击实筒（单位：mm）
1—护筒；2—击实筒；3—底板

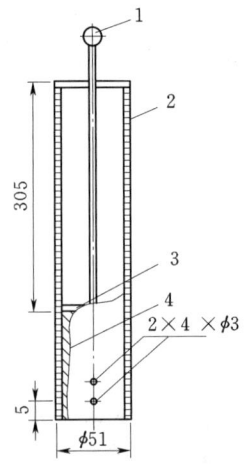

附图 2.4　导筒和 2.5kg 击锤
（落高 305mm）（单位：mm）
1—提手；2—导筒；3—硬橡皮垫；4—击锤

底直径 51mm，锤质量 2.5kg，落距 30.5cm，击实筒内径 102mm，筒高 116mm，体积 947.4cm³。

（2）天平：称量 200g，分度值 0.1g。

（3）台称：称量 10kg，分度值 5g。

（4）标准筛：孔径为 20mm 圆孔筛和孔径 5mm 标准筛。

（5）试样推土器：宜用螺旋式千斤顶或液压式千斤顶，如无此类装置，也可用刮刀和修土刀从击实筒中取出试样。

（6）其他：烘箱、量筒、喷水设备、碾土设备、盛土器、修土刀和保湿设备等。

三、操作步骤

（一）试样制备

本试验试样制备可分为干法制备和湿法制备。

1. 干法制备

取一定量代表性风干土样（轻型约为 20kg，重型约为 50kg），放在橡皮板上用木碾碾散（也可用碾土器碾散）并分别按下列方法备样。

（1）轻型击实试验过 5mm 的筛，将筛下土样拌匀，并测定土样的风干含水率。根据土的塑限预估含水率，按依次相差约 2% 的含水率制备一组（不少于 5 个）试样，其中应有 2 个含水率大于塑限，2 个含水率小于塑限，一个含水率接近塑限。并按下式计算应加水量。

$$m_w = \frac{m}{1+0.01\omega} \times 0.01(\omega - \omega_0)$$

式中　m_w——土样所需的加水质量，g；

　　　m——风干含水率时的土样质量，g；

　　　ω_0——土样风干含水率，%；

　　　ω——土样所要求达到的含水率，%。

（2）将约 2.5kg 筛下土样平铺于不吸水的盛土盘内，按预定含水率用喷水设备往土样上均匀喷洒所需加水量，拌匀并装入塑料袋或密封于盛土器内静置备用。静置时间分别为：高液限黏土（CH）不得少于 24h，低液限黏土（CL）可酌情缩短，但不应少于 12h。

2. 湿法制备

取天然含水率的代表性土样 20kg 碾散，过 5mm 的筛，将筛下土样拌匀（对于高含水率土，可省略过筛步骤，用手拣除大于 38mm 的粗石子即可）。保持天然含水率的第一个土样，可立即用于击实试验，其余几个试样，分别风干或加水到所要求的不同含水率。制备试样时必须使土样中含水率分布均匀，含水率按 2%～3% 递减或递增。

（二）试样击实

（1）将击实仪放在坚实的地面上，击实筒内壁和底板涂一薄层润滑油，连接好击实筒和底板，安装好护筒。检查仪器各部件及配套设备的性能是否正常，并做好记录。

（2）从制备好的一份试样中称取一定量土料，分三层倒入击实筒内，每层土料的质量为 600～800g（其量应使击实后试样的高度略高于击实筒的 1/3），并将土面整平，分层击实，每层25击。如为手工击实，应保证使击锤自由铅直下落，锤击点必须均匀分布于土面上；如为机械击实，可将定数器拨到所需的击数处，按动电钮进行击实。

（3）击实后的每层试样高度应大致相等，两层交接面的土面应刨毛。击实完成后，超出击实筒顶的试样高度应小于6mm。

（4）用修土刀沿护筒内壁削挖后，扭动并取下护筒，测出超高（应取多个测值平均，准确至0.1mm）。沿击实筒顶细心修平试样，拆除底板。如试样底面超出筒外，亦应修平。擦净筒外壁，称量，准确至1g。

（5）用推土器从击实筒内推出试样，从试样中心处取两个15～30g土料，平行测定土的含水率，称量准确至0.01g，含水率的平行误差不得超过1%。

（6）按本条（1）～（5）的规定对其他含水率的土样进行击实，一般不重复使用土样。

四、计算和制图

（1）按下式计算击实后各试样的含水率。

$$\omega = \left(\frac{m}{m_d} - 1\right) \times 100$$

式中 ω——含水率，%；

m——湿土质量，g；

m_d——干土质量，g。

（2）按下式计算击实后各试样的干密度。

$$\rho_d = \frac{\rho}{1 + 0.01\omega}$$

式中 ρ_d——干密度，g/cm³；

ρ——湿密度，g/cm³。

计算精确至0.01g/cm³。

（3）按下式计算击实后各试样饱和含水率。

$$\omega_{sat} = \left(\frac{\rho_w}{\rho_d} - \frac{1}{G_s}\right) \times 100\%$$

式中 ω_{sat}——饱和含水率，%；

G_s——土粒比重；

ρ_w——水的密度，g/cm³。

（4）击实试验，按其计算成果绘制曲线。

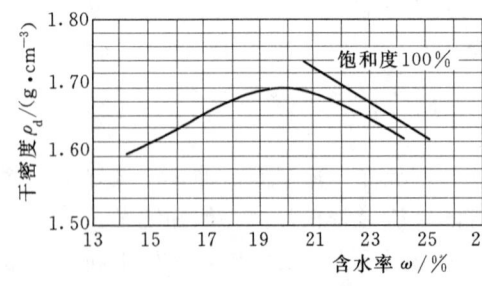

附图2.5 ρ_d—ω 关系曲线

以干密度为纵坐标、含水率为横坐标，绘制干密度与含水率的关系曲线。曲线上峰值点的纵、横坐标分别为最大干密度和最佳含水率，如附图2.5所示。如曲线不能绘出明显的峰值点，应进行补点试验或重做。

计算数个干密度下土的饱和含水率。以干密度为纵坐标、含水率为横坐标在图上绘制饱和曲线。

五、记录

本试验记录格式见附表2.6。

附表2.6 击实试验记录表

工程编号_____　　　土粒相对密度_____　　　试验者_____
土样编号_____　　　每层击数_____　　　　　校核者_____
土样类别_____　　　试验仪器_____　　　　　计算者_____
风干含水率_____　　仪器编号_____　　　　　试验日期_____

	试验序号	1	2	3	4	5
密度	筒+土质量/g					
	筒质量/g					
	湿土质量/g					
	密度/(g·cm⁻³)					
	干密度/(g·cm⁻³)					
含水率	盒号					
	盒+湿土质量/g					
	盒+干土质量/g					
	盒质量/g					
	湿土质量/g					
	干土质量/g					
	含水率/%					
	平均含水率/%					
土的最佳含水率 ω_{op}/%						
土的最大干密度 ρ_{dmax}/(g·cm⁻³)						

试验六　渗　透　试　验

一、试验目的和适用范围

（1）本试验的目的是测定土的渗透系数。土的渗透系数变化范围很大（$10^{-1} \sim 10^{-8}$ cm/s）。渗透系数的测定应采用不同的方法：①常水头渗透试验适用于粗粒土（砂质土）；②变水头渗透试验适用于细粒土（黏质土和粉质土）。

（2）试验用水应采用实际作用于土中的天然水。如有困难允许用纯水或经过滤的清水。在试验前必须用抽气法或煮沸法进行脱气（包括天然水）。试验时的水温宜高于室温3~4℃。

二、常水头渗透试验

1. 仪器设备

（1）常水头渗透仪（70型渗透仪）。其中：封底圆筒的尺寸参数应符合 GB/T 15406—94《室内土工仪器》的规定；当使用其他尺寸的圆筒时，因筒内径应大于试样最大粒径的10倍。

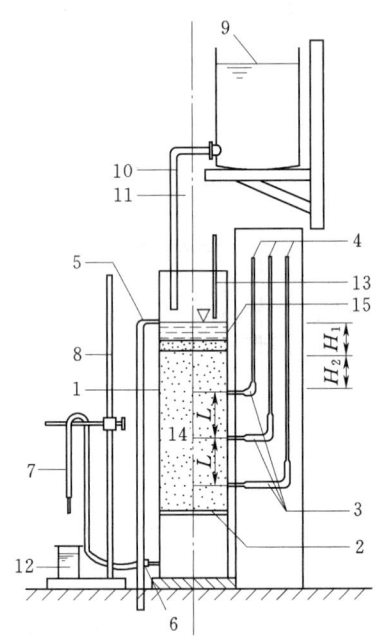

附图 2.6 常水头渗透仪装置
1—封底金属圆筒；2—金属孔板；3—测压孔；
4—玻璃测压管；5—溢水孔；6—渗水孔；
7—调节管；8—滑动支架；9—容量为
5000mL的供水瓶；10—供水管；
11—止水夹；12—容量为500mL
的量筒；13—温度计；14—试样；
15—砾石层

玻璃测压管内径为 0.6cm；分度值为 0.1cm。仪器装置如附图 2.6 所示。

（2）天平：称量5000g，分度值1.0g。
（3）温度计：分度值0.5℃。
（4）其他附属设备：木锤、秒表等。

2. 操作步骤

（1）按附图 2.6。装好仪器，并检查各管路接头处是否漏水。将调节管与供水管连通，由仪器底部充水至水位略高于金属孔板，关止水夹。

（2）取具有代表性的风干试样3～4kg，称量准确至1.0g，并测定试样的风干含水率。

（3）将试样分层装入圆筒，每层厚2～3cm，用木锤轻轻击实到一定厚度，以控制其孔隙比。

如试样含黏粒较多，应在金属孔板上加铺厚约2cm的粗砂过渡层，防止试验时细料流失，并量出过渡层厚度。

（4）每层试样装好后，连接供水管和调节管，并由调节管中进水，微开止水夹，使试样逐渐饱和。当水面与试样顶面齐平，关止水夹。

饱和时水流不应过急，以免冲动试样。

（5）依上述步骤逐层装试样，至试样高出上测压孔3～4cm止。在试样上端铺厚约2cm砾石作缓冲层。待最后一层试样饱和后，继续使水位缓缓上升至溢水孔。当有水溢出时，关止水夹。

（6）试样装好后量测试样顶部至仪器上口的剩余高度，计算试样净高。称剩余试样质量（准确至1.0g），计算装入试样总质量。

（7）静置数分钟后，检查各测压管水位是否与溢水孔齐平。如不齐平，说明试样中或测压管接头处有集气阻隔，用吸水球进行吸水排气处理。

（8）提高调节管使其高于溢水孔，然后将调节管与供水管分开，并将供水管置于金属圆筒内。开止水夹，使水由上部注入金属圆筒内。

（9）降低调节管口，使位于试样上部1/3处，造成水位差，水即渗过试样，经调节管流出。在渗透过程中应调节供水管夹，使供水管流量略多于溢出水量。溢水孔应始终有余水溢出,以保持常水位。

(10) 测压管水位稳定后,记录测压管水位,计算各测压管间的水位差。

(11) 开动秒表,同时用量筒接取经一定时间的渗透水量,并重复一次。接取渗透水量时,调节管口不可没入水中。

(12) 测记进水与出水处的水温,取平均值。

(13) 降低调节管管口至试样中部及下部 1/3 处,以改变水力坡降,按本步骤规程 (9) ~ (12) 规定重复进行测定。

(14) 根据需要,可装数个不同孔隙比的试样,进行渗透系数的测定。

3. 计算及制图

(1) 按下列公式计算渗透系数 k_T 及 k_{20}。

$$k_T = \frac{QL}{AHt}$$

$$k_{20} = k_T \frac{\eta_T}{\eta_{20}}$$

式中 k_T——水温 T℃时试样的渗透系数,cm/s;

Q——时间 t 秒内的渗透水量,cm³;

A——试样断面积,cm²;

L——两测压孔中心间的试样高度,10cm;

H——平均水位差 $\left(\frac{H_1+H_2}{2}\right)$,cm;$H_1$、$H_2$ 如附图 2.6 所示;

t——时间,s;

k_{20}——标准温度(20℃)时试样的渗透系数,cm/s;

η_T——T℃时水的动力黏滞系数,kPa·s(10^{-6});

η_{20}——20℃时水的动力黏滞系数,kPa·s(10^{-6})。

(2) 比值与温度的关系见附表 2.7。

附表 2.7　水的动力黏滞系数比

温度/℃	10.0	10.5	11.0	11.5	12.0	12.5	13.0	13.5	14.0	14.5
η_T/η_{20}	1.297	1.279	1.261	1.243	1.227	1.211	1.194	1.176	1.163	1.148
温度/℃	15.0	15.5	16.0	16.5	17.0	17.5	18.0	18.5	19.0	19.5
η_T/η_{20}	1.133	1.119	1.104	1.090	1.077	1.066	0.050	1.038	1.025	1.012
温度/℃	20.0	20.5	21.0	21.5	22.0	22.5	23.0	24.0	25.0	26.0
η_T/η_{20}	1.000	0.998	0.976	0.964	0.953	0.943	0.932	0.910	0.890	0.870
温度/℃	27.0	28.0	29.0	30.0	31.0	32.0	33.0	34.0	35.0	
η_T/η_{20}	0.850	0.833	0.815	0.798	0.781	0.765	0.750	0.735	0.720	

(3) 在测得的结果中取 3~4 个在允许差值范围以内的数值,求其平均值,作为试样在该孔隙比 e 时的渗透系数(允许差值不大于 2×10^{-n} cm/s)。

4. 记录

本试验记录格式见附表2.8。

附表2.8 常水头渗透试验记录

工程名称_____ 试样高度_____ 干土质量_____ 试验者_____
土样编号_____ 试样面积_____ 土粒相对密度_____ 计算者_____
仪器编号_____ 试样说明_____ 测压孔间距 10cm 校核者_____
孔 隙 比_____   试验日期_____

试验次数									
经过时间 t/s		(1)							
测压管水位/cm	Ⅰ管	(2)							
	Ⅱ管	(3)							
	Ⅲ管	(4)							
水位差/cm	H_1	(5)	(2)−(3)						
	H_2	(6)	(3)−(4)						
	平均 H	(7)	$\frac{(5)-(6)}{2}$						
水力坡降 J		(8)	0.1×(7)						
渗透水量 Q /cm³		(9)							
渗透系数 k_T /(cm·s⁻¹)		(10)	$\frac{(9)}{A\times(8)\times(1)}$						
平均水温/℃		(11)							
校正系数 η_T/η_{20}		(12)							
水温20℃时的渗透系数 k_{20} /(cm·s⁻¹)		(13)	(10)×(12)						
平均渗透系数 k_{20} /(cm·s⁻¹)		(14)	$\frac{\sum(13)}{n}$						
备注									

三、变水头渗透试验

1. 仪器设备（南55型，如附图2.7所示）

(1) 渗透容器：由环刀、透水板、套筒及上下盖组成。

(2) 水头装置：变水头管的内径，根据试样渗透系数选择不同尺寸，长度为1.0m以上，分度值为1.0mm。

(3) 其他：切土器、量筒、秒表、温度计、削土刀、凡士林等。

2. 操作步骤

(1) 根据需要用环刀在垂直或平行土样层面切取原状试样或扰动土制备成给定密度的

试样，并进行充分饱和。切土时应尽量避免结构扰动，并禁止用削土刀反复涂抹试样表面。

（2）将容器套筒内壁涂一薄层凡士林，然后将盛有试样的环刀推入套筒，并压入止水垫圈。把挤出的多余凡士林小心刮净。装好带有透水板的上、下盖，并用螺钉拧紧，不得漏气漏水。

（3）把装好试样的渗透容器与水头装置连通。利用供水瓶中的水充满进水管，并注入渗透容器。开排气阀，将容器侧立，排除渗透容器底部的空气，直至溢出水中无气泡。关排气阀，放平渗透容器。

（4）在一定水头作用下静置一段时间，待出水管口 7 有水溢出时，再开始进行试验测定。

（5）将水头管充水至需要高度后，关止水夹 5（2），开动秒表，同时测记起始水头 h_1。经过时间 t 后，再测记终了水头 h_2。如此连续测记 2~3 次后，再使水头管水位回升至需要高度，再连续测记数次，需 6 次以上，试验终止，同时测记试验开始时与终止时的水温。

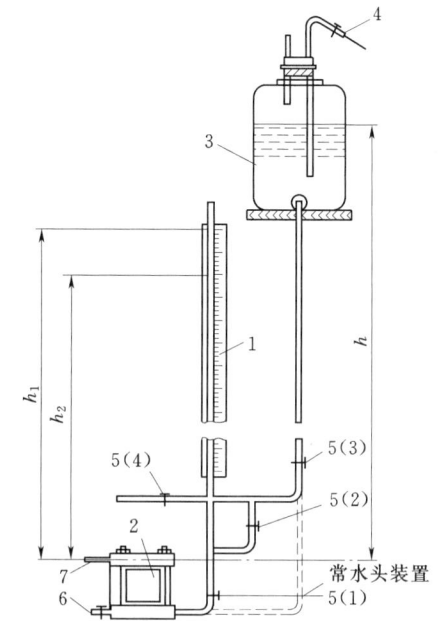

附图 2.7　变水头渗透装置
1—变水头管；2—渗透容器；3—供水瓶；
4—接水源管；5—进水管夹；6—排气管；
7—出水管口

3．计算

（1）按下式计算渗透系数。

$$k_T = 2.3 \frac{aL}{At} \lg \frac{h_1}{h_2}$$

式中　a——变水头管截面积，cm^2；

L——渗径，等于试样高度，cm；

h_1——开始时水头，cm；

h_2——终止时水头，cm；

A——试样的断面积，cm^2；

t——时间，s。

（2）按下式计算标准温度（20℃）下的渗透系数。

$$k_{20} = k_T \frac{\eta_T}{\eta_{20}}$$

式中符号见常水头试验。

（3）按常水头试验规程规定计算该孔隙比的平均渗透系数。

4．记录

本试验记录表格见附表 2.9。

附表2.9 变水头渗透试验记录表

工程名称_____ 土样说明_____ 试样面积_____ 试验者_____
土样编号_____ 测压管断面积_____ 孔 隙 比_____ 计算者_____
仪器编号_____ 试样高度_____ 试验日期_____ 校核者_____

开始时间 t_1 /(d h:min)	(1)									
终了时间 t_2 /(d h:min)	(2)									
经过时间 t /s	(3)	(2)-(1)								
开始水头 h_1 /cm	(4)									
终了水头 h_2 /cm	(5)									
$2.3\dfrac{aL}{At}$	(6)	$2.3\dfrac{aL}{A(3)}$								
$\lg\dfrac{h_1}{h_2}$	(7)	$\lg\dfrac{(4)}{(5)}$								
水温时的渗透系数 k_t/(cm·s^{-1})	(8)	(6)×(7)								
水温/℃	(9)									
校正系数 η_T/η_{20}	(10)									
渗透系数 k_{20}/(cm·s^{-1})	(11)	(8)×(10)								
平均渗透系数 k_{20} /(cm·s^{-1})	(12)	$\dfrac{\sum(11)}{n}$								
备注										

试验七 固 结 试 验

一、试验目的和适应范围

(1) 本试验的目的是测定试样在侧向和轴向排水条件下的变形和压力,或孔隙比与压力的关系,变形和时间的关系,以便计算土的压缩性指标,主要包括土的压缩系数 a_{1-2}、压缩模量 E_s 等,评定土的压缩性,为估算建筑物沉降量及历经不同时间的固结度提供必备的计算参数。

(2) 适用于饱和和非饱和的黏性土。

二、试验仪器设备

(1) 固结容器:由环刀、护环、透水板、加压上盖和量表架等组成,如附图2.8所示。

(2) 加压设备：可采用量程为 5~10kN 的杠杆式、磅称式或其他加压设备。

(3) 变形测量设备：百分表量程 10mm，分度值为 0.01mm，或准确度为全量程的 0.2% 的位移传感器。

(4) 其他：刮土刀、钢丝锯、天平、秒表等。

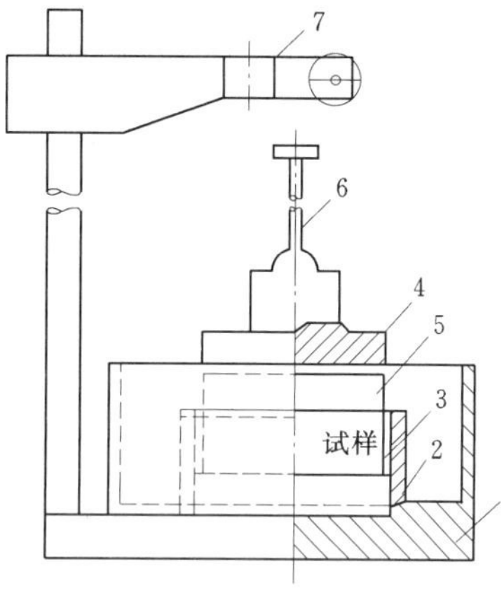

三、操作步骤

(1) 根据工程需要，切取原状土样或制备给定密度与含水率的扰动土试样。

(2) 如系冲填土，先将土样调成液限或 1.2~1.3 倍液限的土膏，拌和均匀，在保湿器内静置 24h。然后把环刀倒置于小玻璃板上，用调土刀把土膏填入环刀，排除气泡刮平，称量。

附图 2.8 固结容器示意图
1—水槽；2—护环；3—环刀；
4—加压上盖；5—透水板；
6—量表导杆；7—量表架

(3) 测定试样的含水率及密度。

(4) 在固结容器内放置护环、透水板和薄滤纸，将带有环刀的试样，小心装入护环，然后在试样上放薄滤纸、透水板和加压盖板，置于加压框架下，对准加压框架的正中，安装量表，并调节其量测距离不小于 8mm。

(5) 为保证试样与仪器上下各部件之间接触良好，应施加 1kPa 的预压压力。调整百分表指针读数为零。加压等级一般为 12.5kPa、25.0kPa、50.0kPa、100kPa、200kPa、400kPa、800kPa、1600kPa、3200kPa。最后一级的压力应大于上覆土层的计算压力 100~200kPa。慢速法固结稳定标准的时间为 24h。由于学时所限，试验要求只加 50kPa、100kPa、200kPa、400kPa 四级荷载，用常规快速法，间隔 1h 逐级加压，每级荷载按要求时间测记量表读数。并加测最后级荷重下 24h 的稳定读数，稳定标准为量表读数每小时变化不大于 0.005mm。

(6) 所有荷载加完后，将土取出，环刀擦净，置于天平上再称环刀的质量。

四、计算和制图

(1) 应按下式计算初始孔隙比 e_0。

$$e_0 = \frac{G_s \rho_w (1 + 0.01 \omega_0)}{\rho_0} - 1$$

式中　e_0——初始孔隙比；

　　　G_s——土粒相对密度；

　　　ρ_w——水的密度，g/cm³；

　　　ρ_0——试样的初始密度，g/cm³；

　　　ω_0——试样的初始含水率，%。

(2) 应按下式计算各级压力下压缩稳定时的孔隙比 e_i。

$$e_i = e_0 - (1 + e_0) \frac{\sum \Delta h_i}{h_0}$$

式中　e_i——某级压力下的孔隙比；

$\sum\Delta h_i$——某级压力下试样高度变化，cm；

h_0——试样初始高度，cm。

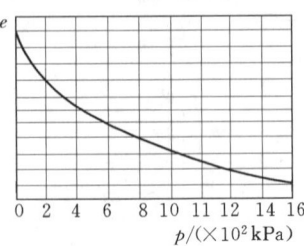

附图 2.9 $e—p$ 关系曲线

(3) 以孔隙比 e 为纵坐标、压力 p 为横坐标，绘制孔隙比与压力的关系曲线，即 $e—p$ 曲线，如附图 2.9 所示。

(4) 按下式计算土的压缩系数 a_{1-2}。

$$a_{1-2}=\frac{e_1-e_2}{0.1}$$

式中 a_{1-2}——100～200kPa 范围内的压缩系数，MPa^{-1}；

e_1——压缩曲线上 100kPa 所对应的孔隙比；

e_2——压缩曲线上 200kPa 所对应的孔隙比。

(5) 按下式计算土的压缩模量 E_s。

$$E_s=\frac{1+e_1}{a_{1-2}}$$

式中 E_s——100～200kPa 范围内的压缩模量，MPa。

(6) 评定土的压缩性。

五、记录

试验记录格式见附表 2.10

附表 2.10 快速固结试验记录表

工程名称_____　　　　　　　　　　　　　　试验者_____

土样编号_____　　　　　　　　　　　　　　计算者_____

试验日期_____　　　　　　　　　　　　　　校核者_____

试样初始高度：$h_0=$　　　mm　　　试样初始孔隙比：$e_0=$

$K=(h_n)_T/(h_n)_t=$

加压历时 /h	压力 /kPa	校正前试样总变形量 /mm	校正后试样总变形量 /mm	压缩后试样高度 /mm	孔隙比
	(p)	$(h_i)_t$	$\sum\Delta h_i=K(h_i)_t$	$h=h_0-\sum\Delta h_i$	$e_i=e_0-(1+e_0)\dfrac{\sum\Delta h_i}{h_0}$

$a_{1-2}=$_____（MPa^{-1}）　　　　$E_s=$_____（MPa）

因此，该土为_____（高、中、低）压缩性土

试验八 直接剪切试验

一、试验目的与适用范围

（1）直接剪切试验是测定土的抗剪强度的一种常用方法。通常采用 4 个试样，分别在不同的垂直压力 p 下，施加水平剪切力进行剪切，求得破坏时的剪应力 τ，根据库仑定律提供计算地基强度和稳定使用的土的强度参数：内摩擦角 φ 和黏聚力 c。

（2）直接剪切试验分为快剪（Q）、固结快剪（CQ）和慢剪（S）三种试验方法。

（3）本试验适用于测定细粒土的抗剪强度参数 c 和 φ 及土颗粒的粒径应小于 2mm 砂土的抗剪强度参数 φ。渗透系数 k 大于 10^{-6} cm/s 的土不宜作快剪试验。

二、试验仪器设备

（1）应变控制式直剪仪：主要部件包括：剪切盒（水槽、上剪切盒、下剪切盒），垂直加压框架，测力计及推动机构等，如附图 2.10 所示。

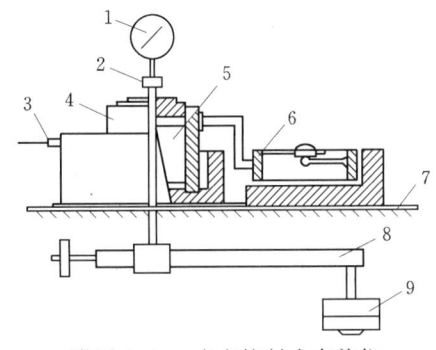

附图 2.10 应变控制式直剪仪
1—垂直变形百分表；2—垂直加压框架；3—推动座；
4—剪切盒；5—试样；6—测力计；7—台板；
8—杠杆；9—砝码

（2）位移计（百分表）：量程 5～10mm，分度值 0.01mm。

（3）天平：称量 500g，分度值 0.1g。

（4）环刀：内径 6.1cm，高 2cm。

（5）其他：饱和器、削土刀（钢丝锯）、秒表、滤纸、直尺等。

三、操作步骤

1. 试样制备

（1）黏性土试样制备。从原状土样中切取原状土试样或制备给定干密度及含水率的扰动土样，测定试样的密度及含水率。

（2）砂类土试样制备。取过 2mm 筛孔的代表性风干砂样 1200g 备用。按要求的干密度称每个试样所需的风干砂量，准确至 0.1g，对准上、下盒，插入固定销，将洁净的透水板放入剪切盒内，将准备好的砂样倒入剪切盒内，抚平表面，放上一块硬木板，用手轻轻敲打，使试样达到规定的干密度。然后取出硬木板。

（3）每组试验应取 4 个试样，在 4 种不同垂直压力 p 下进行剪切试验。教学试验中可取垂直压力分别为 100kPa、200kPa、300kPa、400kPa，各个压力可一次轻轻施加，若土质松软，也可分级施加以防试样挤出。

2. 试样安装与剪切

（1）快剪试验（Q）。

1）对准上、下盒，插入固定销。在下盒内放不透水板。将装有试样的环刀平口向下，对准剪切盒口，在试样顶面放不透水板，然后将试样徐徐推入剪切盒内，移去环刀。对砂类土按上述方法制备和安装试样。

2) 转动手轮,使上盒前端钢珠刚好与测力计接触。调整测力计读数为零。顺次加上加压盖板、钢珠、加压框架,安装垂直位移计,测计起始读数。

3) 施加垂直压力。

4) 拔去固定销。开动秒表,以 0.8~1.2mm/min 的速率剪切 (4~6r/min 的均匀速度旋转手轮),使试样 3~5min 内剪损。如测力计的读数达到稳定,或有显著后退,表示试样已剪损。但一般宜剪至剪切变形达 4mm。若测力计读数继续增加,则剪切变形应达到 6mm 为止。手轮每转一转,同时测计测力计读数直至剪损为止。

5) 剪切结束后,吸去剪切盒中积水,倒转手轮,尽快移去垂直压力、框架、钢珠、加压盖板等。

(2) 固结快剪试验 (CQ)。

1) 试样安装和定位如快剪试验 1) 和 2),但试样上下两面的不透水板改放湿滤纸和透水板。

2) 如系饱和试样,则在施加垂直压力 5min 后,往剪切盒水槽注满水;如系非饱和土,仅在活塞周围包以湿棉花,防止水分蒸发。

3) 在试样上施加规定的垂直压力后,测记垂直变形读数。如每小时垂直变形读数变化不超过 0.005mm,认为已达到固结稳定。

4) 试样达到固结稳定后,按快剪试验 4) 和 5) 规定进行剪切。

(3) 慢剪试验 (S)。

1) 试样安装和定位如快剪试验 1) 和 2),按固结快剪试验 3) 进行试样固结。待试样固结稳定后进行剪切,剪切速率应小于 0.02mm/min。

2) 剪损标准同快剪试验 4),并按快剪试验 5) 进行拆卸试样。

教学试验一般采用快剪试验。

四、计算和制图

(1) 按下式计算试样的剪应力。

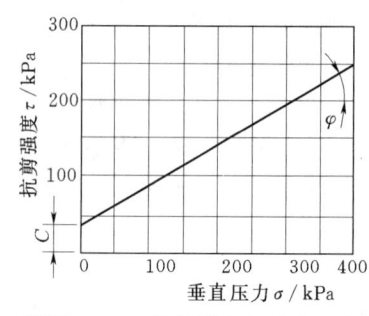

附图 2.11 抗剪强度与垂直压力的关系曲线

$$\tau = \frac{CR}{A_0} \times 10$$

式中 τ——剪应力,kPa;

C——测力计率定系数,N/0.01mm;

R——测力计读数,0.01mm;

A_0——试样面积,cm²;

10——单位换算系数。

(2) 直接剪切试验应按下述方法制图。以抗剪强度 τ_f 为纵坐标、垂直应力 σ 为横坐标,绘制抗剪强度 τ_f 与垂直应力 σ 的关系曲线,根据图上各点,绘一视测的直线 (附图 2.11)。直线上的倾角为土的内摩擦角 φ,直线在纵坐标上的截距为土的黏聚力 c。

五、记录

试验记录格式见附表 2.11、附表 2.12。

试验八 直接剪切试验

附表2.11 直接剪切试验记录表一

工程名称_____   试 验 者_____
土样编号_____   计 算 者_____
试验方法_____   校 核 者_____
仪器编号_____   试验日期_____

垂直压力： kPa　　　　　　　　　　剪切前固结时间： min
测力计率定系数：$C=$　N/0.01mm　　剪切前压缩量： mm
剪切历时： min　　　　　　　　　　抗剪强度： kPa

手轮转数 /转	测力计读数 /(0.01mm)	剪切位移 /(0.01mm)	剪应力 /kPa	垂直位移 /(0.01mm)
(1)	(2)	(3)=1×20−(2)	(4)=$\frac{(2) \times C}{A_0} \times 10$	
1				
2				
⋮				
32				

附表2.12 直接剪切试验记录表二

垂直压力 σ /kPa	100	200	300	400
试样破坏时的测力计读数 R /(0.01mm)				
极限剪应力 τ_f /kPa				

附录3 工程地质勘察

工程地质勘察是根据工程建设的要求，查明、分析、评价建设场地的地质地理环境和工程地质条件，编制工程地质勘察文件活动的总称。水利水电工程地质勘察的目的是查明水库和水工建筑物地区的工程地质条件，分析预测可能出现的工程地质问题，充分利用有利的地质条件，避开或改造不利的地质因素，为工程的规划、设计、施工和运用提供可靠的地质依据。

一、工程地质勘察方法

1. 工程地质测绘和调查

（1）工程地质测绘和调查的任务。它的任务是在综合分析测区内已有的地形地质、工程地质、水文地质等地质资料的基础上，编制测区的工程地质测绘工作底图，再利用工作底图填绘出测区内的地表工程地质图，为工程地质勘探、取样、试验、监测等的规划、设计和实施提供基础资料。

（2）工程地质测绘和调查的精度及方法。

1）测绘的比例尺。测绘比例尺的大小反映测绘的详细程度，比例尺越大，单位面积上的地质点越多，工作量越大，精度越高。我国水利水电部门工程地质测绘常采用的比例尺有以下三种：

小比例尺	1/200000～1/50000
中比例尺	1/25000～1/10000
大比例尺	1/5000～1/1000，1/500，1/200

2）测绘和调查的精度。工程地质测绘使用的地形底图，必须是同等或大于地质测绘比例尺的地形图。填图的精度和详细程度，应与地质测绘比例尺相适应，凡图上大于2mm的地质体均应标在图上。对于评价工程地质条件有重要意义的地质体，即使表示在图上不足2mm，也要用扩大比例尺标示出来。

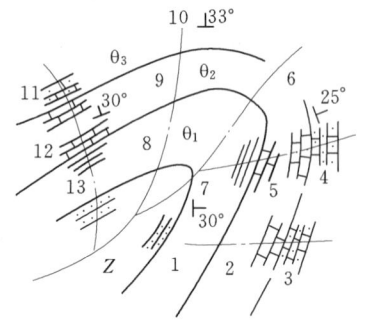

附图3.1 路线穿越法布置示意图

3）工程地质测绘方法。工程地质测绘方法有像片成图法和实地测绘法等多种方法。像片成图法是利用地面摄影或航空（卫星）摄影的像片，在室内根据判释标志，结合所掌握的区域地质资料，把判明的地层岩性、地质构造、地貌、水系和不良地质现象等转绘在图纸上，对图纸进行校核修正和补充，得到工程地质图。它主要依靠野外实地测绘来完成。实地测绘法有以下三种：

①路线穿越法。是指垂直岩层走向方向，每隔一定距离布置一条路线，沿路线和地质观察点进行地质观测和描述，然后把各路线上标测的地质界线相连，即编出地质平面图，如附图3.1所示。

②界线追索法。是指沿着地层走向线、地质构造线及不良地质现象边界线等重要的工

程地质界线进行追踪测绘的方法。

③全面查勘法。是指用路线穿越法、界线追索法全面的、逐线逐点的地质测绘，就是通过野外路线观察和定点描述，将岩层分界线、断层、滑坡、崩塌、溶洞、泉等各种地质条件和现象，按一定比例尺填绘在适当的地形图上得到地质图的方法。

4）遥感技术的应用。遥感技术是根据电磁波辐射理论，利用各种运载工具（如气球、飞机、人造卫星等），安装现代化探测仪器（如航空摄影、电视摄影、红外扫描、侧视雷达仪等），通过对地质体的电磁波辐射信号记录，加工整理成图像和数据，从而对地质体进行探测和识别。通过对卫星影像和航空照片等的解译，可判断地质体的存在、性质和特点，并在野外验证清绘成图，为工程地质测绘提供重要信息。

2. 工程地质勘探

（1）坑探。坑探可分为浅坑、槽探、井探和硐探。

1）浅坑。浅坑又称试坑或探坑，深度1~2m有方形或圆形，半径约1m左右，用于剥除覆土，揭露基岩。

2）槽探。槽探是在地表挖掘成长条形的沟槽（通常称探槽）进行地质观察和描述的勘探方法。它主要用于地层分界线、地质构造线或断裂破碎带、岩脉等比较集中的地质剖面的测绘。

3）井探。井探是用于局部勘探地质现象较深的勘探方法。凡揭露勘探挖掘空间的深度远大于长度和宽度时称为探井。探井深度一般为3~15m，断面有圆有方，有时要采取支护措施。

4）硐探。硐探是指多以水平硐室开挖的方式来重点勘探比井探更深一点的勘探方法。所开挖的地下硐室称为探硐。适用于地形较陡、岩石较硬的地段，深度十几米到上百米。

（2）钻探。钻探是利用钻井设备，通过采集岩芯或用钻孔照相或井下电视观察井壁，以探明地下几十米到几百米深度内的工程地质条件，是补充和验证地面测绘资料的勘探方法。钻探也是对地下原状岩土样和多种现场试验及长期观测的重要手段（附图3.2）。

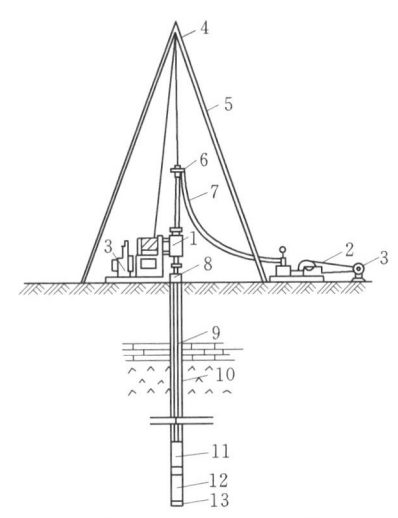

附图3.2 岩心钻探示意图
1—钻机；2—泥浆泵；3—动力机；4—滑轮；
5—三脚架；6—水龙头；7—送水胶管；
8—套管；9—钻标杆；10—钻杆接
头；11—取粉管；12—岩心管；
13—钻头

（3）物探。物探是地球物理勘探的简称。物探具有工效高、成本低等优点。但因为它是一种间接测试方法，具有条件性、多解性的缺点。所以，物探成果需经钻探验证。

3. 试验及长期观测

试验是取得工程设计所需要的各种计算指标的重要手段。室内试验项目有岩土的物理力学性质试验、水质分析及模型试验等。野外原位试验主要有水文地质试验、岩土力学试验、地基处理试验等。

通过长期观测，可以了解岩体变形及地下水变化的规律，预测它们的发展趋势。

4. 资料整理

在工程地质勘察过程中，对于测绘、勘探、试验等资料，应及时整理并绘制成相应的图表。

二、工程地质勘察成果

工程地质勘察成果是对工程地质勘察工作的说明、总结和对勘察区域内工程地质条件的综合评价及相应图表的总称。它一般由工程地质勘察报告及附件两部分组成。

1. 工程地质勘察报告

工程地质勘察报告的内容应根据任务要求、勘察阶段、工程特点和地质条件等具体情况编写，通常包括：

（1）序言。简述工程位置，工程主要指标，主要建筑物的布置方案，完成的工作项目及工作量等。

（2）地形地貌。勘察区域的地形地貌特征，地貌单元的类型及其分布特征，重点对与工程有关的微地貌单元进行说明。

（3）地层。地层的分布、产状、性质、地质时代、成因类型、成层特征等。

（4）地质构造。工作区的地质构造稳定性和与工程有关的地质构造的位置、规模、产状、性质、现象、相互关系，并分析其对工程的影响。对影响工程稳定性的地质构造，还应提出灾害防治措施的建议。

（5）不良地质现象。不良地质现象的性质、分布与发育程度、形成原因，并提出灾害防治措施的建议。

（6）地下水。地下水的类型、赋存条件、水位和补、径、排特征，含水层的渗透系数。地下水活动对不良地质现象的发育和基础施工的影响，地下水对工程材料的侵蚀性。水利工程的渗漏条件分析评价。

（7）天然建筑材料。天然建筑材料的种类、分布、质量、储量、开采和运输条件等。

（8）结论。在专论的基础上，对拟建工程地段的工程地质条件进行评价，论述工程修建后应注意的地质问题和某些建设性意见。

2. 工程地质勘察报告的附件

工程地质勘察报告的附件主要是指报告附图、附表和照片图册等。一般包括：

（1）工程地质图。工程地质图是以地形图或地形地质图为底图，反映工程地质测绘、勘探、试验及长期观测工作成果的图件。根据工程不同要严格执行有关规范，做到种类齐全、级别合理、内容翔实、表示恰当、重点突出。

（2）工程地质剖面图。工程地质剖面图是对平面图上的补充或重要地质现象的解剖，要力求针对重点、精确度高、具有清晰的立体解析效果。

（3）钻孔柱状图。表示该钻孔所穿过地层的综合性图表。是特殊的地质剖面图，对不可重复观测的钻孔，要注意收集基础地质资料。

（4）有关图表。可分两类：原始图表和计算成果表。

参 考 文 献

[1] 戚筱俊. 工程地质及水文地质. 北京：中国水利水电出版社，1997.
[2] 俞德法. 工程地质与土力学基础. 北京：水利电力出版社，1993.
[3] 巫朝新，等. 工程地质与土力学. 北京：中国水利水电出版社，2005.
[4] 崔冠英. 水利工程地质. 3版. 北京：中国水利水电出版社，1999.
[5] 吴绍宽. 工程地质与水文地质. 北京：水利电力出版社，1992.
[6] 孙家齐. 工程地质. 武汉：武汉理工大学出版社，2003.
[7] 刘春原. 工程地质学. 北京：中国建材工业出版社，2004.
[8] 邓学成. 工程地质与水文地质. 北京：中国水利水电出版社，2004.
[9] 盛海洋. 工程地质与地貌. 郑州：黄河水利出版社，1999.
[10] 藏秀平. 工程地质. 北京：高等教育出版社，2004.
[11] 权宝增. 河流地质与地貌. 北京：水利电力出版社，1994.
[12] 孔宪立，石振明. 工程地质学. 北京：中国建筑工业出版社，2001.
[13] 王启亮. 工程地质. 郑州：黄河水利出版社，2012.
[14] 陈希哲. 土力学地基基础. 4版. 北京：清华大学出版社，2003.
[15] 赵明华. 土力学与基础工程. 武汉：武汉理工大学出版社，2000.
[16] 刘汉东. 岩土力学. 北京：中央广播电视大学出版社，2003.
[17] 吴玲洪. 土力学. 北京：中国水利水电出版社，2005.
[18] 刘增荣. 土力学. 上海：同济大学出版社，2005.
[19] 冯宏禄. 土力学. 郑州：黄河水利出版社，2001.
[20] 中华人民共和国标准. 土工试验规程（SL 237—1999）. 北京：中国水利水电出版社，1999.
[21] 中华人民共和国标准. 建筑地基基础设计规范（GB 50007—2011）. 北京：中国建筑工业出版社，2011.
[22] 中华人民共和国标准. 岩土规程勘测规范（GB 50021—2001）. 北京：中国建筑工业出版社，2009.
[23] 中华人民共和国标准. 水利水电工程地质勘察规范（GB 50287—2008）. 北京：中国建筑工业出版社，2008.
[24] 中华人民共和国标准. 土工试验方法标准（GB/T 50123—1999）. 北京：中国计划出版社，2000.
[25] 中华人民共和国电力行业标准. 水工建筑物抗震设计规范（DL 5073—2000）. 北京：中国电力出版社，2001.